LEÇONS ÉLÉMENTAIRES DE CHIMIE

LEÇONS ÉLÉMENTAIRES

DE CHIMIE

A L'USAGE

DES CLASSES DE L'ENSEIGNEMENT SECONDAIRE

PAR

P. LUGOL

AGRÉGÉ DES SCIENCES PHYSIQUES
PROFESSEUR AU LYCÉE DE CLERMONT-FERRAND

Ouvrage rédigé conformément au programme officiel
de 1902
et orné de 103 gravures intercalées dans le texte

PREMIER CYCLE
CLASSES DE QUATRIÈME ET DE TROISIÈME

PARIS

LIBRAIRIE CLASSIQUE EUGÈNE BELIN
BELIN FRÈRES

RUE DE VAUGIRARD, 52

1903

Tout exemplaire de cet ouvrage non revêtu de notre griffe sera réputé contrefait.

PREMIÈRE PARTIE

—

CLASSE DE QUATRIÈME

PROGRAMME OFFICIEL DU 31 MAI 1902

(Les numéros renvoient aux paragraphes.)

Divers états de la matière, exemples familiers, un même corps peut prendre ces divers états, 1-7.

Air, 16-17; 22-27. — Expérience de Lavoisier, 18.

Oxygène, 20-21. — Azote, 19.

Eau pure; analyse, synthèse, 28-32. — Eaux potables, 40-42.

Hydrogène, 33-39.

Acide chlorhydrique; chlorures, 62-69; 70. — Chlore, chlorures décolorants, 69-75.

Électrolyse du chlorure de sodium; sodium, soude caustique, 76-79.

Sel ammoniac, 100. — Ammoniaque, 101-109.

Corps simples; métalloïdes, métaux. Corps composés, 10-11; 49-50.

Loi des proportions définies, 43. — Lois des volumes, 45.

Symboles, notation atomique, formules, 53-56.

Nomenclature; acides, bases, sels, 48-52; 57-59.

Soufre, 81-84. — Acide sulfurique, 85-92. — Hydrogène sulfuré, 93-98.

Salpêtre, 110. — Acide azotique, 111-115.

Phosphate de chaux, phosphore, 117-125.

Carbone, 126-128. — Combustibles naturels et artificiels, 129-138.

Anhydride carbonique, 141-147, 149. — Oxyde de carbone, 148-150.

Silice, 151-154. — Acide borique, 155-159.

———

AVERTISSEMENT

En rédigeant, conformément aux nouveaux programmes officiels du 31 mai 1902, les *Leçons élémentaires de chimie* que nous présentons aujourd'hui aux débutants, nous nous sommes efforcé de donner à l'exposition des notions fondamentales une simplicité qui les mette à la portée des jeunes intelligences, et de combiner des expériences faciles à répéter sans appareils spéciaux.

Nous espérons que ces *Leçons élémentaires de chimie* trouveront auprès des maîtres et des élèves l'accueil favorable qu'ils ont bien voulu faire aux ouvrages précédemment parus.

P. LUGOL.

LEÇONS ÉLÉMENTAIRES DE CHIMIE

PREMIÈRE PARTIE

CLASSE DE QUATRIÈME

CHAPITRE Ier

DIVERS ÉTATS DE LA MATIÈRE. — CORPS SIMPLES
ET CORPS COMPOSÉS. — COMBINAISON

Les trois états de la matière. — **1.** Les corps qui nous entourent doivent être considérés comme des formes diverses d'un élément primordial appelé *matière*. Parmi les manières d'être ou *propriétés* d'un corps, il en est qui lui sont *spéciales* et lui impriment son caractère distinctif, comme par exemple la forme extérieure, la couleur, l'odeur, la saveur, la résistance aux tentatives que l'on peut faire pour le déformer ou le détruire, les transformations qu'il éprouve dans les diverses circonstances où il peut être placé. Mais il en est qu'il partage avec tous les autres corps, comme le fait d'être pesant, d'éprouver des variations de volume quand on le chauffe ou qu'on le refroidit. Ces propriétés *générales* sont celles que l'on attribue à la matière et constituent d'ailleurs tout ce qu'on en sait si on l'envisage en elle-même) et indépendamment des formes qu'elle peut présenter.

2. — Un corps, quel qu'il soit, se présente à nous sous l'un des trois aspects suivants, que l'on appelle *état solide*, *état liquide*, *état gazeux*.

Un bloc de marbre, un morceau de fer, peuvent servir de type pour l'état solide ; ils ont un *volume* et une *forme* bien définis.

Un *liquide*, comme l'eau, a également un volume bien

défini ; mais, placé dans un vase, il en épouse la forme et se rassemble au fond en une masse limitée par une surface plane et horizontale, qu'on appelle sa *surface libre*.

L'état gazeux, dont l'air nous offre le type, est caractérisé par l'absence de forme, et par ce fait que l'on peut faire varier dans d'énormes proportions le volume d'une même masse de gaz. C'est ce que l'on peut vérifier aisément avec un de ces jouets d'enfant, que représente la figure 1. On constate en même temps ce fait très important, qu'un gaz résiste comme un ressort à boudin qu'on *étire* quand on augmente son volume, et comme un ressort qu'on *resserre* quand on diminue son volume. C'est que tout gaz enfermé dans un vase clos exerce sur les parois un effort régulièrement réparti, dont la valeur sur chaque centimètre carré de la paroi représente ce que l'on appelle la *pression* ou *force élastique* du gaz; c'est la différence entre cette pression et la pression constante que l'air exerce sur le piston qui occasionne la résistance constatée; on voit qu'elle augmente avec la variation du volume. Il y a donc une dépendance étroite entre le *volume* et la *pression* d'une masse gazeuse, la pression diminuant quand le volume augmente, et *vice versa*.

Fig. 1.

3. — A l'exception de quelques-uns qui se révèlent à nous par leur couleur, comme le *chlore*, qui est vert, on ne peut apercevoir les gaz qu'en les enfermant dans des vases renversés sur une cuve contenant de l'eau ou tout autre liquide. Plongeons dans une cuve à eau, après l'avoir retourné, le goulot d'un flacon exactement plein d'eau et bouché par une feuille de papier que nous aurons fait glisser contre les bords, puis retirons le papier, le flacon restera plein; si alors nous soufflons dans un tube de verre ou de caoutchouc débouchant sous le goulot, nous verrons des *bulles* gazeuses traverser l'eau et venir se rassembler à la partie supérieure du flacon.

Poids spécifique. — **4.** Tous les corps sont pesants; mais, si le témoignage direct des sens nous l'enseigne pour les solides et les liquides, il faut, pour constater la pesanteur d'un gaz, employer des moyens plus délicats. C'est ce qu'a fait Galilée, qui a montré qu'un récipient clos augmente de poids quand on y comprime de l'air; à défaut d'un appareil spécial, on répétera facilement l'expérience au moyen d'un ballon de verre d'un litre, dans lequel on aura fortement mastiqué un bouchon traversé par une valve de bicyclette, d'une pompe de bicyclette et d'une balance ordinaire pouvant accuser le décigramme.

On appelle *poids spécifique* d'un corps le poids de l'unité de volume; c'est un des caractères qui permettent de l'identifier. Il est bien défini pour les solides et pour les liquides, mais le volume d'une masse de gaz dépendant de sa pression (**2**), le poids spécifique d'un gaz est influencé par la pression; il est aussi influencé assez fortement, comme le volume lui-même, par les variations de température. L'expression *poids spécifique d'un gaz* n'a donc de sens précis qu'autant que l'on fait connaître la pression et la température du gaz.

Changements d'état. — **5.** Un même corps peut exister sous les trois états; l'*eau* suffisamment refroidie se change en *glace*; il y a dans l'atmosphère de la *vapeur d'eau* transparente et invisible, *ayant tous les caractères d'un gaz*, et dont on peut déceler la présence en la forçant à repasser à l'état liquide, par exemple au contact d'une paroi refroidie (carafe remplie d'eau très fraîche ou de glace). De l'étain chauffé dans un vase de terre ou de verre prend l'état liquide. La *fusion* est le passage d'un corps de l'état solide à l'état liquide; la *solidification*, le passage inverse; de même, la *vaporisation* d'un liquide et la *liquéfaction* ou *condensation* d'une vapeur sont des *changements d'état* dont le nom indique suffisamment la nature.

C'est un fait d'expérience vulgaire, que l'action continue de la chaleur fait passer un corps solide à l'état liquide, puis à l'état de vapeur; la vaporisation active de l'eau dans un vase chauffé est manifestée par le brouillard que les vapeurs forment en se condensant au-dessus du vase, dans l'air plus froid. Mais il y a entre ces changements d'état une différence capitale. Un corps solide ne commence à fondre que lorsque sa température atteint une valeur bien définie, qu'on appelle *température* ou *point de fusion*, et se transforme intégralement en liquide pour peu qu'on dépasse cette température; un liquide, au contraire, émet des vapeurs à toute température, comme le prouve la présence constante de la vapeur d'eau dans l'atmosphère en toute saison.

6. — Tout le monde connaît le phénomène de *l'ébullition* de l'eau. Il est caractérisé par ce fait que la température du liquide au moment où débute l'ébullition, c'est-à-dire où les bulles de vapeur viennent crever à la surface, et qui se maintient tant que le liquide bout (si toutefois la *pression* de l'atmosphère qui surmonte le liquide ne varie pas), est une constante spécifique du liquide; on l'appelle *température* ou *point d'ébullition*. Le *point 100* du thermomètre centigrade est par définition la température d'ébullition de l'eau lorsque la pression extérieure correspond à 1033 grammes par centimètre carré, ou ce qui revient au même, au poids d'une colonne de mercure de 1^{cm2} de base et de 76^{cm} de hauteur. Cette valeur de la pression est ce qu'on appelle la *pression atmosphérique normale*, ou pression d'*une atmosphère*.

7. — Il n'y a pas de différence essentielle entre un gaz et une vapeur. On sait aujourd'hui *liquéfier* tous les gaz. Au point de vue de la facilité de l'opération, ils présentent entre eux d'énormes différences, mais, pour tous, les conditions suivantes doivent être réalisées : la température doit être *inférieure* à une valeur bien définie qui est, au même titre que le poids spécifique ou le point de fusion, une constante spécifique de chaque corps et que l'on appelle sa *température critique*, et la pression doit être amenée à dépasser une valeur également bien définie, qui dépend de la température, et s'abaisse d'autant plus que l'on est plus loin de la température critique. Par exemple, le *gaz carbonique*, que dégage la combustion du charbon, a pour température critique 31°; pour le liquéfier à 30°, il faudrait amener sa pression à une valeur voisine de 70 fois la pression de 1 033 grammes par centimètre carré, c'est-à-dire 70 atmosphères; à 15°, 50 atmosphères suffisent; à 0°, 34 atmosphères. Le phénomène est d'ailleurs entièrement comparable à la condensation d'une vapeur. (Voir pour les détails un traité de physique.)

Phénomènes physiques et phénomènes chimiques. — 8. Les changements d'état suivent les mêmes

Fig. 2. — Appareil distillatoire.

lois pour tous les corps, dont ces changements n'altèrent ni le poids, ni les propriétés. Ainsi, faisons bouillir de l'eau *distillée* (c'est-à-dire de l'eau de source débarrassée par ébullition suivie de la condensation de la vapeur *(fig.* 2) des matières étrangères qu'elle renferme); la vapeur, reçue dans un vase refroidi, y reprendra l'état liquide, et l'eau recueillie ne différera en rien de la première; de plus, son poids sera le même. Si nous congelons cette eau, nous obtiendrons un même poids de glace ; la glace, fondue, nous restituera intégralement l'eau initiale. De même, un morceau de soufre chauffé à l'abri de l'air fondra, puis, si la température s'élève à 445°, bouillira ; nous pourrons condenser la vapeur, solidifier le soufre fondu, nous retrouverons un poids de substance égal à celui que nous avons employé d'abord.

Chauffons une barre de fer, elle s'allongera ; mais, en revenant à sa température initiale, elle reprendra sa longueur première, et se retrouvera identique à ce qu'elle était avant d'avoir été chauffée.

Un aimant (1) placé en face d'un petit morceau de fer, un clou par exemple, détermine dans ce clou un état particulier appelé *aimantation*, qui se manifeste par la propriété d'attirer la limaille de fer. Si on éloigne l'aimant, le clou perd cette propriété. On a prouvé d'ailleurs que l'aimantation ne modifie pas le poids des corps capables de la recevoir. Dans l'expérience précédente, le fer n'a pas subi d'altération.

Les phénomènes qui, comme les précédents, ne modifient ni la nature ni le poids des corps, sont appelés *phénomènes physiques.*

9. — Mais voici des faits d'une tout autre nature :

a) Le fer, abandonné à l'air, augmente légèrement de poids et se transforme à la longue en une masse rougeâtre, dépourvue d'éclat, peu attirable à l'aimant, friable, laissant sur les objets contre lesquels on la frotte une fine poussière rouge ; c'est la *rouille*, bien différente du fer.

b) Du soufre, chauffé dans l'air, commence par fondre ; mais, quand sa température atteint 250°, on voit apparaître à sa surface une flamme bleuâtre, en même temps qu'il se dégage un gaz d'une odeur suffocante appelé *gaz sulfureux*;

(1) Barreau d'acier qu'on a frotté avec un minéral noirâtre appelé *pierre d'aimant*, ou qu'on a soumis à l'action d'un courant électrique circulant dans un fil de cuivre enroulé en hélice autour du barreau. On donne souvent aux aimants la forme d'un fer à cheval.

le soufre disparaît peu à peu. Si l'on pouvait recueillir tout le gaz produit, on trouverait que son poids est supérieur au poids du soufre brûlé. Ce gaz, en revenant à la température ambiante, ne se condense pas ; mais il est absorbé par l'eau, à laquelle il communique la propriété de rougir la teinture bleue de *tournesol* (1). On pourrait retirer de ce gaz le soufre initial, mais par une série d'opérations compliquées. C'est une nouvelle substance entièrement différente du soufre.

Expérience : La combustion du soufre dans l'air donne le même produit que dans l'*oxygène ;* il vaut mieux faire l'expérience dans l'oxygène, pour n'être pas gêné par la présence du gaz *azote*, qui accompagne l'oxygène dans l'air. On dispose l'expérience comme l'indique la figure 3. On place le soufre dans un petit vase de terre nommé *têt à combustion* ou *scorificatoire*, sup

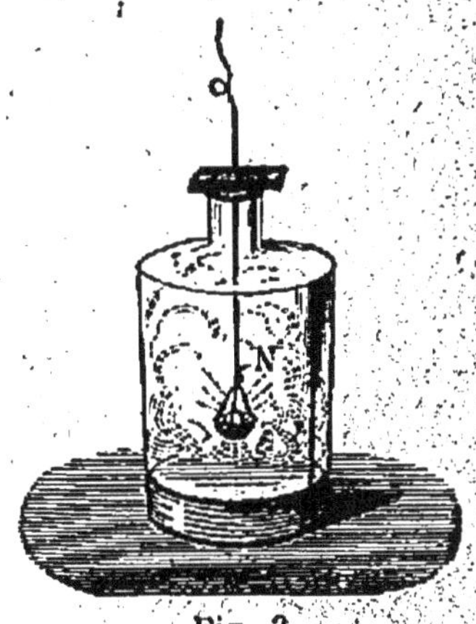

Fig. 3.

porté par des fils de fer reliés à un bouchon ; on l'allume, et on plonge dans un flacon rempli d'oxygène. Le soufre éteint, on enlève la coupelle, on ajoute un peu d'eau, on ferme avec la main, et on agite ; le flacon forme ventouse, maintenu par la pression extérieure à cause de la disparition du gaz intérieur. On arrache le flacon et on y verse du tournesol.

La transformation du fer en rouille et celle du soufre en gaz sulfureux déterminent une altération permanente de la substance même du fer et du soufre. Elles constituent des propriétés spéciales à ces deux corps, et se manifestent par des phénomènes qui font apparaître de nouvelles substances. Ces phénomènes sont appelés *phénomènes chimiques*, et la chimie a justement pour objet l'étude des transformations de cette nature et de leurs lois.

(1) Liquide obtenu en faisant bouillir dans l'eau une matière colorante naturelle, le tournesol, qu'on retire de certains lichens.

Corps simples et corps composés. — 10. Chauffons (*fig.* 4) une substance pulvérulente rouge appelée *oxyde rouge* de mercure. Nous verrons des bulles gazeuses monter et se rassembler à la partie supérieure du flacon C, posé sur un *têt à gaz* au centre duquel débouche le tube *abducteur* B; en même temps, un anneau miroitant, facile à reconnaître pour du mercure métallique, se déposera sur les parties froides du tube. Le gaz rallume une allumette présentant

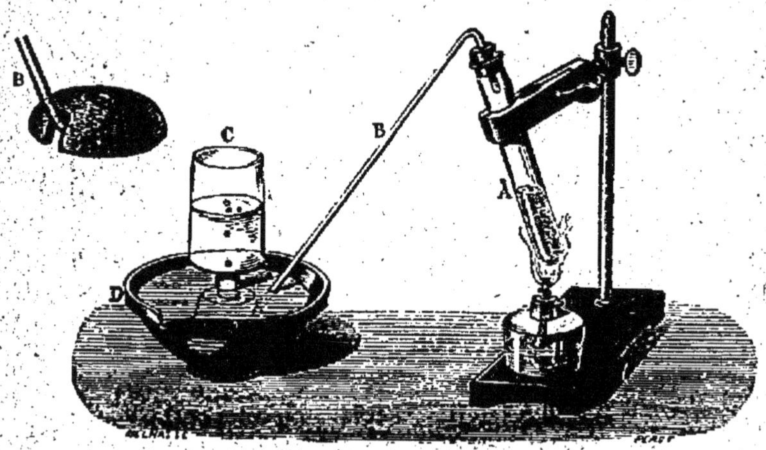

Fig. 4. — Décomposition de l'oxyde de mercure.

seulement quelques points rouges; c'est celui que nous nommons *oxygène*. Si on chauffait pendant un temps suffisant, on arriverait à faire disparaître complètement la substance rouge, et l'on n'aurait à sa place que de l'oxygène et du mercure. On dit que la chaleur a *décomposé* l'oxyde de mercure. Or, jusqu'à présent, on n'a pu réussir à retirer soit de l'oxygène, soit du mercure, aucune autre substance; toutes les actions auxquelles on les soumet (en l'absence d'autres corps, bien entendu) les laissent identiques à eux-mêmes. C'est ce qu'on exprime en disant que le mercure et l'oxygène sont des *corps simples*. L'oxyde de mercure est un *corps composé*.

11. — Chauffons du plomb dans un petit vase en terre; il commence par fondre, puis la surface métallique, d'abord brillante, se ternit assez rapidement ; si on agite constamment avec une tige de fer, de manière à renouveler la surface de contact, le plomb finit par se transformer complètement en une poudre jaune sale, appelée *massicot* ou oxyde de plomb. Si on a opéré sur 25 grammes de plomb, on trouvera un peu moins de 27 grammes de massicot. Le plomb est un corps simple ; dans cette expérience, il s'est *combiné* à l'oxygène pour donner un corps composé, le massicot.

Mélange et combinaison. — 12. Nous verrons que l'eau est formée par la *combinaison* de deux gaz, l'hydrogène et l'oxygène, tandis que que l'air est un *mélange* d'oxygène et d'un autre gaz appelé *azote*. Plusieurs caractères permettent de reconnaître si deux corps que l'on met en présence se combinent ou se mélangent simplement.

1° Dans le mélange, chaque corps conserve ses propriétés ; les propriétés d'un mélange sont donc intermédiaires entre celles des corps mélangés ; de plus, ces derniers peuvent être facilement séparés. Quand deux corps sont combinés, au contraire, le composé formé manifeste en général des propriétés très différentes de celles des composants, et la séparation de ces derniers est souvent très difficile.

Mélangeons intimement de la fleur de soufre et de la limaille de fer ; nous aurons une poudre verdâtre, de nuance

Fig. 5. — Creuset.

d'autant plus claire que nous aurons mis plus de soufre. Le fer est attirable à l'aimant, le soufre est soluble dans la benzine : un aimant approché du mélange attirera le fer seul ; si on jette un peu de cette poudre dans la benzine, le soufre se dissoudra seul, le fer restera. Projetons le mélange dans un creuset en terre muni d'un couvercle (*fig.* 5) et préalablement chauffé jusqu'au rouge (1); nous verrons qu'il se transforme en une matière compacte très dure, d'un noir brillant, appelée sulfure de fer, beaucoup moins magnétique que le fer (2), et tout à fait insoluble dans la benzine.

2° Quand on mélange deux corps à la même température, on n'observe aucune variation dans cette température, s'il y a simplement mélange. S'il y a combinaison, il n'en est pas ainsi; la combinaison est presque toujours accompagnée d'un phénomène *thermique*, qui est dans l'immense majorité des cas un *dégagement de chaleur* (déterminant une élévation de température). Le dégagement de chaleur est quelquefois si subit et si considérable qu'il y a production de lumière, comme dans l'expérience suivante :

Projetons de la tournure de cuivre dans du soufre fondu,

Fig. 6. — Ballon.

et chauffé un peu au-dessous du point où il s'enflamme dans l'air (*fig.* 6); chaque copeau de cuivre, en arrivant au contact du soufre, devient subitement incandescent; quand l'incandescence a disparu, la surface du cuivre est noircie; cette couleur est celle du *sulfure de cuivre* qui s'est formé par l'union du cuivre et du soufre.

3° Enfin, deux corps peuvent être mélangés en toutes proportions, tandis qu'ils se combinent en proportions fixes ou *définies*. Ainsi, 11 parties de *sulfure de*

(1) Les corps deviennent lumineux lorsqu'ils sont fortement chauffés. Vers 400°, ils commencent à émettre une faible lumière, dont l'éclat augmente d'autant plus que la température s'élève davantage, et permet d'en obtenir une évaluation, assez grossière d'ailleurs, comme il suit :

Rouge naissant.....................................	500°
Rouge sombre......................................	700°
Cerise..	900°
Orange foncé......................................	1100°
Blanc...	1300°
Blanc éblouissant..................................	1500°

(2) On appelle *magnétiques* les corps attirables par l'aimant.

fer contiennent 7 parties de fer et 4 de soufre. Chauffons 8 parties de fer et 4 de soufre, nous aurons 11 parties de sulfure, 1 partie de fer échappera à la combinaison. Si nous avions chauffé 7 de fer et 5 de soufre, nous aurions eu comme résidu 1 partie de soufre.

Affinité; réactions. — 13. Quand deux corps peuvent s'unir pour en former un troisième, on dit qu'ils ont de l'*affinité* l'un pour l'autre; ainsi le soufre a de l'affinité pour le cuivre et pour le fer. En général, on peut dire que le dégagement de chaleur qui accompagne la combinaison de deux corps est en rapport avec l'affinité qu'ils ont l'un pour l'autre, c'est-à-dire leur aptitude à entrer en combinaison. Plus l'affinité est grande, plus est considérable le dégagement de chaleur. Les composés formés par des corps doués d'affinités énergiques sont en général difficiles à détruire; on dit qu'ils sont *stables;* telle est l'eau, tel est le sulfure de cuivre.

Quand un corps est modifié par un autre corps, on dit qu'ils *réagissent* l'un sur l'autre; ainsi, le fer *réagit* sur le soufre. On donne le nom de *réactions* aux phénomènes qui apportent des modifications durables dans un corps ou un système de corps; ainsi la combinaison de deux corps simples, la destruction de l'oxyde de mercure par la chaleur sont des réactions. Nous verrons des exemples de réactions plus complexes.

14. — Pour que deux corps puissent réagir l'un sur l'autre, il faut qu'ils aient un contact aussi intime que possible. Deux gaz se mélangent rapidement et intimement; il en est de même, en général, de deux liquides que l'on verse l'un dans l'autre; on facilite le mélange en agitant. Pour les corps solides, on obtient un contact intime en les pulvérisant, ou en les dissolvant dans des liquides convenablement choisis, dont le mélange déterminera la réaction des corps dissous. On fait, à ce sujet, l'expérience suivante : on place l'un à côté de l'autre, et de manière qu'ils se touchent, un fragment de *chaux vive* (**183**), et un fragment de *sel ammoniac* (**101**); aucun changement ne se produit; on les introduit ensuite dans un mortier et on les pile ensemble; il se dégage immédiatement une odeur piquante très désagréable, celle de l'*alcali volatil* ou *ammoniaque;* elle est due à un gaz (*gaz ammoniac*) qui a pris naissance par la réaction mutuelle des deux solides, amenés par la pulvérisation à un contact très intime (1). On pourrait également dissoudre séparément dans l'eau un peu de chaux et un peu de sel ammoniac; les deux solutions, chauffées à part, n'éprouveront aucune modification; si on les mélange, il pourra arriver qu'on n'observe rien au premier moment; mais en chauffant on en dégagera du gaz ammoniac (2).

Analyse; synthèse. — 15. Détruire un composé en ses éléments, c'est en faire l'*analyse*. Si l'on se contente de rechercher la nature des éléments constituants d'un corps, on fait une analyse *qualitative;* si l'on recherche en même temps les proportions relatives de ces éléments, on fait une analyse *quantitative*. Ainsi, la destruction de l'oxyde de mercure par la chaleur est une analyse. Si l'on pèse l'oxyde, puis le mercure et l'oxygène qu'il fournit, l'analyse devient quantitative. On trouve que *le poids de l'oxyde est égal à la somme des poids de l'oxygène et du mercure*. C'est un fait général. *Le poids d'un composé est toujours égal à la somme des poids des composants*.

Combiner les éléments d'un corps composé, c'est faire la *synthèse* de ce composé. Dans l'expérience du n° **11**, 2°, on fait la synthèse qualitative du sulfure de cuivre. Si on pèse le cuivre, puis le sulfure de cuivre, on fait une synthèse quantitative. La différence des deux premiers poids donne le poids du soufre. (Ceci suppose démontré qu'il n'y a que du cuivre et du soufre dans le corps considéré.)

(1) Un morceau de papier buvard blanc, trempé dans une solution de tournesol rougie par un acide, conserve une couleur rouge; ce papier, exposé au-dessus du mortier, prend une coloration bleue, indiquant qu'il s'est produit un corps nouveau, capable de ramener au bleu le tournesol rougi; ce corps est évidemment un gaz ou une vapeur, puisque son action sur le papier s'exerce à une certaine distance des points où il prend naissance. L'usage de ces *papiers réactifs* est fréquent en chimie.

(2) Ce gaz, très soluble dans l'eau, est retenu par le dissolvant lorsque ce dernier est en proportion suffisante.

CHAPITRE II

AIR. — AZOTE. — OXYGÈNE.

L'air n'est pas un corps simple. — **16.** L'air que nous respirons est un mélange de plusieurs gaz, dont deux constituent sa masse presque entière : l'*oxygène*, seul capable d'entretenir la combustion et la respiration, qu'il surexcite au plus haut point ; l'*azote*, qui éteint les corps enflammés et détermine l'asphyxie (c'est ce caractère qui lui a fait donner son nom : *incapable d'entretenir la vie*). On peut montrer la complexité de l'air par l'expérience suivante :

17. — On remplit d'eau une *cloche courbe* (*fig.* 7), que l'on retourne sur la cuve à eau après avoir fait glisser dans l'ampoule A un petit morceau de phosphore ; on plonge dans la cuve un petit tube fermé T plein d'air et maintenu l'ouverture en bas, puis on le retourne sous la cloche pour faire passer le gaz dans cette dernière, que l'on incline

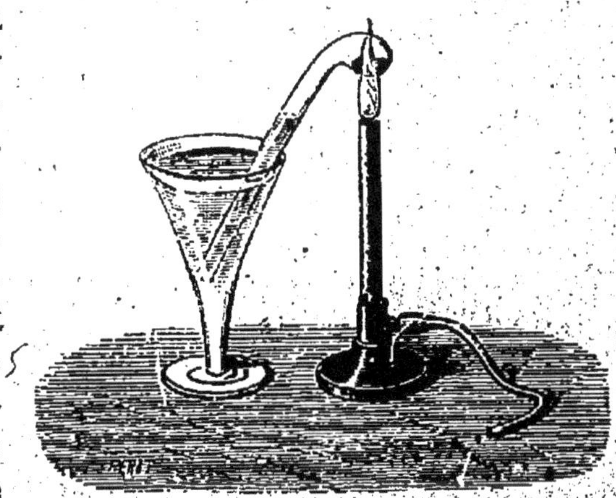

Fig. 7. — Absorption de l'oxygène par le phosphore chauffé.

de manière à chasser autant que possible l'eau restée dans l'ampoule. On chauffe alors le phosphore, doucement d'abord pour vaporiser l'eau qui l'imprègne, puis plus fort; il s'enflamme en répandant d'épaisses fumées blanches, et la flamme descend peu à peu dans le tube, en même temps que la dilatation du gaz par la chaleur dégagée fait baisser le niveau de l'eau (1); quand la flamme est venue lécher ce niveau, l'expérience est terminée. Après le refroidissement, pendant lequel les fumées se dissolvent dans l'eau, on transvase le gaz dans le tube T, et, après avoir enfoncé assez ce dernier pour que le niveau de l'eau soit le même dans le tube et dans la cuve (2), on constate qu'il n'est plus rempli qu'aux 4/5 environ. En répétant plusieurs fois l'expérience, on peut recueillir assez de gaz pour en remplir un tube un peu large, et on constate alors en soulevant ce tube, l'ouverture en bas (3), qu'une bougie allumée s'éteint quand on essaie de l'y introduire; le gaz est de l'*azote;* l'*oxygène* a formé en s'unissant au phosphore les fumées blanches aperçues d'abord.

18. — C'est Lavoisier (4) qui, en 1775, a démontré la complexité de l'air au moyen d'une expérience analogue à la précédente, mais plus complète parce qu'elle lui a permis de régénérer l'oxygène, ce que nous n'avons pu faire.

Il chauffa pendant douze jours du mercure en présence d'une quantité limitée d'air dans l'appareil représenté par la figure 8. Il obtint à la surface du mercure contenu dans le *matras* A une sorte de sable rouge qui n'était autre que de l'*oxyde de mercure* (**10**), et qui conserva son aspect pendant le refroidissement de l'appareil; ce refroidissement terminé, le volume du gaz avait diminué de 1/6 environ; les particules rouges, soigneusement recueillies et chauffées dans

(1) La cloche ne doit être remplie par l'air qu'au tiers à peu près, pour éviter qu'une partie du gaz ne s'échappe.

(2) On opère ainsi pour ramener le gaz à la *même pression*, celle de l'atmosphère, dans les deux phases de l'expérience.

(3) Parce que ce gaz est moins *dense* que l'air, et s'échapperait instantanément si on retournait le tube.

(4) Lavoisier, le fondateur de la chimie moderne, est né en 1743, et mort sur l'échafaud en 1794; il avait été condamné en sa qualité de fermier général; il employait à l'étude des sciences les loisirs que lui laissaient ses fonctions.

une petite cornue, donnèrent du mercure et un gaz dont le volume représentait à peu près exactement ce qui avait disparu de la cloche, et dans lequel une bougie récemment

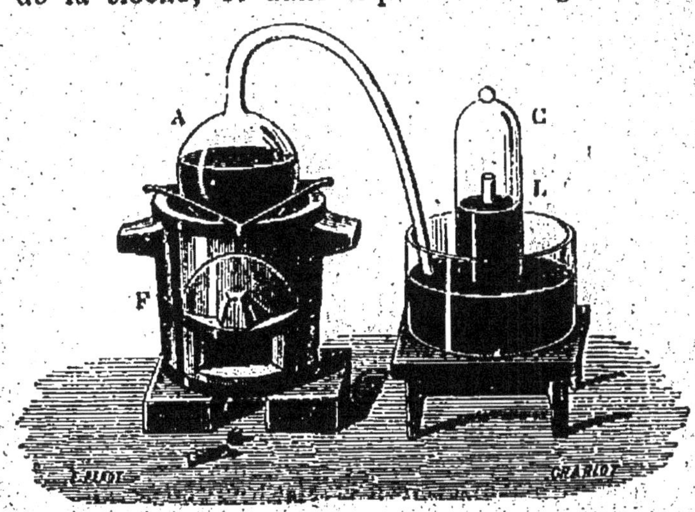

Fig. 8. — Analyse de l'air par Lavoisier. — A, ballon contenant du mercure; F; fourneau; C, cloche dressée sur la cuve à mercure; avant l'expérience on a aspiré une partie de l'air de façon à faire monter en L le niveau du mercure; on évite ainsi que la dilatation due à la chaleur ne fasse sortir de l'air de la cloche.

éteinte et présentant encore un point rouge se rallumait et brûlait avec un vif éclat; le gaz resté dans la cloche éteignait une bougie allumée; le mélange de ces deux gaz dans les proportions fournies par l'expérience elle-même avait toutes les propriétés de l'air. La conclusion s'imposait donc que les deux gaz ainsi séparés sont les constituants de l'air. — L'expérience permet de se les procurer, mais elle est longue et n'en donne que de très faibles quantités. Nous allons voir comment on peut les obtenir commodément.

Azote. — **19.** On peut se procurer de l'azote de bien des manières. Nous en avons indiqué une (**17**). Un moyen commode consiste à faire passer un courant d'air sur du cuivre chauffé (*fig.* 9). Le cuivre arrête l'oxygène et se recouvre d'un enduit noir d'*oxyde de cuivre*; l'azote se rend dans l'*éprouvette* E.

Le gaz obtenu dans l'expérience précédente est un peu moins dense que l'air; les poids de volumes égaux de ce gaz et d'air sont entre eux comme 970 et 1 000. On appelle

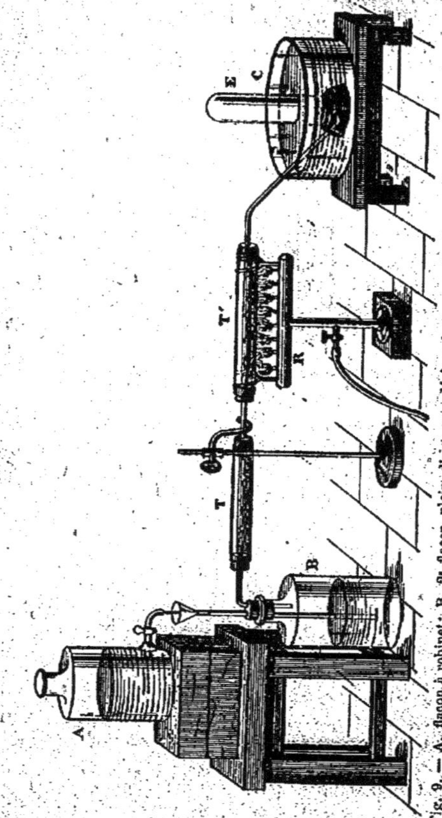

Fig. 9. — A, flacon à robinet; B, 2ᵉ flacon plein d'air, que déplace lentement l'eau tombant de A. T, tube de verre contenant de la chaux vive; T' tube de verre contenant de la tournure de cuivre, entouré d'une feuille de clinquant (non figurée) et chauffé par une rampe à gaz, ou une petite grille à charbon en tôle; C, terrine servant de cuve à eau.

densité d'un gaz le rapport des poids de volumes égaux de ce gaz et d'air dans les mêmes conditions de température et de pression (**2**). On dira donc que la densité de l'azote est 0,970. Le poids de 1 litre d'air à 0° et sous la pression normale étant de 1^{gr},293, il résulte de ce qui précède que 1 litre d'azote dans ces conditions pèse $1,293 \times 0,970 = 1^{gr},253$.

L'azote ne se dissout presque pas dans l'eau ; on peut donc le conserver longtemps sur la cuve à eau. On ne peut le liquéfier qu'au-dessous de — 150°.

On a déjà vu qu'il n'entretient ni la combustion ni la respiration. Il ne se combine directement qu'à un petit nombre de corps, parmi lesquels nous citerons le *magnésium* et l'*aluminium*, qui, chauffés dans un courant d'azote, absorbent ce gaz en devenant incandescents. Mélangé à l'oxygène, il n'entre en combinaison avec lui que si on fait éclater dans le mélange un grand nombre d'étincelles électriques.

Oxygène. — **20.** La manière la plus commode de se procurer de l'oxygène consiste à chauffer dans un petit ballon un mélange à poids égaux de *chlorate de potassium* (corps cristallisé en paillettes blanches brillantes) et d'*oxyde brun de manganèse*. L'action de la chaleur sur le chlorate le détruit en oxygène et *chlorure de potassium;* l'oxyde de manganèse ne subit pas d'altération. On recueille le gaz sur la cuve à eau (*fig.* 10). On peut employer, à la place de l'oxyde brun de manganèse, le bioxyde naturel pulvérisé, mais il faut alors chauffer avec plus de précaution (1).

(1) De plus, avant d'employer le bioxyde de manganèse en poudre, il faut bien s'assurer qu'on a affaire à ce produit et non à du charbon pulvérisé, qui possède à peu près le même aspect, et qui, chauffé avec du chlorate de potassium, donnerait lieu à une explosion violente. On reconnaîtra le bioxyde de manganèse aux vapeurs vertes (chlore) qu'il dégage quand on le chauffe légèrement dans le fond d'un petit tube de verre avec de l'acide chlorhydrique concentré. L'oxyde de manganèse peut resservir indéfiniment ; il suffit de le laver plusieurs fois à l'eau chaude après l'opération (pour enlever le chlorure de potassium et le chlorate non décomposé) et de le sécher soit au soleil, soit sur un poêle ; on le calcinera ensuite pour détruire les matières organiques qui auraient pu se mélanger à lui pendant la dessiccation. 40 grammes de chlorate de potassium fournissent un peu plus de 10 litres d'oxygène. On obtient l'oxyde brun en calcinant au rouge, dans une cornue en terre, le bioxyde naturel ; il se dégage de l'oxygène ; on a longtemps préparé l'oxyène de cette manière.

Aujourd'hui on fabrique industriellement de l'oxygène, soit en le retirant de l'air par divers procédés, soit en élec-

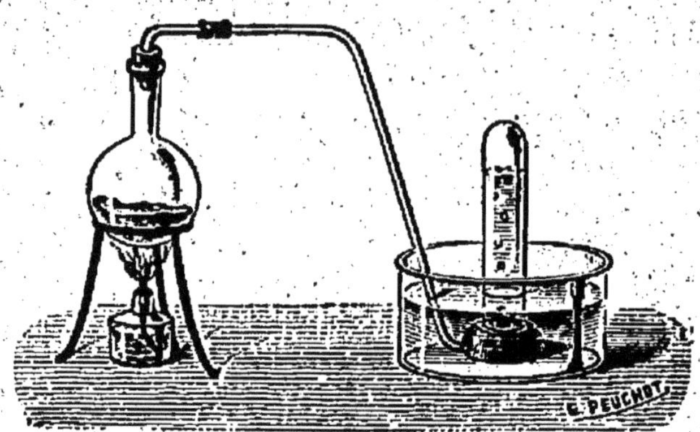

Fig. 10. — Préparation de l'oxygène.

trolysant l'eau (**20**). Il est livré au commerce dans des récipients en acier, où on l'enferme sous une pression de 100 à 120 atmosphères (**6**).

21. — L'oxygène est incolore, inodore, sans saveur; il est un peu plus dense que l'air; sa densité est 1,105. Il

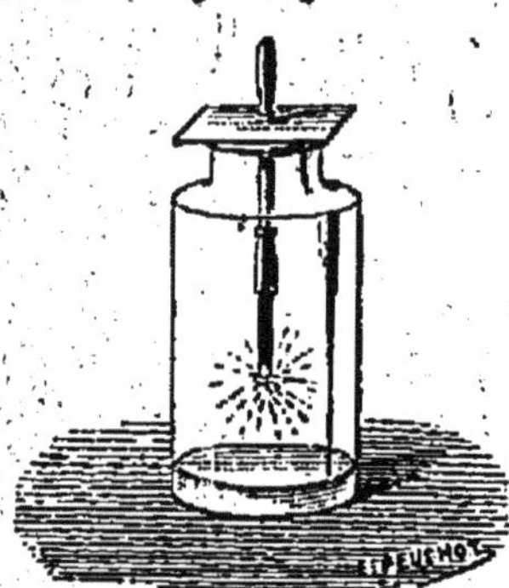

Fig. 11. — Combustion du charbon.

est un peu moins difficile à liquéfier que l'azote; sa température critique est — 118°; à l'état liquide, il est bleu.

Il se combine avec incandescence à un grand nombre de corps, qui brûlent dans ce gaz avec beaucoup plus d'éclat que dans l'air. Nous avons vu (**9**, *b*) comment on peut opérer avec le soufre. Un morceau de fusain présentant un point rouge s'allume quand on le plonge dans l'oxygène (*fig.* 11); et brûle en donnant un gaz qui trouble l'*eau de chaux* et donne au tournesol bleu une couleur rouge violacé; c'est le *gaz carbonique*. — En opérant comme pour le soufre, on peut faire brûler le phosphore dans l'oxygène; l'éclat de la flamme est insoutenable; l'eau qui a dissous les fumées blanches formées pendant la combustion donne au tournesol bleu une couleur rouge vif. Le fer rougi, qui s'éteint très vite dans l'air, brûle dans l'oxygène; un mince fil de fer enroulé en spirale est fiché dans un bouchon par l'une de ses extrémités; on accroche à l'autre un petit morceau d'amadou; on enflamme l'amadou, puis on plonge la spirale dans une *cloche à douille* remplie d'oxygène et reposant sur une assiette pleine d'eau (*fig.* 12). La combustion de l'amadou échauffe le fer qui atteint bientôt la température du rouge,

Fig. 12. — Combustion du fer.

entre en combinaison avec l'oxygène et lance de tous côtés des étincelles constituées par des *batitures* identiques à celles que projette le marteau du forgeron, portées au rouge blanc par la chaleur que dégage la combustion. Les globules sont souvent assez chauds pour s'incruster dans l'assiette, après avoir traversé une couche d'eau de deux ou trois centimètres (1).

Composition exacte de l'air. — 22. L'oxygène et l'azote ne sont pas seuls dans l'air.

Nous y avons déjà rencontré la vapeur d'eau (5); la quantité de vapeur que contient un volume donné d'air est constamment variable, et sa détermination constitue le problème de l'hygrométrie.

De l'eau de chaux, abandonnée à l'air dans un vase un peu large, se recouvre assez vite d'une croûte blanche, et se trouble, accusant ainsi la présence du *gaz carbonique* (**21**).

(1) A défaut de cloche à douille on peut se servir d'un flacon, mais il est souvent brisé. On peut aussi remplacer le fil de fer par un ressort de montre, mais il faut prendre la précaution de le *recuire* en le chauffant au rouge, pour détruire son élasticité qui empêcherait de lui donner la forme convenable pour l'expérience.

De nombreuses expériences ont montré que 1 mètre cube d'air en contient normalement 300^{cm^3} environ, soit 3/10 000; il y en a un peu plus dans l'air des villes qu'à la campagne (respiration, combustion des foyers), au-dessus d'une terre nue qu'au-dessus d'un champ en pleine végétation (action de la chlorophylle des plantes).

On y trouve encore de l'*acide sulfhydrique*, qui provient de la putréfaction des matières organiques contenant du soufre, et quelques autres substances, mais en quantité si faible que l'air est considéré comme *pur* quand on l'a débarrassé de vapeur d'eau et de gaz carbonique (1).

23. — Il y a enfin en suspension dans l'air des poussières de natures très diverses et d'une grande ténuité : débris, cristaux microscopiques, germes, spores cryptogamiques, etc. On arrête ces poussières en faisant passer un courant d'air dans un tube rempli de coton cardé ; elles restent sur le coton, qui sert ainsi à *filtrer* l'air. Pour les étudier, on peut exprimer le coton entre les doigts après l'avoir imbibé d'eau distillée, et examiner au microscope une goutte de l'eau qui s'est écoulée, comme l'a indiqué Pasteur (2).

ANALYSE DE L'AIR PUR ET SEC

Il s'agit de déterminer les proportions relatives d'oxygène et d'azote.

Composition en volumes. — **24.** On peut répéter l'expérience du § 17, mais elle n'est pas très

(1) De l'air ainsi purifié, passant successivement sur du cuivre chauffé et sur du *magnésium* chauffé, n'est pas complètement absorbé ; on recueille une petite quantité d'un gaz qui ne se combine à aucun corps connu, et qu'on appelle *argon*. L'air en contient un peu moins de 1/100e de son volume. Il va sans dire que, si l'on veut se procurer de l'azote en absorbant l'oxygène de l'air (19), on a en même temps l'argon qui, d'ailleurs, ne gêne pas pour constater les propriétés de l'azote.

(2) Pasteur (1822-1895), l'un des plus illustres savants du dix-neuvième siècle ; il a débuté par des études de chimie pure qui l'ont conduit, d'étape

exacte. Il vaut mieux opérer de la manière suivante. On introduit dans un tube gradué en parties d'égale capacité un certain volume d'air mesuré sous la pression atmosphérique; si l'on y fait passer un bâton de phosphore (1), on voit se produire d'abondantes fumées blanches, qui sont lumineuses dans l'obscurité; au bout de quelques heures, l'expérience est terminée; on retire le phosphore, on ramène le gaz à la pression atmosphérique, et on constate qu'il n'occupe plus que les 79/100 du volume initial. Il y a donc, dans

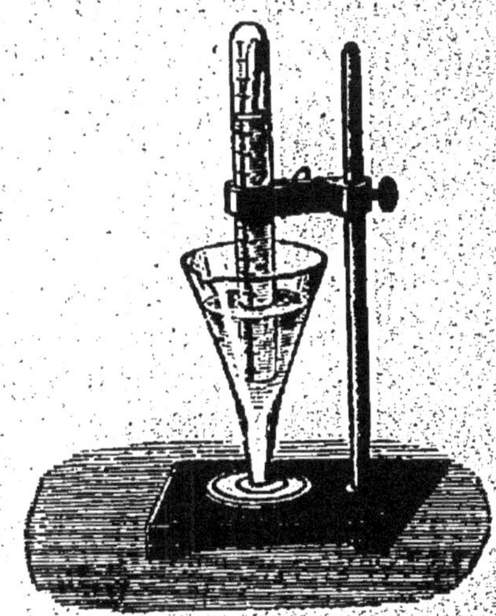

Fig. 13. — Absorption de l'oxygène par le phosphore à froid.

100 volumes d'air, 100 — 79 = 21 volumes d'oxygène. Le résidu est de l'azote (avec à peu près 1/100 d'argon, **22** : note).

Composition en poids. — **25.** La fixation de l'oxygène par le cuivre chauffé au rouge a été utilisée par Dumas et Boussingault (2) pour déterminer la composition de l'air en poids. Leur appareil était analogue à celui que représente la figure 14. L'air desséché et purifié en A et B est aspiré lentement dans le ballon H où l'on a fait le vide avant l'ex-

en étape à l'explication de la fermentation et à la découverte des êtres microscopiques ou *microbes* dont on retrouve l'action dans un si grand nombre de phénomènes chimiques ou biologiques; nous signalerons ses études sur le vin, la bière, la maladie des vers à soie, le charbon, la rage.

(1) Il est commode de le soutenir par un fil de fer moyennement souple, et d'opérer sur une cuvette assez profonde, afin de pouvoir enlever facilement le phosphore, et effectuer les manipulations qu'exige la mesure du gaz. Une grande terrine conviendra très bien; c'est seulement pendant que l'absorption se fait qu'on disposera le tube comme l'indique la figure.

(2) Dumas, chimiste français (1800-1884), s'est rendu célèbre par un grand nombre de découvertes touchant à toutes les branches de la chimie. Boussingault (1802-1887) a exécuté de nombreuses expériences relatives à la chimie agricole.

périence, et se dépouille de son oxygène en passant sur le cuivre contenu dans le tube T. Après l'expérience, on ferme le robinet du ballon H, et on le pèse, ainsi que le tube T; ces appareils ayant été également pesés avant l'expérience, l'augmentation de poids du ballon donne le poids de l'azote;

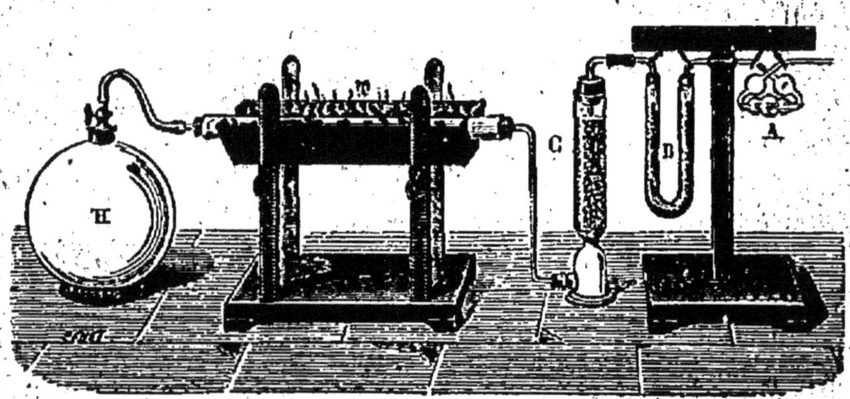

Fig. 14. — Analyse de l'air en poids. — A, tube à potasse pour arrêter le gaz carbonique; B, C, tubes à pierre ponce imbibée d'acide sulfurique pour arrêter la vapeur d'eau; T, tube à oxyde de cuivre; H, ballon aspirateur.

celle du tube, le poids de l'oxygène. On trouve ainsi que l'air contient 77 p. 100 de son poids d'azote et 23 p. 100 d'oxygène. L'azote, ainsi recueilli, est mélangé d'argon.

La composition de l'air est, sauf de très légères variations, la même en tous les pays.

L'air est un mélange. — 26. Dans l'air, l'oxygène et l'azote sont simplement mélangés et non combinés. On appuie cette conclusion sur les raisons suivantes :

1° Les propriétés de l'air sont exactement celles que l'on pourrait attendre d'un mélange de 1 volume d'oxygène et de 4 volumes d'azote.

2° Quand on mélange les deux gaz dans les proportions où ils constituent l'air, on ne constate aucun phénomène thermique.

3° La composition de l'air puisé en divers endroits présente de légères différences, ce qui n'a lieu pour aucun corps composé (1).

4° Enfin, la composition de l'air dissous dans l'eau diffère de celle de l'air libre (33 p. 100 d'oxygène et 66 p. 100 d'azote, au lieu de 21 et 79).

Air liquide. — 27. On liquéfie en grand, aujourd'hui, l'oxygène et l'air. Lorsqu'un gaz fortement comprimé s'écoule par un petit orifice, il éprouve une brusque diminution de pression (détente) accompagnée d'un refroidissement considérable. Si la température du gaz, au moment où il se détend, est déjà très basse, le refroidissement dû à la détente peut l'abaisser fort au-dessous du point critique, et c'est alors du liquide qui s'écoule.

Dans l'appareil dû à M. Linde, le gaz qui s'est détendu et refroidi circule autour du tube amenant le gaz comprimé, dont la température s'abaisse ainsi graduellement ; au bout de peu de temps, la liquéfaction se produit. — La température de l'air liquide est inférieure à — 180°. Il s'évapore donc avec une extrême rapidité. Pour pouvoir le conserver quelque temps, il faut le soustraire au rayonnement de l'espace ambiant. On y parvient en le recueillant dans des *vases à manteau de vide*, dont la figure 15 montre la coupe, et que l'on obtient en soudant l'une dans l'autre deux éprouvettes en verre assez mince, l'éprouvette extérieure étant munie d'un petit tube *t* que l'on ferme à la lampe, après avoir fait dans l'espace *a* laissé entre les deux vases un vide aussi complet que possible (presque le vide barométrique). Ce vide intérieur isole assez bien pour qu'on puisse tenir le récipient à la main, et observer le liquide tout à son aise. L'air a pu être solidifié.

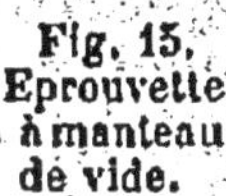

Fig. 15. Éprouvette à manteau de vide.

L'immersion d'un corps dans un bain d'air liquide constitue l'un des moyens de réfrigération les plus puissants que l'on connaisse.

(1) Pour puiser de l'air dans un endroit déterminé, on vide une bouteille pleine d'eau. On la bouche ensuite, et on la conserve pour l'analyser dans le laboratoire.

CHAPITRE III

EAU. — HYDROGÈNE

L'eau n'est pas un corps simple. — 28. L'eau
pure, c'est-à-dire débarrassée par distillation des substances
étrangères qu'elle a pu dissoudre, n'est pas un corps simple.
Elle résulte de la combinaison de l'*oxygène* avec un autre
gaz, l'*hydrogène* (dont le nom signifie *générateur de l'eau*).
On peut le montrer par *analyse* et par *synthèse*.

29. — *Analyse.* Le *courant électrique* traversant de
l'eau rendue conductrice par de la *soude* ou de l'*acide sulfu-*
rique met en liberté l'oxygène et l'hydrogène.

On met dans un verre une solution de 15 parties de *soude*

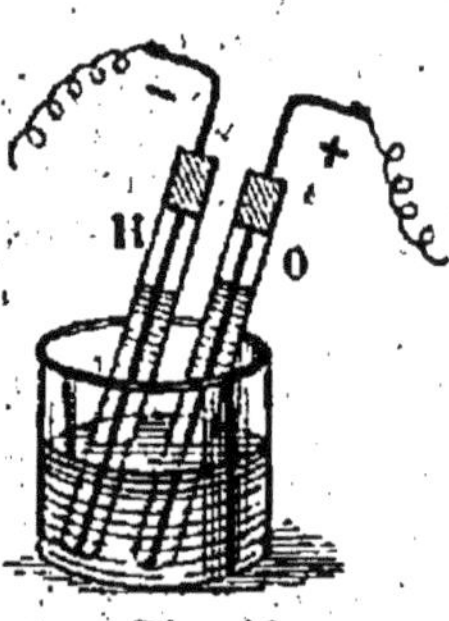

Fig. 16.

caustique pour 100 d'eau, et on y
plonge, après les avoir remplis de la
même solution, deux tubes de même
longueur et de même diamètre dans
l'axe desquels deux fils de fer bien décapé sont soutenus par de bons bouchons (*fig.* 15); on relie les tubes aux
deux pôles d'une pile; dès que le courant
passe, des gaz se dégagent sur les fils
(ou *électrodes*) et se rassemblent dans
les éprouvettes; celle qui est reliée au pôle négatif contient
constamment deux fois plus de gaz que l'autre; ce gaz prend
feu au contact d'une allumette : c'est l'*hydrogène*; on constate au moyen d'une allumette présentant encore un point
rouge que l'autre gaz est de l'oxygène.

30. — *Synthèse.* On prend un tube de 35^{cm} de long et de 2^{cm} de diamètre à peu près, à l'un des bouts duquel on a *mastiqué* un bouchon traversé par deux fils de fer le dépassant de 2 à 3^{cm}, et légèrement inclinés l'un vers l'autre à leur extrémité (*fig.* 16, A), qui serviront d'électrodes ; on le remplit de soude, on le renverse sur une cuve à eau et on fait passer le courant ; quand les gaz dégagés ont chassé le liquide au-dessous des électrodes, le courant cesse de passer, et les fils plongent dans un mélange de deux volumes d'hydrogène et un d'oxygène. On fait alors éclater une *étincelle* électrique entre les fils, et on voit les gaz disparaître et le liquide remplir complètement l'éprouvette ; l'eau détruite par le courant s'est reformée, et l'appareil a repris son état initial. Les instruments permettant, comme celui-ci, de faire éclater des étincelles dans les gaz, sont appelés *eudiomètres*. L'un des modèles les plus simples est un tube gradué à la partie supérieure duquel sont soudés deux fils de platine a et b servant à faire passer l'étincelle (*fig.* 16, B). On peut répéter l'expérience précédente avec ces appareils, après y avoir fait passer deux volumes d'hydrogène et deux volumes d'oxygène mesuré sous la même pression ; après l'étincelle, il ne reste plus qu'un volume d'oxygène (sous la même pression).

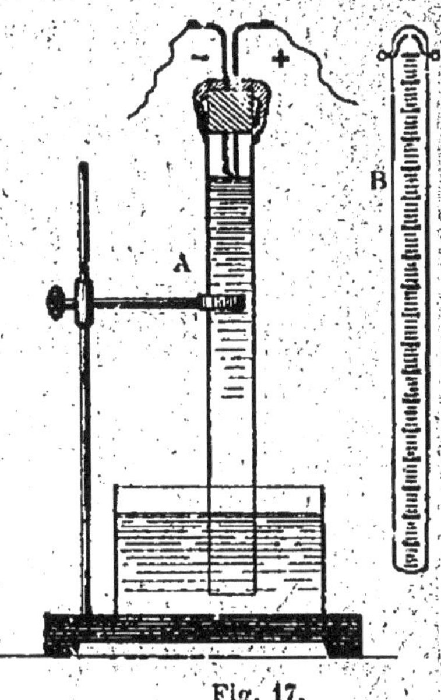

Fig. 17.

Propriétés de l'eau pure. — 31. L'eau pure est liquide à la température ordinaire ; elle est incolore et insipide. On a choisi comme points fixes du thermomètre centigrade son point de congélation (0°) et son point d'ébullition sous la pression de 76^{cm} de mercure (100°) (**6**). Elle augmente de volume en se solidifiant. Quand on la chauffe à partir de 0°, son volume diminue d'abord, et devient minimum à 4°; elle se dilate ensuite jusqu'au moment où elle entre en vapeur. Son *poids spécifique* est donc maximum à 4°; *il a été pris pour unité de poids dans le système métrique.*

Elle dissout un grand nombre de substances : cette propriété est constamment utilisée.

32. — On peut, par l'action de certains métaux qui sont alors transformés en *oxydes* par l'oxygène de l'eau, mettre l'hydrogène en liberté.

a. On projette dans l'eau d'une cuve un petit fragment de sodium (**78**) bien nettoyé, que l'on recouvre de suite d'une sorte de cloche *c* faite d'un bout de toile métallique et d'un fil de fer *f*, et d'une éprouvette E; des bulles gazeuses montent dans l'éprouvette; c'est de l'hydrogène, reconnaissable à son inflammabilité. L'oxygène s'est combiné au sodium et à l'eau de la cuve pour donner une substance soluble, la *soude caustique*, possédant la propriété de bleuir le tournesol rougi par le gaz sulfureux ou le gaz carbonique.

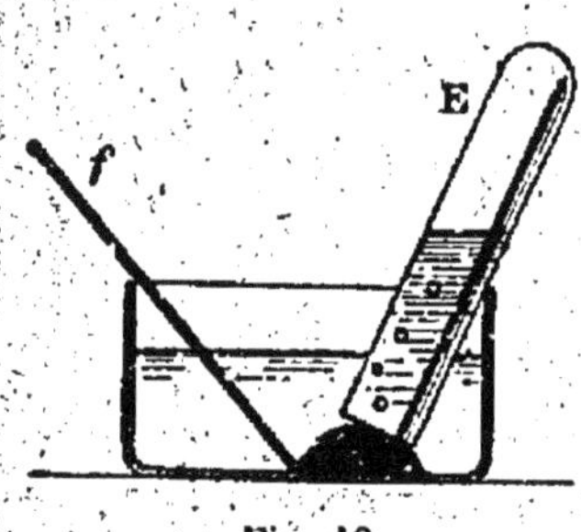

Fig. 18.

b. Dans un tube de grès (*fig.* 18), on introduit une tresse en

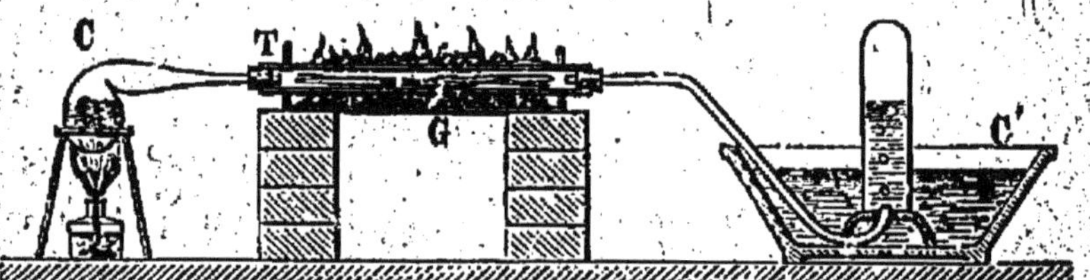

Fig. 19. — Décomposition de la vapeur d'eau par le fer. C, cornue ; T, tube en grès ; G, grille à charbon ; C', terrine servant de cuve à eau.

fil de fer fin, *soigneusement décapé* (avec du papier de verre, par exemple); on adapte à l'une des extrémités du tube une petite cornue contenant de l'eau, et à l'autre un tube abducteur qui se rend sous une cloche dressée sur la cuve à eau.

On place le tube sur une grille plate en tôle, et on l'entoure de morceaux de charbon de bois, sur lesquels on place quelques charbons incandescents ; la combustion gagne bientôt la masse entière, le tube est porté au rouge ; on fait alors bouillir l'eau, et on recueille dans la cloche un gaz inflammable qui est l'hydrogène. Après l'expérience, l'aspect du fer a complètement changé ; il a arrêté l'oxygène de l'eau et s'est transformé en une substance identique à l'oxyde des batitures et que l'on appelle *oxyde magnétique* de fer.

Hydrogène. — **33.** *Propriétés.* — L'hydrogène est incolore, inodore et sans saveur. Il pèse à volume égal 14 fois et demie moins que l'air environ. Sa densité est 0,069 ; un litre d'hydrogène à 0°,76^{cm} pèse seulement 0^{gr},089.

On peut montrer très simplement la légèreté de l'hydrogène. On porte au-dessus d'une éprouvette pleine d'air une éprouvette remplie d'hydrogène et maintenue l'ouverture en bas ; on retourne les deux vases en les tenant abouchés, et on constate que le gaz contenu dans la première éprouvette est devenu inflammable. Il contient de l'hydrogène. On peut encore gonfler d'hydrogène des bulles de savon ; on les voit s'élever et gagner rapidement le plafond de la salle. On peut les enflammer.

L'hydrogène traverse les parois poreuses beaucoup plus rapidement que les autres gaz. Cette propriété, appelée *diffusibilité*, est liée à sa

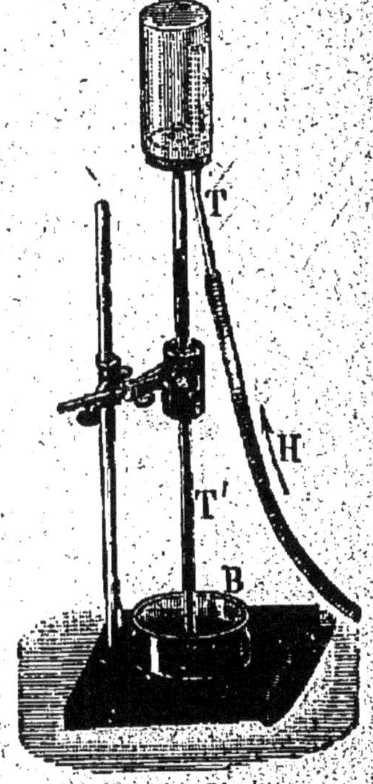

Fig. 20.
Diffusibilité de l'hydrogène.

légèreté. On peut la mettre en évidence au moyen d'appareils qui peuvent être facilement construits avec des vases poreux (vases pour piles) et des tubes de verre (*fig.* 19). Le

2.

long tube T' plongeant dans un bocal B qui contient un
liquide coloré, on adapte au tube T un caoutchouc relié à
un appareil qui dégage de l'hydrogène. Ce gaz chasse peu à
peu l'air qui remplit le vase poreux V, et de grosses bulles
traversent le liquide du bocal. Quand l'air a été entièrement chassé, on ferme le caoutchouc au moyen d'une pince,
et on enlève l'appareil à hydrogène; l'hydrogène sortant
du vase beaucoup plus rapidement que l'air n'y rentre, il se
produit une diminution de pression, et l'on voit le liquide
s'élever dans le tube T'.

L'hydrogène est très peu soluble dans l'eau. C'est, de tous
les gaz, le plus difficile à liquéfier; sa température critique
est — 234°; il se solidifie à — 257°. Le fond d'un tube
d'essai se remplit instantanément d'air solide quand on le
plonge dans l'hydrogène liquide.

34. — Nous avons vu que l'hydrogène est combustible; il

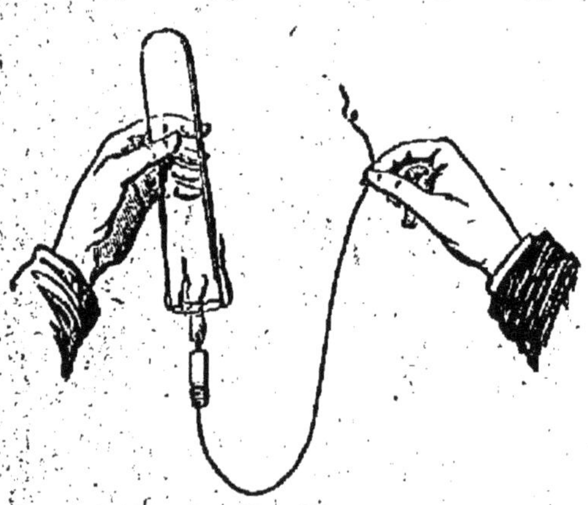

Fig. 21.

brûle avec une flamme
peu visible, mais très
chaude (*fig.* 21).

On peut également
l'enflammer à l'extré-
mité d'un tube de verre
effilé relié à un appareil
qui en dégage (*fig.* 22).

Lorsqu'on veut répé-
ter cette expérience, il
faut s'assurer que tout
l'air contenu d'abord
dans l'appareil à hydro-
gène a été chassé (1). S'il en restait en quantité notable,
l'atmosphère du flacon constituerait un *mélange détonant*,
qui ferait explosion au moment de l'allumage; le flacon
volerait en éclats.

(1) Il suffit de retourner au-dessus du tube à dégagement un petit tube
d'essai, qui se remplit de gaz. Pour qu'on puisse allumer sans danger, il
faut que le gaz qui a rempli le petit tube s'enflamme sans explosion au
contact d'une allumette.

En effet, faisons passer dans une éprouvette dressée sur la cuve à eau, d'abord cinq volumes d'air, puis deux volumes d'hydrogène (mesurés, par exemple, au moyen d'un petit tube d'essai qui représentera un volume); les gaz se mélangent; remplissons de ce mélange un flacon à goulot étroit, et fermons-le avec un bon bouchon; entourons le flacon d'un linge mouillé, puis débouchons et approchons une flamme de l'orifice, une forte détonation retentit et le bouchon est projeté au loin. On peut répéter l'expérience avec un mélange d'un volume d'oxygène et deux d'hydrogène; le flacon peut être brisé si le mélange est fait dans des proportions très exactes et si les gaz sont bien purs et bien secs.

La combustion dans l'éprouvette ou à l'extrémité du tube s'explique alors facilement; deux gaz se mélangent très rapidement; on a donc, vers l'orifice de l'éprouvette (*fig.* 21), un mélange d'hydrogène et d'air qui prend feu au contact de l'allumette; la flamme, qui n'est autre chose que le gaz rendu incandescent par la chaleur dégagée dans la combustion, recule dans l'éprouvette en même temps que la surface de contact de l'hydrogène et de l'air; il n'y a pas d'explosion, parce que le mélange n'occupe qu'une faible épaisseur; si l'on attendait quelque temps avant d'approcher l'allumette, on aurait, au lieu d'une combustion tranquille, une sorte d'éclair accompagné d'un sifflement strident, les gaz ayant eu le temps de se mélanger sur une assez grande longueur dans l'éprouvette.

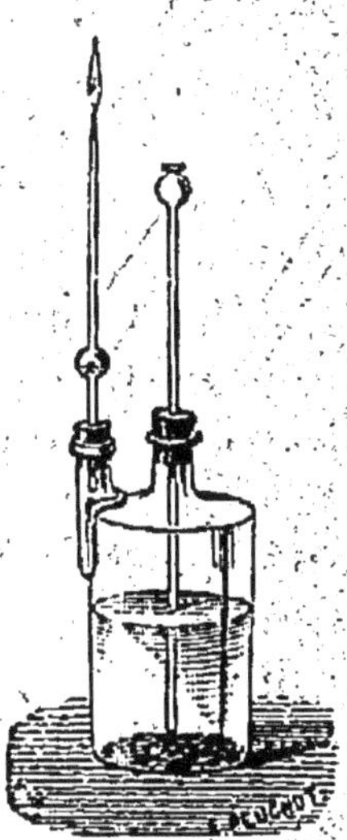

Fig. 22.

De même, la flamme au bout d'un tube rend visible la région de l'espace où se fait la combustion du mélange de l'hydrogène fourni par le flacon avec l'air extérieur.

On peut encore déterminer l'inflammation d'un mélange détonant en y faisant éclater une étincelle électrique (**30**).

35. — *L'hydrogène brûlant dans l'oxygène ou dans l'air donne de l'eau.* — On adapte au tube à dégagement d'un appareil à hydrogène (*fig.* 23) un tube plus gros rempli de chaux vive ou de pierre ponce imbibée d'acide sulfurique et destinée à arrêter l'eau qu'entraîne toujours l'hydrogène en

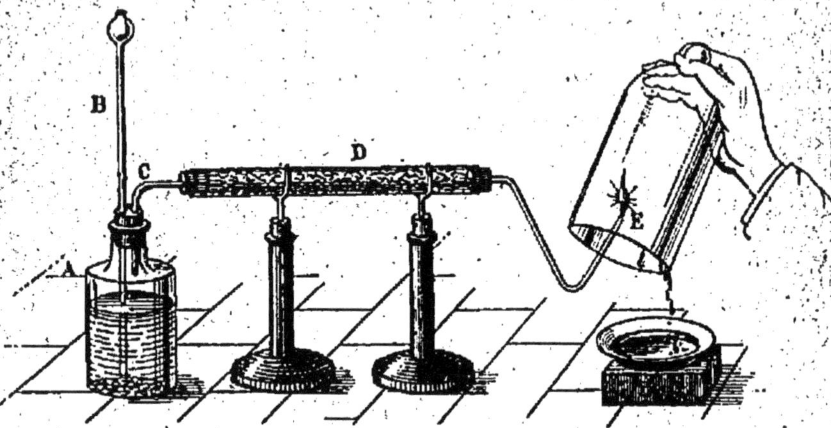

Fig. 23. — Formation d'eau dans la combustion de l'hydrogène.

se dégageant du flacon A ; à la suite de D se trouve un tube effilé à son extrémité ; quand tout l'air a été chassé de l'appareil, on allume le gaz au bout du tube et on approche une cloche E au-dessous de laquelle on met une soucoupe. On ne tarde pas à voir les parois de la cloche se couvrir de buée, et, si l'expérience se prolonge assez longtemps, l'eau, coulant le long de ces parois, vient se rassembler dans la soucoupe.

36. — L'hydrogène, à cause de sa grande affinité pour l'oxygène, détruit les combinaisons qu'il forme avec un certain nombre de corps, des métaux notamment (1) ; il se fait de l'eau, et le corps est mis en liberté. On dit qu'un corps qui cède ainsi son oxygène à un autre est *réduit* par cet autre. Ces réactions, inverses en quelque sorte de celle qui a été décrite au § **32** *b*, sont appelées des *réductions*. L'hydrogène est un corps *réducteur*.

L'expérience réussit très bien avec l'*oxyde de cuivre*. L'oxyde pulvérisé est placé en couche mince dans un tube en verre vert A (moins fusible que le verre ordinaire), dont

(1) Ces combinaisons sont appelées *oxydes*.

on a effilé l'extrémité (*fig.* 24). On fait passer sur l'oxyde un courant d'hydrogène *sec*; quand l'air a été balayé de l'appareil, on chauffe le tube A et on ne tarde pas à constater un abondant dégagement de vapeur d'eau. Il reste dans le tube du cuivre métallique (1).

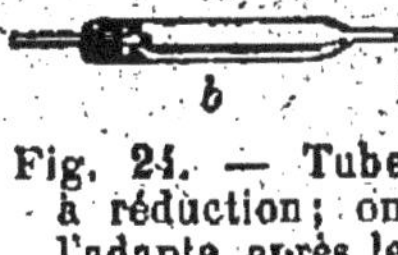

Fig. 24. — Tube à réduction; on l'adapte après le tube D de la fig. 22; *b*, couche mince d'oxyde de cuivre.

Composition de l'eau en poids. — 37. Cette réaction a été utilisée par Dumas en 1843, pour déterminer les poids d'oxygène et d'hydrogène qui s'unissent pour former l'eau. De l'hydrogène pur et sec passait sur de l'oxyde de cuivre pesé et chauffé; on recueillait soigneusement l'eau formée, et après l'expérience on déterminait le poids de l'eau recueillie et la perte de poids de l'oxyde de cuivre.

La différence donnait le poids de l'hydrogène. Ces expériences ont montré que l'eau contient, en poids, 1 d'hydrogène pour 8 d'oxygène.

Nous avons vu (**29, 30**) que les proportions en volume sont 2 d'hydrogène et 1 d'oxygène.

On peut répéter en petit l'expérience de Dumas en mettant un poids connu d'oxyde de cuivre, 5 grammes par exemple, dans le tube A (*fig.* 23), et plaçant à la suite de ce tube des *tubes en* U remplis de chlorure de calcium desséché, qui absorbe l'eau formée; on trouve à la fin de l'expérience que le tube A a perdu environ 1 gramme, tandis que les tubes à chlorure de calcium ont gagné 9/8 de gramme.

Préparation de l'hydrogène. — 38. Nous avons indiqué comment on peut retirer l'hydrogène de l'eau (**32**). On prépare généralement ce gaz de la manière suivante.

Le flacon F de la figure 25 reçoit de l'eau jusqu'au tiers de sa hauteur et quelques lames de zinc du commerce; on verse peu à peu de l'*acide sulfurique* ou de l'*acide chlorhy-*

---

(1) On peut préparer l'oxyde de cuivre en chauffant jusqu'au rouge de la tournure de cuivre à l'air dans un têt en terre; la surface du métal se recouvre assez vite d'un enduit noir d'oxyde, que l'on détache par battage.

drique par l'entonnoir ; les bulles d'hydrogène apparaissent aussitôt sur les lames de zinc, se dégagent et vont se rassembler dans l'éprouvette dressée sur la cuve à eau (1). Les premières éprouvettes contiennent de l'air, entraîné par le gaz, comme on peut s'en assurer par le procédé indiqué page 34, note ; on les rejettera. On peut remplacer le zinc par des clous en fer ou de la tournure de fer.

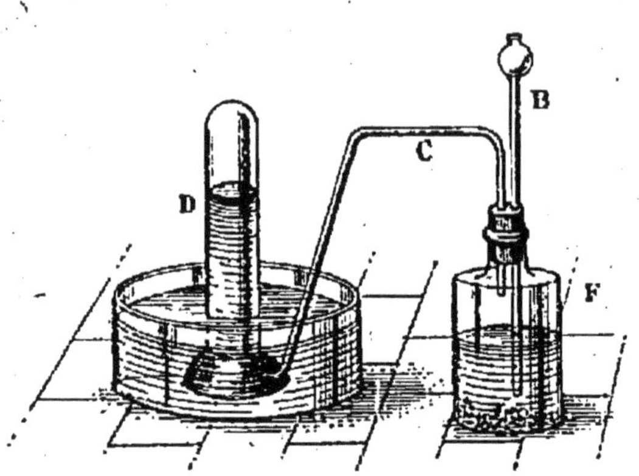

Fig. 25. — Préparation de l'hydrogène.

Usages. — 39. L'hydrogène est souvent employé dans les laboratoires pour réaliser des réductions.

On l'emploie également pour gonfler les ballons. A cause de sa grande légèreté il permet d'obtenir, à égalité de volume, une *force ascensionnelle* notablement supérieure à celle que donne le gaz d'éclairage. La différence entre le poids du mètre cube d'air et le poids du mètre cube d'hydrogène est, en effet, égale à 1 203 grammes ; la valeur moyenne de cette différence pour le gaz d'éclairage, dont la composition est variable, est de 693 grammes seulement.

On prépare souvent l'hydrogène destiné aux aérostats en décomposant par le courant électrique de l'eau additionnée de soude.

La flamme de l'hydrogène brûlant dans l'oxygène est une des sources de chaleur les plus puissantes que l'on sache réaliser. Elle permet de fondre le platine. On a montré que sa température atteint 2500° ; elle s'abaisse quand on la met en contact avec des corps solides, mais on peut encore

(1) On peut disposer facilement un appareil à dégagement continu d'hydrogène, toujours prêt à servir, et cessant de fonctionner quand on le désire.

l'évaluer, dans ce cas, à 1900 ou 2000°. Le platine fond à 1775°.

Cette flamme, dirigée sur un fragment de chaux vive ou de magnésie, développe aux points qu'elle atteint une lumière éblouissante (*fig.* 26).

Il se compose d'une grande éprouvette à pied fermée par un bouchon qui laisse passer un verre de lampe à pétrole à mèche cylindrique; au-dessus de l'étranglement du verre sont placés quelques morceaux de brique bien lavés; au-dessus d'eux on met des lames de zinc. Le verre de lampe est fermé par un bouchon que traverse un tube coudé muni d'un caoutchouc et d'un robinet ou d'une pince (*fig.* 27). On verse dans l'éprouvette de l'acide chlorhydrique étendu de deux fois son volume d'eau. Quand on desserre la pince, le gaz hydrogène se dégage et chasse l'air. Si on remet

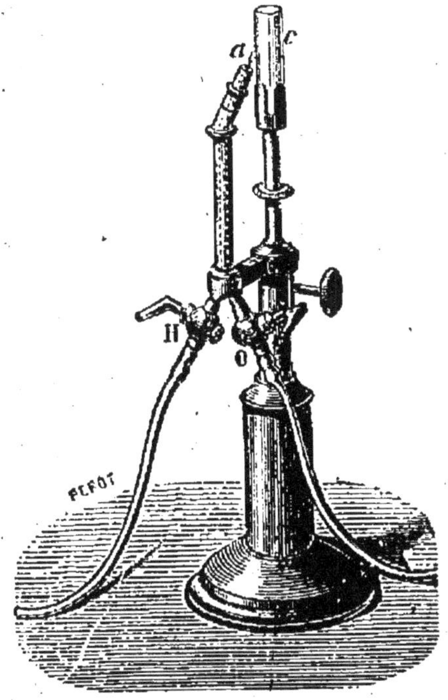

Fig. 26.
Lumière de Drummond.

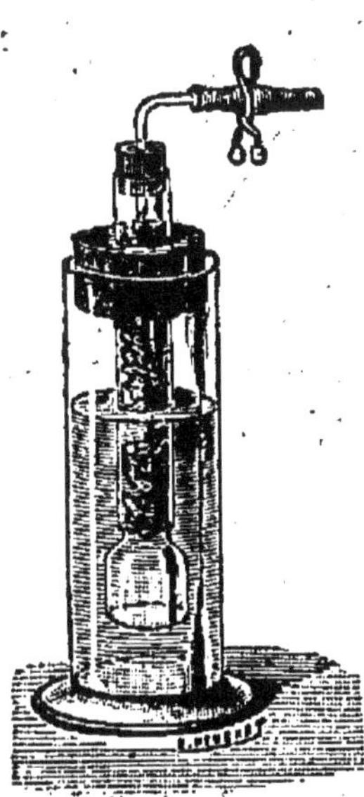

Fig. 27. — Appareil pour le dégagement continu des gaz.

la pince, l'hydrogène qui continue à se produire refoule le liquide au-dessous de lui; celui-ci cesse bientôt de mouiller le zinc, le dégagement s'arrête. L'appareil redonnera du gaz quand on desserrera de nouveau la pince.

(Emprunté au *Traité de manipulations chimiques* de M. Mermet.)

On peut encore obtenir de bons résultats en substituant le gaz d'éclairage à l'hydrogène, mais la lumière est moins vive. Cette lumière, connue sous le nom de lumière Drummond, ou lumière oxhydrique, est employée pour les projections quand on ne dispose pas de la lumière électrique. L'appareil permettant de brûler l'hydrogène au moyen de de l'oxygène s'appelle *chalumeau oxhydrique*.

L'eau dans la nature. — 40. Sous une faible épaisseur, l'eau est transparente et incolore ; en grande masse, elle paraît verte ou bleue. Elle tient en dissolution, en faible quantité, les gaz de l'air ; l'eau des sources est chargée de matières salines enlevées aux roches qu'ont traversées les eaux d'infiltration avant d'atteindre les couches imperméables ; les eaux qui résultent de la fonte des glaciers empruntent leurs matières salines aux roches tombées sur le glacier ou aux parois des vallées qu'il descend ; elles sont d'ailleurs très pures.

L'eau de pluie est plus pure que l'eau de source ; elle ne contient guère que les corps qu'elle a pu dissoudre en traversant l'atmosphère (sels ammoniacaux, substances enlevées aux poussières de l'air).

41. — Les matières salines dissoutes dans l'eau de source y sont, en général, en petite quantité (quelques décigrammes pour un litre de liquide) ; on les obtient en évaporant à sec un volume connu d'eau ; en opérant dans une capsule pesée avant et après l'évaporation, on pourra en déterminer le poids. Toutes les eaux courantes contiennent, en proportions variables, du *carbonate de calcium*, des chlorures, tels que le *chlorure de sodium* ou sel commun, des *sulfates*, tels que le *sulfate de calcium* ou *gypse*, des *matières organiques*, débris ou détritus divers.

Ces substances peuvent être caractérisées par des *réactifs* appropriés, c'est-à-dire par des corps qui, au contact de ces substances, éprouvent des réactions se traduisant par le dépôt d'un corps insoluble ou *précipité*, ou un changement de couleur. Ainsi, une eau contenant des chlorures donne, quand on la mélange avec de l'*azotate d'argent* dissous, un trouble ou précipité d'autant plus abondant qu'elle en contient davantage. Ce trouble est dû à l'apparition de particules de *chlorure d'argent*, blanc au moment de sa formation, et noircissant à la lumière ; les *sulfates* donnent avec le *chlorure de baryum* un précipité blanc de *sulfate de baryum* inaltérable.

L'eau contenant des matières organiques, chauffée avec du *permanganate de potassium* additionné d'un peu d'acide sulfurique, le décolore.

Eaux potables. — **42.** Pour être potable, l'eau doit être fraîche, légère, inodore, d'un goût agréable ; elle ne doit pas avoir dissous plus de 6 décigrammes de matières solides par litre. Elle doit contenir de 30 à 60 centimètres cubes de gaz ; l'eau insuffisamment aérée est lourde et indigeste.

Elle ne doit pas se troubler par l'ébullition, ou, du moins, ne doit se troubler que très peu ; la formation d'un dépôt un peu abondant indique une eau très *calcaire* (1) ; ces eaux sont indigestes, impropres à la cuisson des légumes et au savonnage, parce qu'elles provoquent la formation de composés calcaires insolubles. Une eau ne contenant pas trop de carbonate de calcium forme facilement, avec la solution alcoolique de savon, une mousse légère et persistante, et pas de *grumeaux* (masses blanchâtres, solides, de la grosseur d'une tête d'épingle à peu près). C'est sur ce caractère que repose une méthode d'analyse des eaux de source, l'*hydrotimétrie*, qui rend de grands services dans l'appréciation de leur potabilité.

Les eaux contenant une proportion notable de sulfate de calcium, ce qui est le cas pour l'eau d'un grand nombre de puits des environs de Paris, sont appelées *séléniteuses*. Elles sont encore plus mauvaises que les eaux calcaires. On les

(1) Une eau calcaire est une eau contenant du carbonate de calcium, qui ne s'y dissout qu'en présence du gaz carbonique ; l'ébullition chasse ce gaz et détermine ainsi la précipitation du carbonate ; de là le trouble indiqué.

reconnaît avec le *chlorure de baryum*. Elles donnent également des grumeaux avec le savon. Les eaux calcaires et les eaux séléniteuses sont dites *dures* (**41**).

Un essai au savon suffit pour indiquer si une eau est trop calcaire ou trop séléniteuse pour être potable. Pour un essai encore plus rapide, on peut employer la *teinture de campêche* (obtenue en faisant macérer du bois de campêche dans l'alcool), qui prend une teinte rosée avec une eau potable, et une teinte rouge foncée avec une eau fortement calcaire.

Une eau répondant aux conditions précédentes peut n'être pas potable, car parmi les matières organiques contenues dans l'eau il peut y avoir, outre les détritus en voie de décomposition, des germes ou microbes, le plus souvent inoffensifs, quelquefois redoutables, et qu'on ne peut reconnaître qu'avec l'aide du microscope. L'analyse chimique d'une eau doit donc être toujours accompagnée d'un examen *bactériologique*.

Les eaux courantes sont, en général, potables, quand elles ne sont pas contaminées par le mélange avec des matières putrescibles (eaux vannes, infiltrations de fosses d'aisances). Une eau dormante (mares, étangs) est presque toujours impotable.

La *filtration* à travers une épaisseur suffisante de terre suffit pour purifier l'eau (épandage des eaux d'égout). Pour les usages domestiques, on filtre l'eau à travers des parois de grès (fontaine ordinaire des ménages), de charbon, ou de porcelaine dégourdie (filtre Chamberland). La porcelaine dégourdie seule arrête la plupart des germes; mais ces filtres, pour conserver leur efficacité, doivent être l'objet de nettoyages fréquents et méticuleux. L'ébullition, suivie d'une aération suffisante, rend inoffensives des eaux chargées de microbes; cette opération est recommandée en temps d'épidémie.

CHAPITRE IV

LOIS GÉNÉRALES DE LA CHIMIE. — NOMENCLATURE ET NOTATION CHIMIQUES

Loi des proportions définies. — **43.** Nous avons donné comme un des caractères de la combinaison (**12**) la fixité du rapport des poids des corps simples entrant dans un composé ; l'énoncé de ce fait a reçu le nom de *loi des proportions définies* ou *loi de Proust* (1), du nom du chimiste qui a le plus contribué à l'établir.

Deux corps ne peuvent former qu'un nombre limité de combinaisons ; chacune d'elles est caractérisée par une valeur déterminée du rapport des poids des composants.

Ainsi, on connaît deux composés de l'*oxygène* et du *carbone* : l'*oxyde de carbone*, et le *gaz* ou *anhydride carbonique* ; les rapports des poids de carbone et d'oxygène sont $\dfrac{12}{16}$ pour le premier et $\dfrac{12}{32} = \dfrac{1}{2} \times \dfrac{12}{16}$ pour le second.

On connaît quatre composés du soufre et du fer ; les rapports des poids de soufre et de fer sont :

$$\frac{32}{56} \; ; \; \frac{128}{168} = \frac{4}{3} \times \frac{32}{56} \; ; \; \frac{96}{212} = \frac{3}{2} \times \frac{32}{56} \; ; \; \frac{64}{56} = 2 \times \frac{32}{56}.$$

Loi des proportions multiples. — **44.** On remarquera que ces rapports sont des multiples de l'un d'entre eux par des *fractions à termes simples*. Cette simplicité est un fait moins absolu que la fixité de composition d'une subs-

(1) Proust, chimiste français (1754-1826). C'est à partir de 1808 que la loi n'a plus été contestée.

tance déterminée, mais qui s'applique néanmoins à un très grand nombre de corps; on a appelé son énoncé *loi des proportions multiples* ou *loi de Dalton* (1), du nom du chimiste qui l'a donné (1807) :

Quand deux corps forment plusieurs composés distincts, si on suppose fixe le poids de l'un des composants, les poids de l'autre ont entre eux des rapports simples (c'est-à-dire dont les termes sont des nombres ne dépassant pas 7 ou 8).

45. — Loi des volumes gazeux, ou **loi de Gay-Lussac** (2). — *Quand deux corps à l'état de gaz ou de vapeur se combinent pour former un composé également gazeux :*

1° Il y a un rapport simple entre les volumes de chacun des composants;

2° Il y a un rapport simple entre les volumes des composants et le volume du composé.

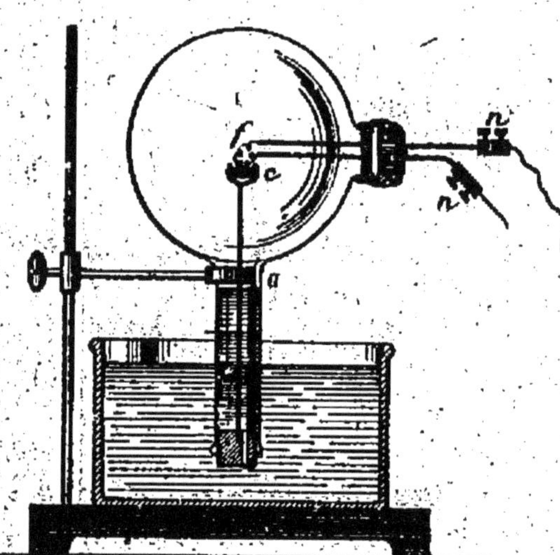

Fig. 28. — B = bouchon percé d'un canal T établissant la communication entre le ballon et la cuve; F = support en fil de fer soutenant la coupelle *c* et fiché dans le bouchon B; *f* = fil de platine relié par *m* et *n* aux pôles d'une pile. L'appareil monté, on fait passer par T un petit tube en caoutchouc par lequel on envoie un courant d'oxygène dans le ballon pendant quelques instants; on enfonce alors le col du ballon dans le mercure, et on aspire par le tube pour faire monter le niveau en *a*; puis on pince fortement le tube et on le retire; l'expérience est prête.

Nous avons vu **(29, 30)** que l'eau résulte de l'union de 2 volumes d'hydrogène avec 1 d'oxygène.

On a reconnu, en opérant dans un eudiomètre maintenu au-dessus de 100°, que le volume de

(1) Dalton, éminent physicien et chimiste anglais (1766-1844).
(2) Gay-Lussac, physicien et chimiste français (1778-1850), auteur de découvertes importantes; la loi a été énoncée en 1805.

la vapeur d'eau formée est 2 seulement. Il y a donc eu une *contraction* pendant la combinaison. C'est ce qui arrive le plus souvent; par contre, il n'y a jamais augmentation de volume.

Si l'on enflamme, au moyen d'un fil de platine rougi par un courant électrique, un petit fragment de soufre placé dans une coupelle soutenue au centre d'un ballon plein d'oxygène et reposant sur le mercure (*fig*. 28), on le voit brûler; à la fin de l'expérience, et quand la chaleur dégagée par la combustion s'est dissipée, on constate que le volume du *gaz sulfureux* produit (**a**, *b*) est égal au volume de l'oxygène employé. On déduit de cette expérience qu'un certain volume de gaz sulfureux est formé par l'union d'un *égal volume* d'oxygène avec du soufre. On a prouvé que le volume de vapeur de soufre nécessaire est *la moitié* du volume de l'oxygène.

L'acide *chlorhydrique*, qui sera étudié plus loin, nous offre un exemple de corps gazeux formé *sans contraction* par l'union de volumes égaux de ses éléments (1 volume de *chlore* et 1 volume d'hydrogène donnent 2 volumes d'acide chlorhydrique).

Les exemples qui précèdent font connaître le sens de la loi.

Nous les résumons dans le tableau suivant :

2 vol. d'hydrogène   et 1 vol. d'oxygène donnent 2 vol. de vapeur d'eau.
1 — vap. de soufre   2 —   —   —   2 —   gaz sulfureux.
1 — d'hydrogène   1 —   chlore   —   2 — d'acide chlorhy-
                                                           drique.

Poids atomiques : poids moléculaires. — 46.

L'étude des combinaisons chimiques a montré que le rapport des poids de deux corps simples qui s'unissent l'un à l'autre est égal au rapport des poids de ces corps qui s'unissent à un même poids d'oxygène, ou à ce rapport multiplié par une fraction à termes très simples. Si l'on rapporte les combinaisons à 16 *gr*. *d'oxygène*, on trouve que $\frac{1}{2} \times 32$ gr.

de soufre et $\frac{1}{3}$ 32 gr. de soufre s'unissent à 16 gr. d'oxygène;

56 gr., $\frac{2}{3} \times$ 56 gr., et $\frac{3}{4} \times$ 56 gr. de fer s'unissent à 16 gr.

d'oxygène; nous avons vu (**43**) que le rapport $\frac{32}{56}$ multiplié

par des fractions simples correspond aux combinaisons du soufre avec le fer.

En examinant sous ce point de vue tous les composés connus, on a pu arriver à attribuer à chaque corps simple un *nombre* représentant, à un multiple ou un sous-multiple simple près, le poids de ce corps capable de s'unir à 16 gr. d'oxygène. Ces nombres, qui permettent de représenter simplement la composition des corps, sont les *poids atomiques* des corps simples. Ainsi le poids atomique de l'hydrogène est 1; celui du soufre, 32; celui du fer, 56; celui du carbone, 12. On les appelle encore *atomes-grammes*, ou abréviativement, *atomes*; par exemple, on dit que 12 est l'atome-gramme ou l'atome de carbone.

47. — On a de même attribué à chaque composé un nombre appelé *poids moléculaire*. Par exemple, 12 gr. ou 1 atome-gramme de carbone sont unis à 16 gr. ou 1 atome-gramme d'oxygène dans l'oxyde de carbone et à $2 \times 16 = 32$ gr. ou 2 atomes-grammes d'oxygène dans le gaz carbonique; $12 + 16 = 28$ et $12 + 32 = 44$ sont les *poids moléculaires* de ces corps. Ces nombres sont encore appelés *molécules-grammes*, ou abréviativement *molécules*, et on dit que la molécule de gaz carbonique, par exemple, comprend 1 atome de carbone et 2 atomes d'oxygène.

Nous verrons qu'il y a lieu de définir également pour les corps simples le poids moléculaire; on a été amené à admettre que pour l'oxygène, l'hydrogène, l'azote, le poids moléculaire est double du poids atomique, la molécule comprend deux atomes.

NOMENCLATURE. NOTATION.

48. — La nomenclature chimique a pour objet de donner à chaque corps un nom, formé suivant un petit nombre de règles fixes, et qui fasse connaître immédiatement ses principales propriétés et sa composition. Il faut donc commencer par grouper les corps ayant entre eux des analogies soit de propriétés, soit de composition, donner à ces groupes des noms spéciaux et caractéristiques, et dans chaque groupe distinguer les corps entre eux. Les principes de la nomenclature ont été posés en 1787 par Lavoisier, Guyton de Morveau, Fourcroy et Berthollet.

Acides; métalloïdes. — **49.** *a.* Nous avons vu (**21**) que le soufre, le phosphore, le charbon, brûlant dans l'oxygène, donnent naissance à des corps solubles dans l'eau, et dont la dissolution rougit la teinture de tournesol bleue. On connaît un assez grand nombre de corps qui possèdent la même propriété : ce sont les *acides;* l'acide *chlorhydrique* ou esprit de sel du commerce, l'acide *sulfurique* ou huile de vitriol, rougissent également le tournesol. Les acides formés dans les expériences citées sont appelés sulfureux, phosphorique, carbonique.

Les acides mis en contact avec certaines matières colorantes, appelées pour cette raison *réactifs colorés*, déterminent, comme avec le tournesol, un changement de coloration qui peut servir à les caractériser. Ainsi, *ils colorent en rouge le sirop de violettes, l'infusion de fleurs de mauves, une matière colorante artificielle extraite des goudrons de houille, et appelée hélianthine;* une petite quantité de cette matière, dissoute dans une assez grande quantité d'eau, lui donne une couleur orangée claire; c'est dans cet état qu'on l'emploie comme réactif.

b. — On appelle *métalloïdes* des corps capables comme le soufre, le phosphore, le charbon, de former avec l'oxygène des composés qui, en s'unissant à l'eau, donnent des *acides*. Ces métalloïdes sont en général ternes d'aspect, mauvais conducteurs de la chaleur et de l'électricité ; un certain nombre d'entre eux, le chlore et l'azote notamment, sont gazeux dans les conditions ordinaires de température et de pression. L'oxygène est aussi un métalloïde.

Bases. Métaux. — 50. *a.* Agitons vivement dans l'eau de la chaux éteinte, et, après avoir laissé reposer, versons avec précaution le liquide clair dans un flacon. Nous avons ainsi préparé de *l'eau de chaux.* Cette eau de chaux, versée dans du tournesol préalablement rougi par quelques gouttes d'un acide, ramènera la couleur bleue. On a appelé *bases* les corps qui, en solution dans l'eau, possèdent, comme la chaux éteinte, la propriété de ramener au bleu la teinture de tournesol ; les bases *verdissent le sirop de violettes et l'infusion de fleurs de mauve, elles font virer au jaune l'hélianthine rougie par un acide, et brunissent le curcuma* (1).

b. — On obtient la chaux éteinte en versant de l'eau en petite quantité sur de la chaux vive, qui est une combinaison d'oxygène avec un corps simple appelé *calcium.* Nous avons vu (**32,** *a*) que l'on obtient dans l'action du *sodium* sur l'eau une liqueur bleuissant le tournesol rougi ; elle contient une base, la *soude caustique.* Les bases résultent, en général, de l'union avec l'eau de composés nommés *oxydes basiques,* et formés par la combinaison de l'oxygène avec les *métaux.*

Le *calcium* de la chaux, le *sodium* de la soude, sont des métaux. Le fer, le zinc, le cuivre, forment avec l'oxygène et l'eau des composés insolubles, incapables par conséquent d'agir sur le tournesol, mais ayant en commun avec la soude la propriété de s'unir aux acides (**51**) ; ces composés sont des bases, et la définition est générale. Les métaux possèdent un éclat spécial appelé *éclat métallique* ; ils conduisent bien la chaleur et l'électricité.

Sels. — 51. Versons goutte à goutte de *l'acide chlorhydrique* étendu [mélangé avec quatre ou cinq fois son

(1) Matière colorante jaune extraite d'un végétal portant le même nom.

poids d'eau] dans une solution de soude caustique additionnée de quelques gouttes de tournesol, en agitant constamment (*fig.* 29), et arrêtons-nous au moment précis où
la coloration passera du bleu au rouge. Chauffons doucement
le liquide, puis, quand son volume sera considérablement
réduit, versons-le dans une petite capsule en porcelaine ou
en verre mince (un fragment de ballon de verre convient très
bien) et évaporons à sec, en prolongeant l'action de la chaleur pour détruire le tournesol. Le résidu, dissous dans l'eau,
donnera une liqueur incolore, sans action sur les réactifs
colorés. Il s'est formé un *sel*, le *chlorure de sodium*. On appelle
sels neutres les corps sans action sur le tournesol et en

Fig. 29. — Action de l'acide sulfurique sur une solution de soude.

général sur les réactifs colorés, et formés par la combinaison d'un acide et d'une base. Le *chlorure de calcium*, résultant de l'action de l'acide chlorhydrique sur la chaux, le
sulfate de magnésium ou *sel de Sedlitz* (acide sulfurique et
magnésie), l'*azotate de potassium* ou *salpêtre* (acide azotique
et potasse) sont des sels neutres.

52. — La définition des sels par leur action sur les
réactifs colorés est insuffisante, comme le montrent les
expériences suivantes :

1° Plaçons dans une éprouvette à pied ou dans un bocal en

verre à large ouverture des lames de zinc, ajoutons un peu d'eau et versons avec précaution de l'acide chlorhydrique; il se produit une effervescence très vive due à un abondant dégagement de *gaz hydrogène*, qui peut être enflammé à l'orifice de l'éprouvette (*fig.* 30). Si on évapore la liqueur qui reste dans l'éprouvette, on obtient un résidu solide soluble dans l'eau; la solution est sans action sur l'orangé, mais rougit le tournesol. Ce résidu possède toutes les propriétés des sels; c'est un sel véritable, le *chlorure de zinc.*

2° Dissolvons dans l'eau le corps connu dans le commerce sous le nom de *cristaux de soude;* la solution, ajoutée à du tournesol rougi, le ramène au bleu. Cependant, la substance des cristaux de soude est un sel, le *carbonate de sodium;* on peut obtenir un liquide possédant les mêmes propriétés que la solution des cristaux, en versant une solution de soude dans le vase où l'on vient de réaliser la combustion du charbon dans l'oxygène, et agitant pour absorber le gaz (1).

Ces expériences nous conduisent à une nouvelle définition des sels.

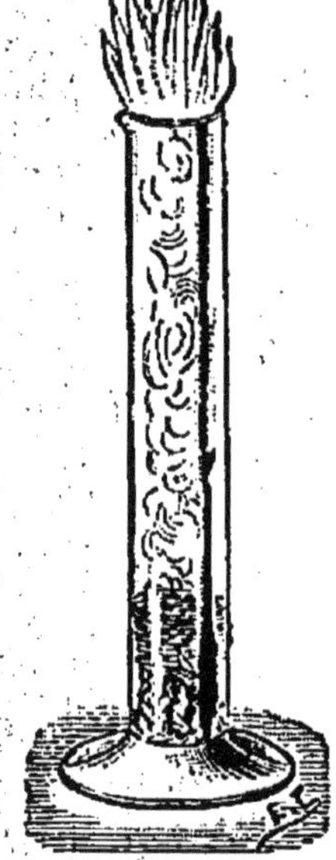

Fig. 30. — Action du zinc sur l'acide chlorhydrique.

Nous appellerons **sel,** *tout corps résultant de l'action d'un* **acide** *sur une* **base** *ou sur un* **métal,** *quelle que soit l'action que ce corps, à l'état de dissolution, exerce sur les réactifs colorés.* L'attaque d'un *oxyde basique* par un acide donne également un sel.

Notation des corps simples. Symboles. — 53.
On connaît une vingtaine de métalloïdes et une soixantaine

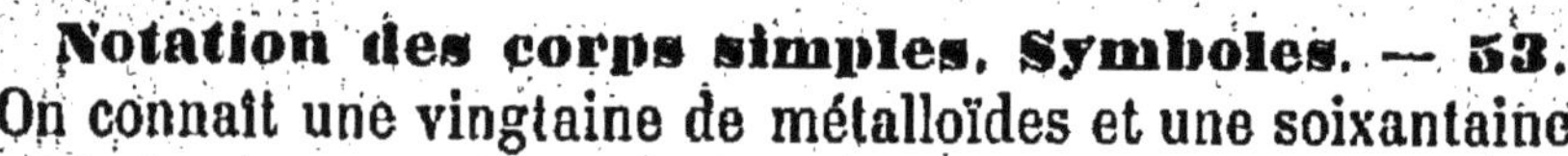

(1) Il faut éviter de verser un excès de soude dont il serait très difficile de débarrasser la liqueur; le poids de soude caustique solide qu'il faudrait dissoudre dans l'eau pour absorber un litre de gaz carbonique est de 3^{gr},5 environ.

de métaux. Leurs noms ont été choisis arbitrairement. On les représente par des symboles formés au moyen de la première ou des premières lettres de leur nom ; ainsi les symboles de l'*hydrogène*, de l'*oxygène*, de l'*azote*, du *sodium* (ou *natrium*), sont H, O, Az, Na : *les symboles représentent non la substance des corps simples, mais un poids déterminé de chacun d'eux qui est justement son poids atomique* (**46**).

Le tableau ci-après donne les symboles et les poids atomiques des principaux corps simples. Les noms des métalloïdes sont imprimés en **caractères gras**. L'hydrogène se place à part.

54. — POIDS ATOMIQUES DES CORPS SIMPLES

N. B. — Le chiffre romain placé en bas et à droite du symbole d'un élément indique la *valence* de cet élément (**50**, *b*).

Aluminium	$Al_{III} = 27$		Iode	$I_I = 127$
Antimoine (stibium)	$Sb_{III} = 120$		Magnésium	$Mg_{II} = 24$
Argent	$Ag_I = 108$		Manganèse	$Mn = 55$
Arsenic	$As_{III} = 75$		Mercure (hydrargyrum)	$Hg_{II} = 200$
Azote	$Az_{III} = 14$		Nickel	$Ni_{II} = 59$
Baryum	$Ba_{II} = 137$		Or (aurum)	$Au_{III} = 197$
Bismuth	$Bi = 208$		**Oxygène**	$O_{II} = 16$
Bore	$Bo_{III} = 11$		**Phosphore**	$P_{III} = 31$
Brome	$Br_I = 80$		Platine	$Pt_{IV} = 194$
Calcium	$Ca_{II} = 40$		Plomb	$Pb_{II} = 207$
Carbone	$C_{IV} = 12$		Potassium (kalium)	$K_I = 39$
Chlore	$Cl_I = 35,5$		**Sélénium**	$Se_{II} = 79$
Cuivre	$Cu_{II} = 63,5$		**Silicium**	$Si_{IV} = 28$
Étain (stannum)	$Sn_{IV} = 118$		Sodium (natrium)	$Na_I = 23$
Fer	$Fe = 56$		**Soufre**	$S_{II} = 32$
Fluor	$F_I = 19$		Tellure	$Te_{II} = 128$
HYDROGÈNE	$H = 1$		Zinc	$Zn_{II} = 65$

Notation des corps composés. Formules. — 55.

On représente les corps composés par des *formules* obtenues en assemblant les symboles de leurs constituants ; *chaque symbole représentant un atome-gramme, la formule devra par cela même représenter la molécule-gramme, c'est-à-dire exprimer la composition en poids du corps.* Ainsi, dans le gaz sulfureux, à 32 grammes de soufre ou S, sont unis

2×16 d'oxygène ou 20, que l'on écrit O^2; la formule du gaz sulfureux s'écrira SO^2, et représentera $32 + 2 \times 16 = 64$ grammes. La formule de l'eau (2 d'hydrogène pour 16 d'oxygène) s'écrira $H^2O = 18$; celle de la soude caustique (23 de sodium pour 16 d'oxygène et 1 d'hydrogène), $NaOH = 40 (= 23 + 16 + 1)$.

Les formules des composés expriment encore leur composition en volumes. — 56. D'après leurs poids spécifiques, 32 grammes de vapeur de soufre à une température assez élevée, et sous la pression normale (0), 1 gramme d'hydrogène, 16 grammes d'oxygène dans les mêmes conditions, occupent des volumes égaux à $11^l,16$ environ; 64 grammes de gaz sulfureux, 18 grammes d'eau occupent un volume égal à $22^l,32$; on a choisi pour unité de volume $11^l,16$, volume occupé par 1 gramme d'hydrogène, 16 grammes d'oxygène… les symboles S, H, O, représentent donc 1 volume, et les formules SO^2, H^2O, 2 volumes, ce qui justifie l'énoncé. Il est d'ailleurs tout à fait général.

Toutes les formules des composés gazeux représentent le même volume, $22^l,32$; on dit que la *molécule-gramme de tous les corps gazeux correspond à 2 volumes*. On a été conduit à définir également pour les gaz simples la molécule-gramme comme le poids occupant 2 volumes. On voit que les molécules d'hydrogène, d'oxygène, de soufre, contiennent 2 atomes.

La molécule-gramme d'hydrogène pesant 2, la moitié du poids moléculaire d'un gaz représentera donc sa densité par rapport à l'hydrogène. Comme la densité de l'hydrogène relativement à l'air est $\dfrac{1}{14,4}$, *il suffira de diviser par* $\dfrac{1}{14,4}$ *la moitié du poids moléculaire d'un gaz ou par* $\dfrac{1}{28,8}$ *ce poids pour avoir sa densité par rapport à l'air.*

Nomenclature des composés. — 57. *Composés binaires oxygénés.* — Les composés binaires formés de deux corps simples oxygénés autres que l'eau portent, en général, le nom d'*oxydes*. Mais les composés d'un métalloïde et d'oxygène qui, en fixant les éléments de l'eau, donnent naissance aux acides (**49**), portent le nom d'*anhydrides*.

On nomme ces corps en ajoutant au mot *anhydride* un adjectif formé du radical du nom du métalloïde, suivi de la terminaison *ique*. Exemple : anhydride carbon*ique* (12 de carbone ou C, 2×16 d'oxygène ou O^2; $CO^2 = 44$).

Quand le même métalloïde forme deux anhydrides, on les distingue en donnant la terminaison *eux* au moins oxygéné.

Exemples :

Anhydride sulfur*eux*, $SO^2 = 64$ (32 de soufre, $2 \times 16 = 32$ d'oxygène) (1).

Anhydride sulfur*ique*, $SO^3 = 80$ (32 de soufre, $3 \times 16 = 48$ d'oxygène).

On nomme les oxydes en faisant suivre le mot *oxyde* du nom du métalloïde ou du métal. Lorsque le même corps forme plusieurs oxydes, en emploie les préfixes *proto, bi, sesqui...* (premier degré d'oxydation ; deux fois plus d'oxygène ; une fois et demie plus d'oxygène qu'au protoxyde...); ou bien on emploie les suffixes *eux, ique* déjà indiqués.

Exemples :

Oxyde de carbone, ou oxyde carbon*ique* (12 de carbone, 16 d'oxygène), $CO = 28$.

Oxyde de potassium (2×39 de potassium, 16 d'oxygène), $K^2O = 94$.

Oxyde de zinc (65 de zinc, 18 d'oxygène), $ZnO = 83$.

L'oxyde de la rouille s'appelle *sesquioxyde* de fer, ou oxyde ferr*ique* (2×56 de fer, 3×16 d'oxygène); on le représente par $Fe^2O^3 = 160$; outre cet oxyde et l'oxyde des battitures, on connaît le *protoxyde* de fer, ou oxyde ferr*eux* (56 de fer, 16 d'oxygène), $FeO = 72$.

L'oxygène et le manganèse forment, entre autres composés, le *protoxyde* ou oxyde mangan*eux*, $MnO = 71$ (55 de manganèse et 16 d'oxygène), et le *bioxyde*, ou *peroxyde* de

____

(1) Pour ce qui suit, se reporter au tableau des poids atomiques, p. 51.

manganèse, $MnO^2 = 87$ (55 de manganèse, 2×16 d'oxygène).

Exceptions : Certains oxydes ont conservé le nom qu'ils avaient au moment de l'établissement de la nomenclature, alors que les métaux correspondants n'avaient pas été isolés.

Ainsi, l'oxyde de *calcium*, CaO (40 de calcium, 16 d'oxygène), est appelé *chaux;* celui de *baryum*, BaO (137 de baryum, 16 d'oxygène), *baryte;* celui de *magnésium*, MgO (24 de magnésium, 16 d'oxygène), *magnésie;* celui d'*aluminium*, Al^2O^3 (2×27 d'aluminium, 3×16 d'oxygène), *alumine.*

Acides oxygénés. Bases et sels oxygénés. — **58.** *a.* Les acides diffèrent des anhydrides, au point de vue de leur composition chimique, en ce qu'ils contiennent en plus les éléments de l'eau. Ainsi, aux anhydrides *carbonique*, CO^2, *sulfureux*, SO^2, *sulfurique*, SO^3, correspondent les acides *carbonique*, H^2OCO^2 ou H^2CO^3; *sulfureux*, H^2OSO^2 ou H^2SO^3; *sulfurique*, H^2OSO^3 ou H^2SO^4 (1).

Nous avons vu que les sels résultent de la substitution des métaux à l'hydrogène dans les acides. Le nom du sel indique à la fois celui de l'acide et celui du métal qui ont contribué à le former. On change, dans le nom de l'acide, *eux* en *ite*, et *ique* en *ate*, et on ajoute le nom du métal; exemples : carbon*ate* de *fer*, sulf*ite* de *sodium*, sulf*ate* de *zinc.*

b. — La formule d'un sel ne peut être établie qu'en tenant compte de deux éléments qui sont : la *basicité* de l'acide et la *valence* du métal. Un acide est dit *monobasique* lorsqu'il ne donne qu'un sel avec un métal tel que le sodium; l'*acide azotique* est monobasique. La formule de ces acides contient une seule fois le symbole H. Un acide est dit *bibasique* lorsqu'il peut donner avec le sodium deux sels

---

(1) Les deux premiers de ces acides n'ont pu être préparés jusqu'à présent. Mais leur existence est probable, car on connaît leurs sels.

dont l'un contient, pour la même quantité d'acide, deux fois plus de métal que l'autre ; l'acide sulfurique est bibasique. La formule de ces acides contient H^2.

Un métal monovalent est celui dont l'atome-gramme peut remplacer H, ou 1 gr. d'hydrogène ; un métal divalent est celui dont l'atome-gramme peut remplacer H^2.

C'est l'expérience qui fait connaître la basicité d'un acide et la valence d'un métal.

Cela posé, on voit facilement que l'*azotate de sodium*, sel de l'acide azotique monobasique $HAzO^3$ et du sodium monovalent, se notera $NaAzO^3$; les deux *sulfates de sodium*, dérivés de l'acide sulfurique H^2SO^4, seront nommés et notés $HNaSO^4$, *sulfate monosodique*, et Na^2SO^4, *sulfate disodique*. Le *sulfate de cuivre*, sel du cuivre *divalent*, se notera $CuSO^4$; l'azotate de plomb, résultant de la substitution du plomb divalent à l'hydrogène de l'acide azotique bibasique, exigera pour se former 1 atome de plomb et 2 molécules d'acide. On le notera $Pb(AzO^3)^2$.

c. — Les bases résultent de la fixation des éléments de l'eau par les oxydes métalliques. On les appelle *hydrates*, et on fait suivre ce mot du nom du métal. La chaux éteinte est l'*hydrate de calcium*, $CaO.H^2O$ ou CaO^2H^2 ; la *soude caustique* est l'*hydrate de sodium* ; la formule de l'oxyde de sodium est Na^2O, l'hydrate serait $Na^2O.H^2O$ ou $Na^2O^2H^2$; mais 63 grammes d'acide azotique s'unissent, pour former l'azotate de sodium, à 40 grammes de soude et $Na^2O^2H^2 = 80$; pour cette raison, on attribue à la soude la formule $NaOH$. De même, celle de la *potasse* ou *hydrate* de potassium est KOH.

Composés non oxygénés. — **59.** 1° *Hydracides*. Certains acides sont formés par l'union de l'hydrogène avec un métalloïde. On forme leurs noms en ajoutant *hydrique* au nom du métalloïde. Exemples :

Acide chlor*hydrique*, HCl (35,5 de chlore, 1 d'hydrogène) ; acide sulf*hydrique*, H^2S (16 de soufre, 2 d'hydrogène).

2° Les sels de ces acides portent les noms de *chlorures* et de *sulfures*. Pour les représenter, on remplace le symbole de l'hydrogène par ceux des métaux, en tenant compte de leur *valence*. Ainsi, le *chlorure de sodium* ou sel commun, NaCl, est le sel sodique de l'acide chlorhydrique. Nous avons signalé la formation de *chlorure de zinc* $ZnCl^2$ dans l'attaque du zinc par l'acide chlorhydrique (**52**).

3° Les métalloïdes autres que l'oxygène forment entre eux des composés que l'on nomme en ajoutant *ure* au nom de l'un d'eux (1). Nous signalerons le trichlorure de phosphore, PCl^3, le bisulfure de carbone, CS^2.

On nomme suivant la même règle les composés des métalloïdes et des métaux.

Exception : Le composé AzH^3, formé par l'azote et l'hydrogène, s'appelle *gaz ammoniac*.

Équations chimiques. — 60. La notation symbolique permet non seulement de représenter les corps, mais aussi de figurer les réactions, tant au point de vue *quantitatif* qu'au point de vue *qualitatif*.

Pour y arriver, on exprime par des équations la loi énoncée pour la première fois par Lavoisier : *dans toute réaction, la somme des poids des produits de la réaction est égale à la somme des poids des corps réagissants.*

(1) L'étude de l'électricité et des effets qu'elle exerce sur les corps composés a conduit à diviser les corps en *électropositifs* et *électronégatifs*. Ainsi le cuivre, mis en contact avec du zinc, prend l'électricité négative, tandis que le zinc prend l'électricité positive ; on dit que le cuivre est électronégatif par rapport au zinc. Le chlore qui, dans la décomposition du *chlorure d'étain* par le courant électrique, se porte à l'*électrode* positive, est électronégatif par rapport à l'étain, qui va à l'électrode négative. Les métalloïdes sont électronégatifs par rapport aux métaux ; mais dans chacune de ces deux séries il y a des degrés, et on a pu ranger les corps simples dans un ordre tel que chacun d'eux est électronégatif vis-à-vis de ceux qui le précèdent.

Voici un tableau de ce genre :

(+) Potassium.	Argent.	Azote.
Zinc.	Or.	Soufre.
Plomb.	—	Chlore.
Fer.	Carbone.	Oxygène (—).
Cuivre.	Phosphore.	

C'est le nom du corps le plus électronégatif qu'on fait suivre du suffixe *ure*.

Pour établir une équation chimique, on écrit les unes à la suite des autres, en les séparant par le signe +, les formules des corps réagissants ; on met dans le second membre les formules des produits de la réaction, en les séparant de la même manière. On est souvent obligé de placer devant les formules des *coefficients* convenables, pour que la loi soit exprimée correctement ; il doit y avoir en effet dans chacun des membres de l'équation le même nombre d'atomes de chacun des corps simples qui prennent part à la réaction.

Ainsi, la chaleur détruit l'oxyde de mercure, et l'expérience montre que 216 grammes d'oxyde donnent 200 grammes de mercure et 16 grammes d'oxygène. C'est ce qui est exprimé par l'équation :

$$2HgO = 2Hg + O^2.$$
Oxyde
de mercure.

L'équation

$$S + O^2 = SO^2$$

exprime que 32 grammes de soufre et $2 \times 16 = 32$ grammes d'oxygène donnent 64 grammes de gaz sulfureux.

$$3Fe + 4H^2O = Fe^3O^4 + 4H^2$$
Oxyde
des batitures.

exprime que 3×56 grammes de fer et 4×18 grammes d'eau donnent 232 grammes d'oxyde des batitures et 8 grammes d'hydrogène (**32**, *b*) ; on voit qu'il y a dans le premier membre 4 atomes d'oxygène (dans les 4 molécules d'eau) et 4 aussi dans le second membre.

$$2H^2O + 2Na = 2NaOH + H^2$$
Soude.

exprime que 2×18 grammes d'eau sont décomposés par 2×23 grammes de sodium, avec formation de 2 grammes d'hydrogène et 2×40 grammes de soude (**32**, *a*).

Voici les équations représentant les principales réactions que nous avons eu l'occasion de rencontrer (1).

----

(1) Les numéros qui accompagnent ces équations sont ceux des paragraphes où les réactions sont décrites.

(51)
$$HCl + NaOH = NaCl + H^2O.$$
Acide   Soude.   Chlorure   Eau.
sulfurique.   de sodium.

On remarquera que dans le premier membre figurent 6 atomes d'oxygène (4 dans H^2SO^4, 2 dans $2NaOH$), et autant dans le second (4 dans Na^2SO^4, 2 dans $2H^2O$). On ferait une constatation analogue pour les autres corps simples.

(38, 52)
$$2HCl + Zn = ZnCl^2 + H^2.$$
Acide   Chlorure
chlorhydrique.   de zinc.

(38, 52)
$$H^2SO^4 + Zn = ZnSO^4 + H^2;$$
Acide   Sulfate
sulfurique.   de zinc.

(21)
$$2KClO^3 = 2KCl + 3O^2 \ (1).$$
Chlorate   Chlorure
de potassium. de potassium.

(30)
$$CuO + H^2 = Cu + H^2O.$$
Oxyde
de cuivre.

(41)
$$CaSO^4 + BaCl^2 = BaSO^4 + CaCl^2.$$
Sulfate de   Chlorure de   Sulfate de   Chlorure de
calcium.   baryum.   baryum.   calcium.

Dans ces équations, O^2, H^2, représentent la molécule d'oxygène et la molécule d'hydrogène, qui contiennent 2 atomes.

L'emploi des équations chimiques permet de résoudre les problèmes que l'on peut avoir à se poser dans la pratique. On sait que l'hydrogène est utilisé pour gonfler les ballons ; la réaction de l'acide sulfurique sur le zinc donne l'hydrogène. *Supposons qu'on veuille gonfler un ballon de 1 000 mètres cubes de capacité, on demande les quantités d'acide et de zinc qui devront être dépensées.* (Le mètre cube d'hydrogène pèse environ 89 grammes.)

Écrivons l'équation relative à cette réaction, en plaçant au-dessous des formules les poids correspondants :

$$H^2SO^4 + Zn = ZnSO^4 + 2H$$
$$98 \quad 65 \qquad 2.$$

______

(1) L'oxyde de manganèse ajouté au chlorate, n'éprouvant aucune altération, ne doit pas figurer dans l'équation.

Il faut 65 grammes de zinc et 98 grammes d'acide pour avoir 2 grammes d'hydrogène. Or, 1000^{mc} d'hydrogène pèsent 89000^{gr}; il faudra donc $\dfrac{65 \times 89000}{2}$ de zinc et $\dfrac{98 \times 89000}{2}$ d'acide pour 89000 d'hydrogène.

Le calcul donne $2892^{Kgr},5$ de zinc et 4361 kilogrammes d'acide.

On peut encore dire :

2^{gr} d'hydrogène occupant $22^{l},32$, 2^{Kgr} occupent $22^{m3},32$; ils sont donnés par 98^{Kg} d'acide et 65^{Kg} de zinc. Pour avoir 1000^{m3} de gaz, il faudra donc prendre $\dfrac{1000 \times 98}{22,32}$ ^{Kg} d'acide et $\dfrac{1000 \times 65}{22,32}$ ^{Kg} de zinc.

Pour résoudre toutes les questions de ce genre, il faut donc connaître les réactions qui se produisent et les représenter par des équations ; de simples règles de trois conduisent alors au résultat (voy. *Exercices*, à la fin du volume).

CHAPITRE V

CHLORURE DE SODIUM. — ACIDE CHLORHYDRIQUE. — CHLORE. SODIUM. — SOUDE CAUSTIQUE

---

61. — Le chlorure de sodium NaCl, ou sel ordinaire, est un produit naturel dont nous étudierons plus loin l'extraction. En dehors de ses éléments constituants, *chlore* et *sodium*, on peut en tirer d'autres produits, objets d'applications nombreuses et importantes, parmi lesquels l'*acide chlorhydrique* et la *soude caustique*.

ACIDE CHLORHYDRIQUE

$$HCl = 36,5.$$

Préparation. — 62. Si l'on verse quelques gouttes d'acide sulfurique sur une pincée de sel placée au fond d'un verre, on voit se produire une vive effervescence et des fumées épaisses, en même temps qu'il se dégage une odeur suffocante; il s'est fait de l'*acide chlorhydrique*.

On peut recueillir ce corps, qui est gazeux, de la manière suivante. Dans le ballon B de l'appareil représenté figure 31, on met du sel marin que l'on a préalablement fondu, puis coulé en plaques (le sel en petits cristaux serait trop violemment attaqué) et à peu près deux fois son poids d'acide sulfurique du commerce.

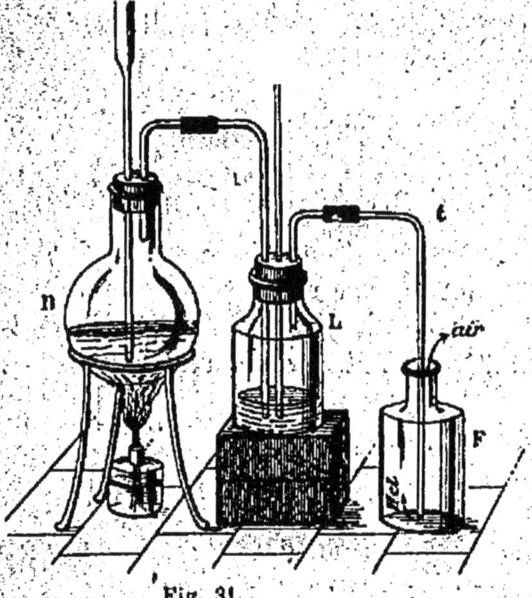

Fig. 31.

Le flacon *laveur* L, dans le fond duquel on met un peu d'acide sulfurique, sert à arrêter la vapeur d'eau accompagnant le gaz; ce dernier se rend par le tube *t* dans le flacon F dont il déplace peu à peu l'air, moins dense que lui. Quand le flacon est plein, on l'enlève, on le bouche et on le remplace par un autre. On peut également, si l'on veut, recueillir le gaz sur une cuve à mercure.

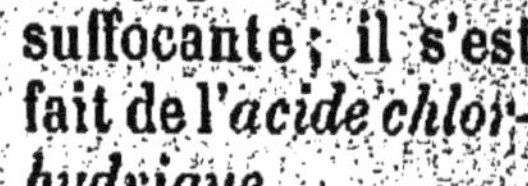
Fig. 32.

En recevant le tube *t* dans un flacon à moitié plein

d'eau (*fig.* 32), on obtiendra une *solution* d'acide chlorhydrique (1); à la fin de l'opération, il reste dans le ballon du *sulfate monosodique* HNa SO⁴.

La réaction est représentée par l'équation

(1) $$H^2SO^4 + NaCl = HNaSO^4 + HCl.$$

Acide   Sulfate
sulfurique.   monosodique.

63. — C'est par ce procédé que l'on obtient dans l'industrie le liquide appelé *acide muriatique* ou *esprit de sel*, et qui est une solution aqueuse d'acide chlorhydrique. Mais on opère

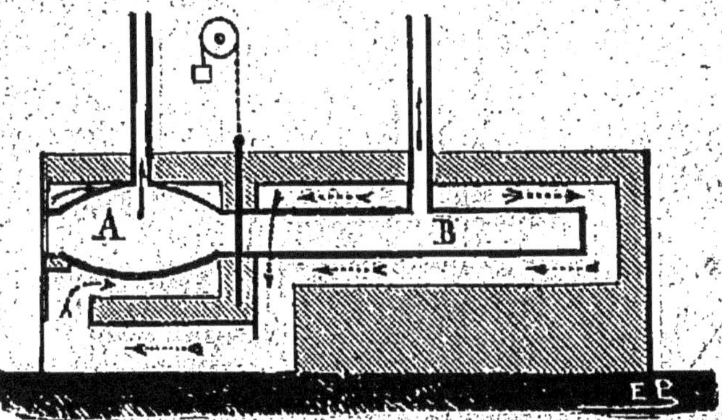

Fig. 33. — Coupe d'un four à acide chlorhydrique : A, premier compartiment, en fonte; B, second compartiment, en terre réfractaire; R, registre mobile; le foyer n'est pas figuré sur le dessin; → acide chlorhydrique; ⇢ gaz du foyer.

dans des fours qui peuvent supporter une température élevée, à laquelle le sulfate monosodique réagit sur le chlorure de sodium en donnant une nouvelle quantité d'acide chlorhydrique; le résidu de l'opération est du *sulfate disodique*.

(2) $$HNaSO^4 + NaCl = Na^2SO^4 + HCl.$$

Sulfate
disodique.
(Sulfate de sodium ordinaire.)

L'opération se fait dans des fours à deux compartiments; dans le premier s'accomplit la réaction (1); puis la masse

(1) On remarquera que le tube *t* plonge à peine dans l'eau; voici pourquoi : la solution, étant plus dense que l'eau, tombe au fond à mesure qu'elle se forme, comme il est facile de le voir en plaçant l'œil à la hauteur du liquide, de sorte que le gaz se trouve toujours en contact avec la liqueur la moins chargée d'acide, et se dissout mieux.

est poussée dans le second où se fait la réaction (2) (*fig.* 33). Le gaz chlorhydrique est reçu dans des appareils spéciaux contenant de l'eau dans laquelle il se dissout.

Propriétés. — 64. Le gaz chlorhydrique est incolore; il possède une odeur suffocante, et répand à l'air des fumées

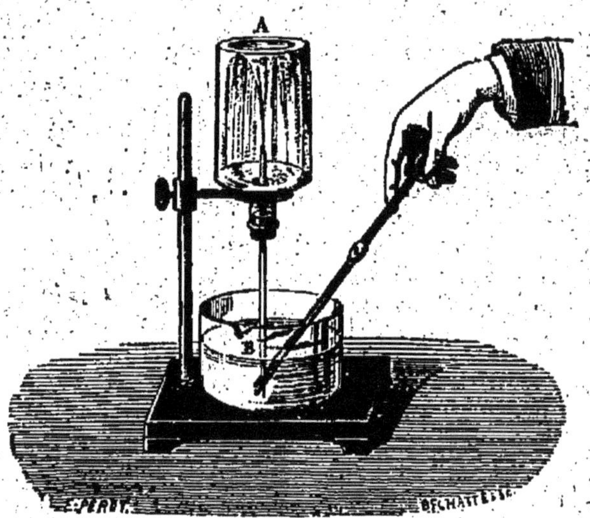

Fig. 34. — Absorption de l'acide chlorhydrique par l'eau.

épaisses (1). Sa densité est 18,25 par rapport à l'hydrogène (**56**), et 1,27 par rapport à l'air.

Ce gaz est très soluble dans l'eau, qui, à 0°, en absorbe 500 fois son volume. Si on porte sur la cuve à eau une éprouvette pleine de gaz pur et sec recueilli sur le mercure, et si on la soulève, l'eau se précipite dans l'éprouvette, qui peut être brisée par la violence du choc (interposer un linge mouillé entre la main et l'éprouvette). Un morceau de glace fond dans le gaz chlorhydrique, et fait disparaître ce gaz.

Si l'on dresse au-dessus d'une cuvette B contenant de l'eau un flacon A plein d'acide chlorhydrique et fermé par un bou-

(1) Le gaz forme, avec la vapeur d'eau contenue dans l'air, une combinaison ou *hydrate* qui, n'étant pas volatile à la température ordinaire, se précipite sous la forme de très fines gouttelettes; ce sont les fumées. L'acide concentré du commerce fume également à l'air, parce qu'il dégage du gaz chlorhydrique.

chon que traverse un tube effilé par en bas et fermé, on obtient un jet d'eau en cassant la pointe sous l'eau (1) (*fig.* 34).

65. — L'acide chlorhydrique transforme les métaux en chlorures ; l'or et le platine résistent seuls à son action. La solution attaque dès la température ordinaire un grand nombre de métaux, le fer et le zinc notamment. Nous avons déjà signalé ces deux réactions (**52**). Il se produit de l'hydrogène.

La solution chlorhydrique rougit fortement le tournesol ; elle se combine à la solution de soude pour donner du chlorure de sodium, en dégageant une grande quantité de chaleur ; pour 41^{gr} de soude et 36^{gr},5 d'acide, ce dégagement est de 137 calories-kilogramme. On appelle *acides forts* les acides possédant ces deux caractères. L'acide chlorhydrique est un acide fort ; il est monobasique ; ses sels sont les *chlorures*. La solution attaque de même la plupart des oxydes. Exemple :

$$NaOH + HCl = NaCl + H^2O.$$
Soude.   Chlorure
de sodium.

$$CaO + 2HCl = CaCl^2 + H^2O.$$
Chaux.   Chlorure
de calcium.

Composition. — **66.** En chauffant un morceau d'étain dans une cloche courbe dressée sur le *mercure* et contenant de l'acide chlorhydrique, on décompose ce gaz et il reste un volume d'hydrogène égal à la moitié du volume initial.

2 volumes d'acide chlorhydrique pèsent 36^{gr},5.
1   —   d'hydrogène   —   1.

La différence, 35,5, est le poids d'un volume de chlore ; donc un volume de chlore et un volume d'hydrogène donnent deux volumes d'acide chlorhydrique.

(1) On obtient le jet d'eau immédiatement en laissant au fond du tube effilé un peu de mercure qui en s'écoulant laisse un vide que vient combler l'eau. On peut ajouter du tournesol à l'eau de la cuve, qui retombe dans le flacon colorée en rouge. On manifeste ainsi les propriétés acides de la solution chlorhydrique.

Réactif. — **67.** La solution d'acide pur est incolore ; le produit commercial est généralement coloré en jaune par de petites quantités de sels de fer empruntées aux appareils où on l'a préparé. L'acide chlorhydrique donne avec l'*azotate d'argent* un précipité *caillebotté* de chlorure d'argent, reconnaissable aux caractères suivants : 1° il devient violacé, puis noir à la lumière ; 2° il est soluble dans l'ammoniaque et dans l'*hyposulfite de sodium*.

$$HCl + AgAzO^3 = AgCl + HAzO^3.$$

État naturel. — **68.** On rencontre le gaz chlorhydrique dans les émanations volcaniques ; les sources des montagnes volcaniques en tiennent en dissolution des quantités notables. Boussingault a trouvé jusqu'à $1^{gr},217$ par litre dans l'eau du Rio Vinagre, qui descend de la chaîne des Andes.

Usages. — **69.** Dans les laboratoires, l'acide chlorhydrique est constamment employé comme réactif ; il sert aussi à préparer l'hydrogène et un grand nombre d'autres produits. Dans l'industrie, il sert surtout à préparer le chlore, et quelques chlorures métalliques. Dans les arts, on s'en sert pour décaper les métaux, c'est-à-dire pour enlever la couche d'oxyde qui les recouvre quand ils ont été exposés à l'air pendant longtemps, et pour divers nettoyages.

Chlorures. — **70.** Comme on l'a vu, les chlorures sont pour la plupart les sels de l'acide chlorhydrique, et peuvent être obtenus par l'action de ce corps sur les métaux, les bases ou les oxydes.

Ce sont des corps solides, presque tous solubles dans l'eau : le *chlorure d'argent* AgCl, le *calomel* ou *chlorure mercureux* Hg^2Cl^2, le *chlorure de plomb* font exception, et peuvent être obtenus en traitant par l'acide chlorhydrique des solutions d'*azotate d'argent*, d'*azotate mercureux*, et d'*azotate de plomb*. Les chlorures dissous donnent de suite, avec l'azotate d'argent, le précipité de chlorure d'argent déjà signalé (**67**).

Les chlorures solides chauffés avec de l'acide sulfurique dégagent du gaz chlorhydrique.

Les chlorures sont des composés du chlore et des métaux, et on peut tous les préparer par synthèse directe. En général, lorsqu'il y a plusieurs chlorures d'un même métal, l'attaque du métal par le chlore donne le plus chloruré, l'attaque par l'acide chlorhydrique donne le moins chloruré. Ainsi, l'on a, avec le fer :

$$2Fe + 3Cl^2 = Fe^2Cl^6.$$
$$Fe + 2HCl = FeCl^2 + H^2.$$

CHLORE

$$Cl_t = 35,5.$$
Poids moléculaire : $71 = 2 \times 35,5$ (Cl^2).

Préparation. — **71.** Si l'on chauffe avec de l'acide chlorhydrique, dans un *tube d'essai*, quelques petits fragments d'un minéral noir appelé *pyrolusite*, et qui est du *bioxyde de manganèse* MnO^2, on obtient un gaz vert, le *chlore* (1).

Pour recueillir ce gaz en quantité un peu grande, on se sert du même appareil que pour l'acide chlorhydrique (*fig.* 31). On a seulement soin de n'employer que des bouchons de liège, et d'amener exactement au contact les tubes qui doivent être joints par des raccords de caoutchouc, ce corps étant détruit par le chlore. Il est impossible de recueillir le chlore sur le mercure, qu'il attaque. On peut obtenir la solution de chlore comme la solution de gaz chlorhydrique, mais on fait plonger jusqu'au fond du flacon le tube qui amène le gaz.

La réaction est représentée par l'équation

$$MnO^2 + 4HCl = MnCl^2 + Cl^2 + 2H^2O.$$
Acide   Chlorure de
chlorhydrique. manganèse.

(1) C'est en essayant cette réaction que le grand chimiste suédois Sheele, contemporain de Lavoisier, a découvert le chlore.

On l'utilise aussi dans l'industrie, concurremment avec une autre, qui consiste à faire agir l'oxygène sur l'acide chlorhydrique gazeux en présence d'un sel de cuivre; on a du chlore et de la vapeur d'eau, et le sel de cuivre se retrouve inaltéré à la fin de la réaction.

$$4HCl + O^2 = 2Cl^2 + 2H^2O.$$

Propriétés. — **72.** Le chlore est un gaz verdâtre, d'une odeur suffocante; il provoque la toux et les crachements de sang. Sa densité est 35,5 par rapport à l'hydrogène (**50**), et 2,49 par rapport à l'air.

Le chlore est soluble dans l'eau. La dissolution, de couleur verdâtre, est appelée *eau de chlore*. On la conserve dans des flacons en verre noir, ou simplement entourés de papier noir, car la lumière l'altère.

Le chlore peut être facilement amené à l'état liquide; il suffit de le comprimer à 6 atmosphères en le refroidissant à 0°. L'industrie livre aujourd'hui du chlore liquide enfermé dans des cylindres en fer à parois très résistantes, munis de tubes de dégagement fermés par des robinets à vis parfaitement travaillés.

73. — Le chlore attaque énergiquement la plupart des corps simples.

a. — Des volumes égaux de chlore et d'hydrogène s'unissent pour donner de l'*acide chlorhydrique.*

$$Cl^2 + H^2 = HCl.$$

La combinaison peut être déterminée par la lumière. Un mélange à volumes égaux de chlore et d'hydrogène reste inaltéré dans l'obscurité. A la lumière diffuse (c'est-à-dire à la lumière du jour), il y a combinaison lente; atteint par la lumière solaire *directe*, le mélange fait violemment explosion. La lumière du magnésium peut également déterminer l'explosion; on peut opérer sans danger dans une large éprouvette à pied, que l'on remplit à moitié de chlore, et qu'on achève de remplir avec de l'hydrogène; on la recouvre d'un morceau de carton pour éviter la diffusion trop rapide du mélange, et on laisse tomber du magnésium en poudre dans la flamme d'un bec de gaz placé à côté de l'éprouvette.

L'étincelle électrique, une élévation de température, déterminent également la combinaison. L'hydrogène, enflammé au bout d'un tube (*fig.* 35), continue à brûler quand on plonge le tube dans une éprouvette remplie de chlore; l'atmosphère se décolore, en même temps qu'apparaissent des fumées dues à la formation d'acide chlorhydrique, comme on peut s'en assurer en versant dans l'éprouvette un peu d'eau distillée, puis de l'azotate d'argent (**66**).

Fig. 35.

b. — Le phosphore prend feu dans le chlore, et y brûle en répandant des fumées âcres et épaisses de *chlorure de phosphore* (*fig.* 3).

c. — Tous les métaux sont attaqués par le chlore, qui les transforme en *chlorures;* le potassium prend feu spontanément; une spirale de cuivre, chauffée légèrement à son extrémité et plongée dans un flacon de chlore, y devient incandescente, et répand d'épaisses fumées rousses qui se dissolvent dans l'eau en donnant un liquide bleu; c'est une solution de chlorure de cuivre $CuCl^2$.

L'eau de chlore dissout l'or et le platine.

d. — L'affinité du chlore pour l'hydrogène rend compte de l'action qu'il exerce sur un grand nombre de composés. Il attaque *lentement* l'eau sous l'influence de la lumière en libérant l'oxygène.

$$2Cl^2 + H^2O = 4HCl + O^2.$$

Mais si l'eau tient en dissolution certaines substances avides d'oxygène, elles sont *immédiatement* oxydées.

C'est ainsi que certaines matières colorantes; celles de l'*indigo*, du *tournesol*, les sels de fer qui colorent l'encre, qui sont détruites par l'oxydation, se détruisent également au contact du chlore, en présence de l'eau. On dit que le chlore est oxydant et décolorant en présence de l'eau.

Les *pigments* colorés qui accompagnent les fibres textiles, et donnent aux fils ou aux toiles écrues leur couleur grise, sont détruits par le chlore ; les fibres d'origine végétale (lin, chanvre, ramie, coton) sont respectées ; les fibres d'origine animale (laine, soie) sont désorganisées en même temps que la couleur est détruite .

e. — Le chlore détruit l'acide sulfhydrique H²S (**95**).

f. — Il attaque plus ou moins violemment toutes les matières organiques ; il corrode en particulier le liège, et, beaucoup plus rapidement, le caoutchouc.

Chlorures décolorants. — 74. En traitant par le chlore certaines bases comme la chaux et la soude, on obtient des corps doués des mêmes propriétés décolorantes que le chlore. La chaux donne le *chlorure de chaux*, solide blanc jaunâtre d'une odeur désagréable, soluble dans l'eau, et dont 1 kilogramme équivaut, pour la décoloration, à 100-110 litres de chlore. On le prépare en faisant passer un courant de chlore sur de la chaux éteinte étalée en couches minces sur des tablettes superposées dans de grandes auges de pierre.

L'eau de Javel est obtenue en faisant passer un courant de chlore dans une solution froide et étendue de soude caustique. Les propriétés décolorantes de ces corps se manifestent en présence des acides, comme le montre l'expérience suivante. Dans trois verres on verse une solution de chlorure de chaux ou de l'eau de Javel, et on ajoute de la teinture de tournesol ; quelques gouttes d'acide chlorhydrique tombant dans le premier déterminent une décoloration immédiate ; en agitant vivement au moyen d'une baguette de verre le contenu du second, on augmente le contact avec le gaz carbonique de l'air, et l'on voit la couleur bleue s'affaiblir graduellement ; le troisième verre, qui sert de témoin, ne change pas de couleur. Les acides ont pour effet de détruire, en libérant du chlore et de l'oxygène, des composés très instables, les *hypochlorites*, sels de l'*acide hypochloreux* HClO, qui existent dans les chlorures décolorants.

La formation et la destruction d'un hypochlorite peuvent être représentées par les équations suivantes :

(1) $2Cl^2 + 4NaOH = 2\{ NaClO + NaCl + H^2O \}$ (eau de Javel).
  Soude.   Hypochlorite
        de sodium.

(2) $2NaClO + CO^2 = Na^2CO^3 + Cl^2 + O.$
            Carbonate de
              sodium.

Bien que dans les chlorures décolorants la moitié du chlore soit engagée dans une combinaison stable (NaCl dans l'eau de Javel), leur action est équivalente à celle du chlore qui a servi à les préparer, puisque la destruction de l'hypochlorite donne, outre la moitié de ce chlore, la quantité équivalente d'oxygène (comparer les équations (1) et (2) précédentes à celle du § **73**, *d*).

75. — Si on recevait le chlore dans une solution de soude chaude et concentrée, on aurait à la place de l'hypochlorite du *chlorate de sodium*, NaClO³, corps tout à fait analogue au chlorate de potassium qui sert à préparer l'oxygène.

Usages du chlore. Blanchiment (1). — **76.** La principale application du chlore est le blanchiment des textiles végétaux. L'utilisation du chlore peut être directe ou indirecte. Elle est directe quand les matières sont soumises à l'action simultanée du chlore pur et de l'eau ; indirecte quand on les traite par les *chlorures décolorants*. Dans tous les cas, les tissus et les fils, bien débarrassés des matières gommeuses qui les accompagnent, sont exposés à l'action du liquide décolorant, puis lavés à grande eau. L'opération est répétée plusieurs fois, ainsi que les lavages. Quand la matière colorante a été complètement oxydée par le chlore (**73**, *d*), *ce qui l'a rendue soluble dans les acides et les alcalis*, on

(1) L'emploi du chlore pour le blanchiment du lin et du coton a été indiqué vers 1784 par le chimiste français Berthollet (1748-1822), à la suite

4.

traite par l'acide chlorhydrique ou l'acide sulfurique très étendus, et on lave encore à grande eau.

Quand on emploie les chlorures décolorants, l'immersion des pièces dans la solution de chlorure doit être suivie d'une exposition à l'air; c'est pendant cette exposition que la décoloration se produit (**74**).

On emploie également soit le chlorure de chaux, soit l'eau de Javel à la désinfection des fosses d'aisances, dans lesquelles se forme de l'acide sulfhydrique (**73**, *e*).

ÉLECTROLYSE DU CHLORURE DE SODIUM

Le chlorure de sodium peut être détruit par le courant électrique.

77. *a*. — Il fond vers 800°, et, à l'état liquide, laisse passer le courant; en même temps, il se détruit en *chlore*, qui se dégage à l'électrode positive, et *sodium* qui apparaît à l'électrode négative. A la température élevée de l'appareil, le sodium est liquide, et, à cause de son faible poids spécifique, monte à la surface du bain; comme il est attaqué par le chlore, il est nécessaire de le séparer de ce gaz, ce que l'on réalise en entourant l'électrode positive d'un tube en porcelaine ou en terre, qui conduit le chlore hors de l'appareil. On est arrivé à établir des appareils qui permettent de recueillir le chlore et le sodium.

b. **Sodium**. — Le sodium est un métal mou, d'un blanc brillant, moins dense que l'eau (poids spécifique = 0,97), fondant à 97°, bouillant vers 800°; on est obligé de le conserver dans le pétrole, car sous l'action de l'oxygène, de la vapeur d'eau et du gaz carbonique de l'air, il se transforme d'abord en soude, puis en carbonate de sodium.

$$4Na + O^2 + 2H^2O = 4NaOH$$
$$2NaOH + CO^2 = Na^2CO^3 + H^2O.$$

de l'étude approfondie qu'il fit des propriétés du chlore. Avant cette époque, on détruisait la matière colorante de la fibre en la soumettant à l'action simultanée de l'oxygène de l'air et de la lumière solaire. Les pièces à blanchir étaient étendues *sur le pré;* l'opération était fort longue.

Il brûle dans l'oxygène et dans le chlore ; il suffit de chauffer dans une cuiller de fer sur la flamme d'un bec de gaz un fragment de sodium pour le voir fondre, puis s'enflammer au bout de quelques instants et brûler avec une flamme jaune ; il se dissout dans le mercure et dans le plomb fondu ; il décompose l'eau en donnant de la soude et de l'hydrogène (**32**, *a*) ; cette propriété appartient également à l'*amalgame* qu'il forme avec le mercure, et à son *alliage* avec le plomb, et la réaction est alors moins vive.

Une de ses principales applications est la fabrication de la soude caustique ; en électrolysant le chlorure de sodium fondu au-dessus d'un bain de plomb mis en relation avec le pôle négatif de la source d'électricité, on obtient directement dans l'industrie l'alliage de plomb, le sodium se dissolvant dès qu'il apparaît ; il n'y a plus qu'à traiter cet alliage par l'eau pour avoir une solution de soude.

Soude caustique. — **78.** La solution de soude, évaporée jusqu'à ce que l'eau ait entièrement disparu, puis chauffée vers 500 ou 600°, laisse une matière fluide qui, coulée sur une plaque de fer, donne un solide blanc, onctueux au toucher, attaquant légèrement la peau ; c'est la *soude caustique* $NaOH$, qui se dissout dans l'eau avec élévation de température. La soude solide absorbe énergiquement la vapeur d'eau et l'anhydride carbonique de l'air (**77**) ; elle s'unit aux acides pour donner des sels. Elle est utilisée comme réactif dans les laboratoires. Dans l'industrie, elle est employée à fabriquer les savons et l'eau de Javel.

79. — Le chlorure de sodium dissous dans l'eau peut être également détruit par le courant en chlore (électrode positive) et sodium (électrode négative) ; mais, comme le chlore et le sodium attaquent l'eau tous les deux, les résultats définitifs de l'électrolyse seront modifiés par cette circonstance.

a. — Le chlore libéré à l'électrode positive se dissoudra en partie dans le liquide, le reste se dégagera ; le sodium libéré à l'électrode négative, attaquant l'eau de la solution, donnera de la soude et de l'hydrogène. Le voltamètre décrit au n° **20**, dans lequel on remplacera la tige de fer reliée au pôle positif par une tige de charbon (charbon à lumière), permet de le constater ; il est facile de reconnaître le chlore de l'éprouvette positive à sa couleur verte, l'hydrogène de l'éprouvette négative à son inflammabilité ; de plus, si on arrête l'électrolyse avant que les éprouvettes soient pleines de gaz, il suffira de laisser tomber quelques gouttes du liquide qui entoure l'électrode positive dans une solution d'indigo pour constater qu'il a la propriété décolorante de l'eau de chlore ; le liquide qui entoure l'électrode négative ramène au bleu le tournesol rougi.

b. — En modifiant un peu l'appareil, on montre que l'apparition de la soude est due au sodium mis en liberté (*fig.* 35).

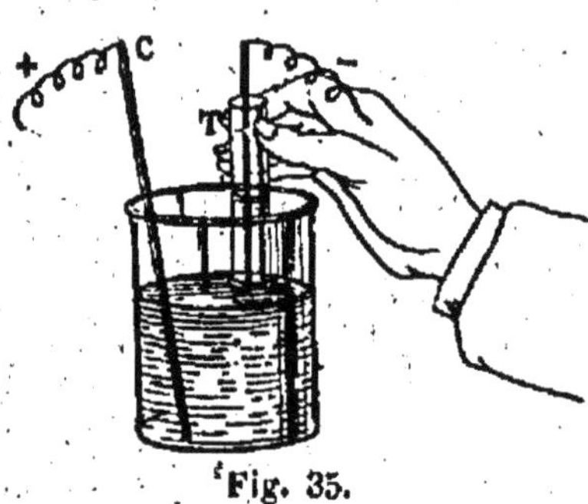

Fig. 35.

On plonge dans un verre contenant une solution de sel une tige de charbon C, et un tube T contenant un peu de mercure, et hermétiquement fermé par du papier parchemin ; dans le mercure arrive un fil de fer relié au pôle négatif de la pile ; quand le courant passe, on voit le mercure se ternir légèrement ; et, si au bout de quelques minutes on verse dans de l'eau pure une partie de ce mercure, on voit se produire un dégagement gazeux, tandis que l'eau acquiert la propriété de bleuir le tournesol rougi. On a construit des appareils industriels qui recueillent ainsi le sodium à l'état d'amalgame, employé ensuite à fabriquer de la soude.

c. — Si on plonge les électrodes dans la solution sans les isoler l'une de l'autre, les gaz se diffusent dans le liquide, et, le chlore attaquant la soude, il se fait de l'eau de Javel (**74**) ; on voit jaunir le liquide, et on constate que la propriété décolorante n'est pas localisée autour de l'électrode positive, mais appartient à la solution tout entière. On utilise ce fait dans l'industrie pour préparer l'eau de Javel. On a même construit des appareils permettant d'effectuer les opérations du blanchiment dans la cuve électrolytique; après l'action de l'hypochlorite sur la matière colorante, le liquide, qui est généralement un mélange de chlorures de sodium et de magnésium (ce dernier subissant les mêmes transformations que le premier), se trouve régénéré. On peut se l'expliquer ainsi : la destruction de l'hypochlorite donne de l'oxygène, qui oxyde la matière colorante; du chlore, qui donne de l'oxygène et de l'acide chlorhydrique (**73**, *d*); du sodium, qui, au contact de l'eau, donne de la soude, attaquée par l'acide chlorhydrique avec formation de chlorure de sodium (**65**).

80. — Si on chauffe la solution, l'action du chlore sur la soude donne du chlorate de sodium (**75**). Le chlorure de potassium KCl se comporte exactement comme le chlorure de sodium. On fabrique aujourd'hui de grandes quantités de chlorate de potassium par électrolyse d'une solution chaude de chlorure; comme ce chlorate est plus soluble à chaud qu'à froid, on le fait cristalliser par refroidissement.

CHAPITRE VI

SOUFRE. — ACIDE SULFURIQUE. — ACIDE SULFHYDRIQUE

SOUFRE

Poids atomique : $S_{11} = 32$.

Propriétés. — **81.** *a*. Le soufre est un corps solide jaune clair, qui dégage, quand on le frotte, une odeur particulière. Il conduit mal l'électricité et la chaleur; quand on tient dans la main un bâton de soufre, on entend des cra-

quements et, au bout d'un certain temps, le bâton se fend ;
on voit aisément que les bâtons de soufre sont formés de
cristaux enchevêtrés, laissant souvent dans l'axe du bâton
des espaces vides. L'inégalité de dilatation des portions voisines détermine dans l'intérieur des pressions assez considérables pour disloquer l'assemblage et provoquer des
fissures. Le poids spécifique du soufre est voisin de 2.

Le soufre, insoluble dans l'eau, se dissout dans la benzine
et dans le *sulfure de carbone*.

La température de fusion du soufre est 114°. Jusqu'à 140°
le soufre fondu est jaune clair, très fluide ; il s'épaissit et
brunit de plus en plus, de 140 à 220° ; à ce moment il est
assez visqueux pour qu'on puisse retourner impunément le
vase qui le contient. Il redevient fluide au-dessus de 220°,
mais reste brun. En se refroidissant il repasse par les
mêmes états ; on peut suivre ces changements d'état en
chauffant doucement du soufre dans un tube d'essai avec
une lampe à alcool.

Il bout à 448°. Sa vapeur est jaune.

b. — On peut obtenir de beaux cristaux de soufre de la
manière suivante : On fond du soufre dans un creuset, puis
on le laisse refroidir. Quand une croûte s'est formée sur la
surface libre, on perce cette croûte en deux points et, par

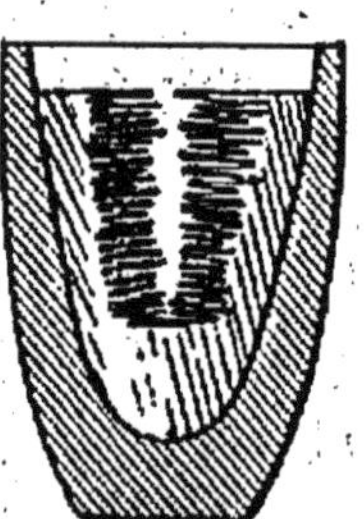

Fig. 36. — Cristal-
lisation du soufre.

l'un des trous, on fait écouler le soufre encore
liquide qui occupe l'intérieur de la masse. On
enlève ensuite la croûte supérieure et on trouve
la cavité tapissée de belles et fines aiguilles
transparentes (*fig.* 36).

L'expérience reproduit les conditions de formation des bâtons de soufre du commerce ;
mais l'écoulement du soufre dégageant les
cristaux déjà formés les laisse intacts et bien
visibles ; sans cela, ils disparaîtraient recou-
verts par d'autres, et il n'y aurait au centre qu'un faible espace vide, dû à la diminution de volume qu'éprouve en se
solidifiant le soufre fondu.

c. Soufre mou. — Quand on coule lentement dans l'eau froide du soufre porté vers 220° (au point où il est le plus visqueux), on obtient une masse élastique, d'un jaune brun, qui, abandonnée à elle-même, durcit et devient opaque; on reconnaît, en l'examinant au microscope, qu'elle est formée d'un enchevêtrement de cristaux.

82. — Le soufre s'enflamme dans l'oxygène à 250°; il y brûle avec une flamme bleuâtre, en formant de l'*anhydride sulfureux.*

$$S + O^2 = SO^2.$$

Nous avons signalé le caractère acide de la solution aqueuse de ce corps (**0**, *b*; **49**, *a*). Il décolore les matières colorantes végétales, comme on peut facilement s'en assurer au moyen des violettes, et cette propriété est utilisée pour enlever les tâches de fruits sur le linge, et pour blanchir les textiles d'origine animale.

La plupart des métaux, chauffés avec du soufre, se transforment en sulfures avec dégagement de chaleur.

L'expérience est particulièrement brillante avec le cuivre; des fragments de tournure de cuivre projetés dans du soufre fondu et près de bouillir deviennent incandescents, et se recouvrent d'une croûte noire de sulfure de cuivre CuS.

État naturel et extraction. — **83.** *a.* Le soufre est connu de toute antiquité. On le rencontre à l'état natif dans un grand nombre d'endroits. On connaît deux catégories de gisements : 1° des gisements d'origine volcanique, les *solfatares* des volcans éteints ou à activité ralentie; 2° des gisements d'origine sédimentaire, les *solfares*, que l'on rencontre dans les terrains tertiaires. On trouve aussi dans le sol des sulfures métalliques : les *pyrites* ou sulfures de *fer*, la *galène* ou sulfure de *plomb*, la *blende* ou sulfure de *zinc*, qui, s'ils ne sont pas utilisés pour la production du soufre, servent à préparer un composé du soufre, l'acide sulfurique. Enfin, le soufre existe à l'état de sulfures ou d'acide sulfhydrique dans les eaux minérales, dites *sulfureuses*, et de sulfates dans un assez grand nombre de minéraux.

b. — Le soufre natif est mêlé à des matières terreuses dont il faut le débarrasser. On peut opérer de plusieurs manières.

1° *Fusion.* — Le minerai est soumis à une température suffisamment élevée pour fondre le soufre, qui se sépare ainsi de sa *gangue* terreuse.

Dans les pays où le minerai est riche, le combustible cher, et où les voies de communication sont rares, comme en Sicile, on emploie un procédé primitif qui a quelque analogie avec le procédé des meules pour la fabrication du charbon de bois ; c'est le procédé dit des *calcaroni*. On entasse le minerai dans des sortes de vastes cuves en maçonnerie, en ménageant, au moyen des plus gros morceaux, des cheminées au centre de la masse. On recouvre le tas de minerai en poudre et de la poussière des opérations précédentes, et on allume le soufre en laissant tomber dans les cheminées des corps enflammés (bois, brins d'herbe sèche enduits de soufre). La chaleur dégagée par la combustion d'une partie du soufre fond le reste. Un trou de coulée ou *morte*, pratiqué au bas du calcarone, permet de recueillir le soufre fondu.

2° *Distillation.* — Le minerai est placé dans de grandes cornues de fonte chauffées vers 500° dans des fours, et munies de tuyaux qui se rendent dans des récipients placés hors des fours et refroidis par un filet d'eau froide ; le soufre est vaporisé dans les cornues et les vapeurs se condensent dans les récipients.

c. — Le *soufre brut* obtenu par le procédé des calcaroni contient trop d'impuretés pour être utilisé directement à un grand nombre d'usages (fabrication des allumettes, de la poudre de chasse noire, notamment). On le purifie par une distillation qui porte le nom de *raffinage*.

Le soufre brut est porté à l'ébullition dans une cornue en fonte, et les vapeurs sont dirigées dans une grande chambre en maçonnerie. Si la distillation est intermittente, les parois de la chambre n'ont pas le temps de s'échauffer jusqu'à la température de fusion; la vapeur, au contact des parois, se *sublime* (1) et le produit recueilli, pulvérulent, est la *fleur de soufre*. Si la distillation est continue, la chaleur dégagée par la condensation des vapeurs de soufre élève graduellement la température des parois de la chambre, qui arrivent à dépasser 115°; le soufre se condense alors à l'état liquide. Le soufre fondu est recueilli et coulé dans des moules en bois plongés dans l'eau froide. On a ainsi les *canons* de soufre. Il faut empêcher les parois de la chambre à condensation de dépasser 120°, pour éviter l'épaississement du soufre liquide qui s'y dépose (**81**, *a*).

Usages. — **84.** *a.* Le soufre est employé à la fabrication de l'acide sulfureux, de l'acide sulfurique, et d'un certain nombre d'autres produits sulfurés. La vulcanisation du caoutchouc (2) en consomme de grandes quantités. On l'emploie encore pour sceller le fer dans la pierre, pour fabriquer des allumettes, pour éteindre les feux de cheminée. Le soufre, plus combustible que la suie, brûle le premier, et le gaz sulfureux produit éteint la suie enflammée; il est bien entendu qu'il faut boucher hermétiquement l'entrée de la cheminée, pour éviter l'accès de nouvelles quantités d'air. Enfin, la fleur de soufre est employée pour fabriquer la poudre de chasse et pour détruire l'*oïdium*, champignon qui s'attaque à la vigne.

(1) On donne le nom de *sublimation* au passage brusque d'un corps de l'état gazeux à l'état solide, au contact d'une paroi dont la température est notablement inférieure au point de fusion.

(2) Le caoutchouc naturel n'est élastique qu'entre + 10 et 25 à 30°. Au-dessous de 10°, il commence à durcir; à 0° il est cassant. Au-dessus de 30° il devient mou et trop extensible. On lui conserve son élasticité dans de larges limites de température, par l'opération de la *vulcanisation*, qui consiste à incorporer à sa masse de petites quantités de soufre, et à le chauffer ensuite à 120°-150°; en lui combinant environ 1/5 de son poids de soufre, on a le *caoutchouc durci* ou *ébonite*, matière noire très dure, pouvant se travailler aussi bien que le bois d'ébène, et qui a remplacé ce dernier pour un assez grand nombre d'usages. C'est un *isolant* très employé dans la construction des instruments d'électricité.

b. — Le blanchiment des tissus par l'anhydride sulfureux s'opère de la manière suivante : La laine, débarrassée de sa matière grasse par des lavages à l'eau froide, à l'eau chaude, et au carbonate de sodium, est suspendue humide dans de grandes chambres, sur le sol desquelles on enflamme du soufre. Quand l'action des vapeurs sulfureuses a été suffisante, on lave les matières à grande eau pour enlever l'acide sulfurique formé, qui ne tarderait pas à corroder les substances décolorées.

La soie est lavée d'abord au savon, puis soumise au traitement par le gaz sulfureux.

ACIDE SULFURIQUE

Poids moléculaire : $H^2SO^4 = 98$.

Propriétés. — **85.** Le produit commercial appelé *acide sulfurique* ou *huile de vitriol* est un liquide visqueux, souvent coloré en brun par des débris organiques, bouillant vers 325°, et dont le poids spécifique est voisin de 1,8.

Dans l'état de pureté et au maximum de concentration, il est incolore et marque 66° au pèse-acides (*aréomètre*) de Baumé ; il contient alors environ 98,5 p. 100 de son poids d'acide sulfurique H^2SO^4, le reste étant de l'eau.

L'acide ordinaire du commerce, dûment purifié, donne de l'acide à 66° quand on le distille. Mais cette opération exige des précautions spéciales, à cause du danger que présente le maniement de l'acide sulfurique, liquide très corrosif occasionnant des brûlures extrêmement graves. Les bulles de vapeur ont beaucoup de peine à se former dans ce liquide, qui est très visqueux et adhère fortement au verre. En se dégageant elles soulèvent le liquide, qui, en retombant, risque de briser la cornue. On régularise l'ébullition en introduisant dans le liquide des lames de platine ou des morceaux de charbon de cornue sur lesquelles les bulles se forment. L'acide, au maximum de concentration, bout à 338°.

86. *a*. — Ce corps s'unit à l'eau en dégageant une grande quantité de chaleur ; quand on veut étendre d'eau l'acide du commerce, on doit prendre quelques précautions. *Il faut toujours verser l'acide dans l'eau, jamais l'eau dans l'acide*, et verser peu à peu, en agitant avec une baguette de verre afin de bien répartir la chaleur dans toute la masse.

Cette avidité de l'acide pour l'eau s'exerce également vis-à-vis de la vapeur d'eau, qui est absorbée (1), et vis-à-vis de la glace qui est fondue.

Il carbonise le bois, le papier, le liège ; les flacons où on le conserve doivent être bouchés avec du verre.

b. — L'acide sulfurique se décompose vers 1000° en oxygène, eau et gaz sulfureux.

$$2H^2SO^4 = 2SO^2 + O^2 + 2H^2O.$$

Il attaque la plupart des métaux ; le fer et le zinc sont dissous à froid par l'acide étendu ; il se fait de l'hydrogène (**38, 60**) ; l'acide concentré n'agit sur le fer qu'à une température assez élevée, et donne alors du gaz sulfureux ; aussi peut-on réaliser dans des appareils en fonte les réactions dans lesquelles entre l'acide sulfurique et qui ne nécessitent pas une trop grande élévation de température, comme la première phase de la préparation de l'acide chlorhydrique (**63**).

Le cuivre est également attaqué à chaud avec formation de gaz sulfureux.

$$Cu + 2H^2SO^4 = SO^4Cu + SO^2 + 2H^2O.$$
$$\text{Sulfate de cuivre.}$$

Le plomb n'est dissous que par l'acide très concentré ; dans toutes ces réactions le métal est transformé en *sulfate*.

Le platine est faiblement attaqué par l'acide à 66° bouillant ; l'or ne l'est pas.

(1) Cette propriété permet d'utiliser l'acide sulfurique comme substance desséchante, dans les laboratoires. On dessèche les gaz en les faisant passer dans un tube en U rempli de pierre ponce divisée en menus fragments et imbibée d'acide concentré. Les substances solides ou aqueuses que l'on veut dessécher ou évaporer sont placées sous une cloche à côté d'un vase large contenant de l'acide concentré.

L'acide sulfurique rougit fortement le tournesol. C'est le plus fort des acides connus ; c'est-à-dire celui qui dégage le plus de chaleur en s'unissant à la plupart des *bases* (**65**). Il dissout les oxydes métalliques et les hydrates en donnant des sulfates. C'est un acide *bibasique*, pouvant donner avec le potassium, qui est *monovalent*, deux sels : le sulfate *monopotassique* $HKSO^4$ et le sulfate *dipotassique* K^2SO^4 (**58**, *b*). A cause de l'énergie de son action sur les bases, il décompose la plupart des sels en mettant l'acide en liberté.

Réactif. — 87. L'acide sulfurique donne avec les sels solubles de baryum un précipité blanc de *sulfate de baryum*, très lourd, insoluble dans l'eau et les acides ; son seul dissolvant est l'acide sulfurique concentré et bouillant.

État naturel. — 88. On rencontre de l'acide sulfurique libre dans toutes les eaux qui prennent naissance dans les régions volcaniques. Ainsi l'eau du Rio Vinagre contient à peu près 1 gramme d'acide libre par litre. Un grand nombre de sulfates, ceux de calcium (pierre à plâtre), de magnésium (sel de Sedlitz), de baryum notamment, existent également dans la nature.

Fabrication. — 89. *a.* L'acide sulfurique est un produit d'industrie. Pour l'obtenir, on fixe l'oxygène de l'air sur l'anhydride sulfureux en présence de la vapeur d'eau. Le résultat définitif est le suivant :

$$2SO^2 + 2H^2O + O^2 = 2H^2SO^4.$$

Cette fixation s'effectue par l'intermédiaire d'oxydes de l'azote, au moyen de réactions trop compliquées pour que nous puissions les exposer ici. On la réalise dans de vastes appareils à parois de plomb que l'on appelle *chambres de plomb*.

b. — Un autre procédé consiste à faire arriver sur de la pierre ponce imprégnée de platine pulvérulent et chauffé vers 500°

un mélange de gaz sulfureux et d'air. Il se forme de l'anhydride sulfurique SO^3, gazeux à cette température, et dont on condense les vapeurs dans l'eau (*procédé catalytique*) (1).

Usages. — 90. L'acide sulfurique est, de tous les produits chimiques, celui qui a les plus nombreuses et les plus importantes applications. Son action sur les oxydes le fait employer dans les arts pour décaper les métaux ; il sert comme liquide actif dans un très grand nombre de piles ; à cause de l'énergie avec laquelle il s'unit aux bases, on l'emploie soit dans les laboratoires, soit dans l'industrie, pour déplacer de leurs combinaisons les autres acides (préparation de l'acide chlorhydrique, de l'acide azotique, du gaz carbonique contenu dans l'eau de Seltz artificielle, d'un grand nombre d'acides organiques) ; il sert à fabriquer le sulfate de sodium et un grand nombre d'autres sulfates, notamment le *sulfate d'ammoniaque* qui entre dans la composition des engrais chimiques ; il sert à fabriquer les *superphosphates;* on retrouve son emploi dans la fabrication d'un très grand nombre de produits minéraux ou organiques.

ACIDE DE NORDHAUSEN OU ACIDE FUMANT

91. — L'acide sulfurique ordinaire n'est pas toujours parfaitement débarrassé des oxydes de l'azote ou *produits nitreux* qu'il a dissous dans les appareils ; il est alors impropre à certains usages, notamment à la dissolution de l'indigo dans l'opération de la teinture de la laine et de la soie en *bleu* (2). De plus, il n'est pas assez concentré pour réaliser certaines réactions relatives à la fabrication des colorants artificiels.

(1) On a appelé actions catalytiques des actions qui se produisent grâce à la présence de certains corps, comme le platine, et dont on ignore le mécanisme : la réaction de l'oxygène sur le gaz ammoniac en présence du platine (**104**) est encore une réaction catalytique.
(2) Ces oxydes détruisent la matière colorante de l'indigo.

Pour ces divers usages on lui substitue un produit connu sous le nom d'acide de *Nordhausen* ou *acide fumant*, mélange d'acide ordinaire avec un autre acide de formule $H^2S^2O^7$.

L'acide fumant est un liquide souvent coloré en brun, visqueux, bouillant au-dessous de 100°, répandant à l'air d'épaisses fumées. On le prépare en chauffant fortement du sulfate ferreux $FeSO^4$, $7H^2O$. Le résidu de l'opération est du sesquioxyde de fer, poudre rouge très dure employée sous le nom de *colcothar* pour polir le verre et les métaux. En raison même de sa préparation, l'acide fumant est exempt de produits nitreux.

Le procédé catalytique permet aussi d'obtenir de l'acide fumant.

ACIDE SULFHYDRIQUE

Poids moléculaire : $H^2S = 34$.

C'est à lui que les œufs gâtés et certaines eaux minérales sulfureuses doivent leur odeur et leur saveur désagréables.

Propriétés. — 92. C'est un gaz incolore, dont la densité est 17 par rapport à l'hydrogène, et 1,19 par rapport à l'air.

93. — L'eau en dissout à peu près 4 fois son volume. La dissolution doit être faite dans de l'eau bouillie, et s'altère très facilement à l'air (**94**).

Il se liquéfie assez facilement ; le liquide obtenu n'a pas d'usages.

94. — Le gaz sulfhydrique peut être enflammé à l'extrémité d'un tube effilé, comme l'hydrogène. Un mélange de 3 volumes d'oxygène pour 1 de gaz sulfhydrique détone à l'approche d'une flamme ou sous l'action d'une étincelle électrique, en donnant de l'eau et de l'anhydride sulfureux.

Enflammé dans une éprouvette, il brûle avec une flamme bleue ; mais le gaz étant détruit par la chaleur en soufre et hydrogène, et la combustion étant limitée à la zone du contact du gaz et de l'air, la chaleur dégagée décompose les portions voisines et provoque un dépôt de soufre sur les parois de l'éprouvette (*fig.* 37).

$$2H^2S + 3O^2 = 2H^2O + 2SO^2.$$

A froid, l'acide sulfhydrique est oxydé par l'oxygène en présence de l'eau. La dissolution, si elle n'est pas faite dans de l'eau privée d'air par ébullition, et conservée à l'abri de l'air, se trouble et perd peu à peu son odeur. Le trouble est dû à la précipitation lente du soufre en particules très ténues qui peuvent flotter longtemps dans l'eau avant de tomber au fond du flacon.

Fig. 37. — Combustion incomplète de l'acide sulfhydrique.

$$2H^2S + O^2 = 2H^2O + S^2.$$

En présence des corps poreux, l'oxydation peut être plus complète et conduire à l'acide sulfurique.

$$H^2S + 2O^2 = H^2SO^4.$$

C'est à cette action qu'il faut attribuer, d'après Dumas, l'usure rapide des rideaux des cabines de bains sulfureux.

Le gaz sulfhydrique est détruit par le chlore ; cette réaction rend compte de l'emploi du chlore comme désinfectant.

$$Cl^2 + H^2S = 2HCl + S.$$

Il attaque la plupart des métaux à chaud ; à froid, en présence de l'humidité, le cuivre et l'argent sont noircis par ce gaz ; il se forme des sulfures.

Réactif. — 05. On reconnaît l'acide sulfhydrique, soit gazeux, soit en dissolution, à la propriété qu'il possède de noircir les sels de plomb (formation d'un sulfure noir). Un papier imprégné d'*acétate* ou *d'azotate de plomb* noircit dans une atmosphère contenant de l'acide sulfhydrique.

Composition. — **96**. On peut facilement vérifier que l'acide sulfhydrique renferme son volume d'hydrogène, en chauffant dans une cloche courbe (*fig.* 7) un morceau d'étain au contact d'un volume connu de ce gaz; l'étain s'empare du soufre, et l'on ne constate pas de variation de volume. Or, 2 volumes d'acide sulfhydrique pèsent 34; 2 volumes d'hydrogène pèsent 2; reste pour le soufre 32, qui représente justement le poids de 1 volume (**56**). La formule SH² représente donc la composition en volumes.

Action sur l'organisme. — **97**. L'acide sulfhydrique est éminemment toxique. 1/800 de ce gaz dans l'atmosphère suffit pour foudroyer un chien, 1/250 tue un cheval. C'est lui qui détermine si fréquemment des accidents lors de l'ouverture des fosses d'aisances (plomb des vidangeurs). Le contrepoison est le chlore; on fait respirer à la personne asphyxiée le gaz qui se dégage du chlorure de chaux imprégné de vinaigre (**74**).

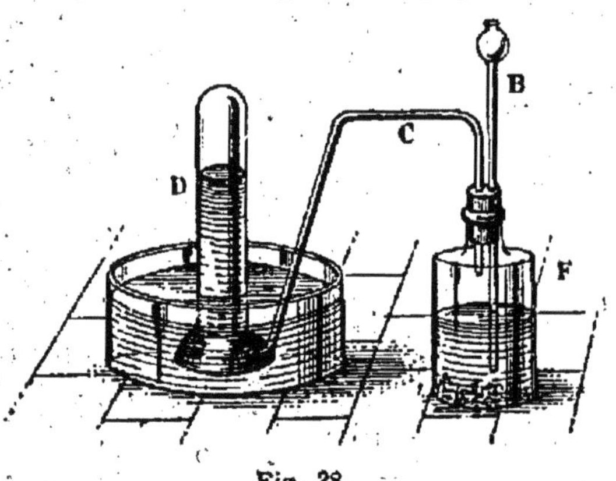

Fig. 33.
Préparation de l'acide sulfhydrique.

Préparation. — **98**. On obtient l'acide sulfhydrique en décomposant par l'acide chlorhydrique un sulfure de fer artificiel obtenu en calcinant dans un creuset poids égaux de soufre et de fer (**12**). L'appareil employé est le même que celui qui sert pour l'hydrogène (*fig.* 38).

$$FeS + 2HCl = FeCl^2 + SH^2.$$

État naturel et circonstances de production. — **99**. L'acide sulfhydrique existe tout formé dans les fumerolles qui se dégagent des fissures du sol de la Toscane et dans les émanations volcaniques ; les eaux minérales *sulfureuses* en contiennent également et lui doivent leur odeur et leur saveur repoussantes. Il se forme dans l'action des acides énergiques sur certains sulfures, et dans la putréfaction des matières organiques sulfurées. Il s'en produit d'assez grandes quantités dans les fosses d'aisances ; là il se trouve en présence d'ammoniaque et forme le *sulfure d'ammonium* $(AzH^4)^2S$ (1), aussi dangereux que lui et qu'on peut détruire au moyen du chlore ou encore du sulfate ferreux. Il est bon, au moment de l'ouverture d'une fosse, d'y projeter du sulfate ferreux, soit solide et pulvérisé, soit en dissolution.

CHAPITRE VII

GAZ AMMONIAC. — ACIDE AZOTIQUE

Sel ammoniac. — **100.** Le *sel ammoniac* que l'on trouve dans le commerce soit en gros pains gris à cassure fibreuse, assez impurs, soit en petits cristaux blancs, plus purs, appartient au groupe des *sels ammoniacaux*, qui, sous l'action d'une base comme la potasse, la soude ou la chaux (**14**), laissent dégager un gaz, l'*ammoniac* AzH^3, reconnaissable à son odeur et à la propriété qu'il possède de bleuir le tournesol rougi par un acide. On s'en assure en chauffant dans un tube d'essai quelques cristaux de sel ammoniac avec une solution de soude.

Ce sel se dissout dans l'eau avec abaissement de température ; 1 partie avec 3 parties d'eau donnent un abais-

(1) Voy. Sels ammoniacaux, § **105.**

sement d'une quinzaine de degrés. Il détruit les oxydes métalliques à chaud, et cette propriété le fait employer pour décaper les métaux, en particulier l'outil en cuivre que l'on appelle *fer à souder*. On l'emploie dans les laboratoires comme réactif et comme source de gaz ammoniac.

Il existe tout formé dans la suie résultant de la combustion des excréments de chameau desséchés, seul combustible en usage dans certaines régions de l'Egypte ; la sublimation de cette suie a été pendant longtemps le seul moyen de s'en procurer. Nous verrons plus loin comment on le prépare aujourd'hui.

GAZ AMMONIAC

Gaz moléculaire : $AzH^3 = 17$.

Propriétés physiques. — 101. Le gaz ammoniac est incolore ; son odeur est suffocante ; sa densité est 8,5 par rapport à l'hydrogène, et 0,59 par rapport à l'air. Il est très facile à liquéfier ; il suffit de le comprimer à 8 atmosphères, vers 15°, pour lui faire prendre l'état liquide.

Si l'on raréfie l'atmosphère qui surmonte l'ammoniac liquéfié, il s'évapore très rapidement, et sa température s'abaisse fort au-dessous de 0°. On a utilisé ce fait pour la fabrication de la glace artificielle. L'eau à congeler, dûment *stérilisée*, est placée dans des vases métalliques plongés dans un grand bac contenant un *liquide incongelable*, c'est-à-dire à point de congélation très bas, comme une solution de chlorure de magnésium ; dans ce liquide plonge également un récipient qui reçoit constamment de l'ammoniac liquide, au-dessus duquel une pompe fait le vide ; les vapeurs entraînées retournent au récipient après une nouvelle liquéfaction, de sorte que la même quantité d'ammoniac peut servir indéfiniment, s'il n'y a pas de fuites.

102. — A 0°, l'eau absorbe plus de 1 000 fois son volume de gaz ammoniac ; on peut répéter avec ce gaz les deux expériences qui ont été indiquées pour l'acide chlorhydrique (**64**). En mettant dans le cristallisoir, pour l'expérience du jet d'eau, de la teinture de tournesol rougie, on la voit retomber dans le flacon colorée en bleu : *la solution ammoniacale est donc une base*. Quand on chauffe cette solution, elle perd peu à peu tout son gaz ; à 70°, elle n'en retient presque plus.

Propriétés chimiques. — **103.** Le gaz ammoniac est détruit en azote et hydrogène lorsqu'on le fait passer dans un tube de terre chauffé fortement, ou lorsqu'on le soumet à une longue série d'étincelles électriques. Dans les deux cas son volume double.

104. — Le gaz ammoniac peut brûler dans l'oxygène ; il se forme de l'azote et de l'eau.

$$4AzH^3 + 3O^2 = 2Az^2 + 6H^2O.$$

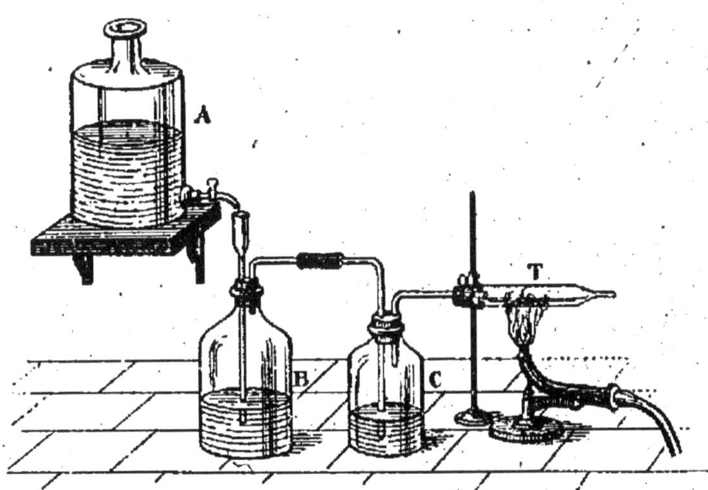

Fig. 39. — Oxydation de l'ammoniac.

A, B, = appareil à déplacement d'oxygène ; C = flacon contenant la solution ammoniacale ; T = tube effilé contenant quelques fragments de mousse de platine.

On peut réaliser cette combustion en enflammant à l'orifice d'un flacon plein d'oxygène un jet de gaz ammoniac sec au bout d'un tube relié à un appareil produisant ce gaz, et enfonçant le tube ; la combustion continue avec une flamme jaunâtre.

L'ammoniac peut être oxydé par l'oxygène et transformé en acide azotique, d'après la réaction

$$AzH^3 + 2O^2 = HAzO^3 + H^2O.$$

On le montre en faisant passer sur de la *mousse de platine* (1) légèrement chauffée un courant d'oxygène assez lent qui a traversé une solution ammoniacale (*fig.* 39). Un papier de tournesol bleu présenté à l'orifice du tube quelques minutes après qu'on a commencé à chauffer, rougit nettement.

On démontre que 2 volumes de gaz ammoniac sont formés de l'union de 1 volume d'azote avec 3 volumes d'hydrogène.

Cette composition est exprimée par la formule, car Az et H représentent chacun 1 volume et AzH³ 2 volumes.

Sels ammoniacaux. — **105.** Le gaz ammoniac se combine directement aux acides ; si l'on fait arriver des bulles d'acide chlorhydrique dans un flacon plein d'ammoniac, on voit se produire d'épaisses fumées blanches, qui ne sont autre chose que des particules extrêmement ténues de sel ammoniac, répondant à la formule AzH³.HCl ; on voit des fumées identiques en abouchant deux vases contenant des solutions des deux corps ; avec l'ammoniac et l'acide azotique, on aurait des fumées ayant pour composition AzH³.HAzO³ : ces corps ont la plus grande analogie avec les sels de potassium.

Nous avons signalé (**100**) l'action du gaz sur le papier de tournesol rougi, et (**102**) le caractère basique de la solution ammoniacale, qui d'ailleurs, traitée par les acides chlorhydrique et azotique, donne les solutions des corps précédents. On est parti de ces faits pour considérer ces corps comme des sels non d'un métal simple, mais d'un corps hypothé-

(1) Platine spongieux, absorbant les gaz avec élévation notable de température.

tique monovalent, auquel on a attribué le nom d'*ammonium* et la formule AzH⁴. De tels corps sont appelés *radicaux*.

Le sel ammoniac est alors le *chlorure d'ammonium*, $AzH^4.Cl$; le second corps signalé est l'*azotate d'ammonium*, $AzH^4.AzO^3$. En général, on appelle sels d'*ammonium* ou *sels ammoniacaux* les corps résultant de la substitution du radical AzH^4 à l'hydrogène d'un acide. La base *ammoniaque*, qui doit exister dans la solution ammoniacale, est l'*hydrate d'ammonium* $AzH^4.OH$.

On n'a pas pu isoler l'ammonium ; mais, en versant de l'*amalgame de sodium* (**77**, *b.*) dans une solution concentrée de chlorure d'ammonium, on voit l'amalgame se transformer en une substance spongieuse et foisonnante qui, isolée et abandonnée en vase clos, donne finalement du mercure et un mélange d'ammoniac et d'hydrogène dans les proportions représentées par AzH^3 et H ; aussi a-t-on appelé ce corps *amalgame d'ammonium.*

Les sels ammoniacaux sont détruits par la potasse, la soude et la chaux, en dégageant du gaz ammoniac et de l'eau.

Préparation. —

106. *a.* Le mélange de sel ammoniac et de chaux, qui donne à froid (**14**) un dégagement d'ammoniac, fournit ce gaz en grande quantité quand on le chauffe. L'opération se réalise facilement dans un petit ballon ; après l'introduction du mélange on rempʼlt entièrement le ballon de

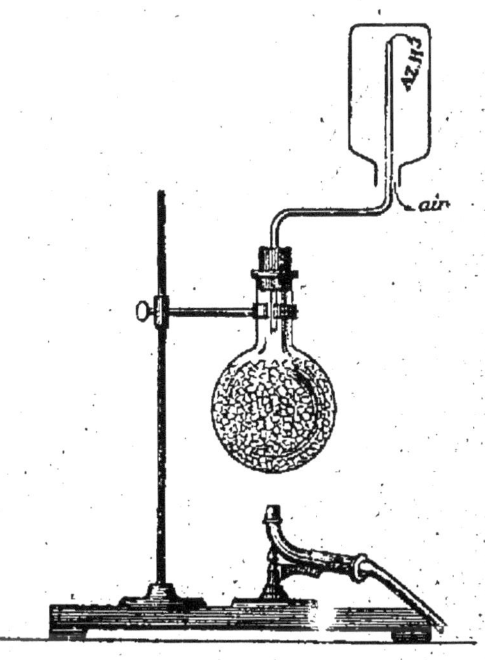

Fig. 40.

chaux vive pour dessécher le gaz (1), que sa légèreté permet de recueillir par déplacement (*fig.* 40). On peut également le recueillir sur la cuve à mercure, et interposer, pour obtenir une dessiccation plus parfaite, une éprouvette desséchante à chaux vive.

La préparation est représentée par l'équation :

$$2AzH^4Cl + CaO = 2AzH^3 + CaCl^2 + H^2O.$$
$$\text{Chlorure de}$$
$$\text{calcium.}$$

On peut encore chauffer avec une solution de soude ou de potasse du sel ammoniac ou la solution ammoniacale du commerce, mais on a alors beaucoup plus d'eau à arrêter.

Si on voulait préparer une solution, il suffirait de plonger dans un flacon plein d'eau le tube amenant le gaz ; le tube doit ici plonger jusqu'au fond, la solution étant plus légère que l'eau.

b. — Dans l'industrie on prépare la solution ammoniacale en recevant dans l'eau le gaz ammoniac obtenu en distillant avec de la chaux des produits contenant des composés ammoniacaux. Les principales sources sont les eaux-vannes (urines putréfiées), les liquides qui se condensent dans la distillation du bois, de la houille, des os et des débris animaux.

En recevant le gaz dans l'acide sulfurique, l'acide chlorhydrique, ou l'acide azotique, on a le sulfate, le chlorure ou l'azotate d'ammonium en solution ; on les obtient solides en évaporant les solutions.

L'industrie fabrique aussi du gaz ammoniac destiné à être liquéfié, pour servir dans les machines à glace. Le gaz préparé dans ce but doit être tout à fait pur et sec.

Action physiologique. — 107. Le gaz ammoniac irrite vivement les muqueuses, en causant une douleur passagère si son action est de courte durée ; mais, quand elle se prolonge, elle peut déterminer des troubles assez graves

____

(1) Les desséchants ordinaires, acide sulfurique et chlorure de calcium, ne peuvent être utilisés ici, car ils absorbent le gaz ammoniac.

(ophtalmie des vidangeurs). La solution saturée, à dose un peu forte, est un poison ; on combat ses effets par l'eau vinaigrée.

État naturel et circonstances de production. — **108.** Le gaz ammoniac n'a jamais été rencontré dans la nature qu'à l'état de sels ammoniacaux : *chlorure, sulfate d'ammonium* dans les émanations volcaniques ; *azotate, azotite* et *carbonate* dans l'atmosphère ; sels divers dans un grand nombre de liquides animaux ou végétaux. Leur production peut avoir plusieurs causes, dont les principales sont l'action de l'électricité atmosphérique sur les éléments de l'air, et la putréfaction des matières organiques azotées ; les sels ammoniacaux des eaux d'égout et des eaux-vannes ont cette origine.

La combustion de la houille, qui contient toujours de l'azote, donne encore des sels ammoniacaux.

Usages. — **109.** L'ammoniaque est très employée dans les laboratoires comme réactif. La fabrication des engrais chimiques en absorbe de grandes quantités. La médecine l'emploie à l'extérieur comme caustique, contre les morsures, les piqûres d'insectes. À l'intérieur, on emploie la solution étendue pour combattre l'ivresse ; les vétérinaires l'emploient pour combattre la *météorisation* des bestiaux (ballonnement des voies digestives par l'acide carbonique et l'acide sulfhydrique qui se produisent à la suite de l'ingestion de grandes quantités de fourrages humides). On l'emploie également comme *antichlore* dans le blanchiment de la pâte du papier ; elle enlève les traces de chlore que la pâte pourrait retenir. Nous rappellerons également la fabrication de la glace.

SALPÊTRE

110. — On voit souvent apparaître, sur les murs des caves ou des étables, des efflorescences blanches que l'on peut recueillir, et que l'on nomme *salpêtre* (dont le nom veut dire *sel de pierre*). C'est un mélange d'azotates, parmi lesquels l'*azotate de potassium* $KAzO^3$, auquel on applique plus spécialement ce nom de salpêtre, et que l'on appelle encore *nitre*.

C'est un corps solide cristallisé en longues aiguilles incolores; il se dissout dans l'eau en quantité d'autant plus grande que la température est plus élevée.

Au rouge, le nitre se décompose en dégageant de l'oxygène. C'est un *oxydant* énergique.

Quand on projette du salpêtre sur un charbon ardent, on entend une sorte de petite explosion, et l'éclat du charbon augmente; sa combustion est activée par l'oxygène que dégage la décomposition de l'azotate; on dit que l'azotate *fuse* ou *déflagre*.

Le salpêtre pulvérisé forme avec le charbon en poudre une véritable *poudre d'artifice*. Un mélange de 6 grammes de salpêtre avec 1 gramme de charbon, projeté dans un creuset porté au rouge, s'enflamme et brûle rapidement avec une flamme très vive. Il se forme de l'azote et du gaz carbonique. Il en est de même du mélange de 3 grammes de salpêtre avec 1 gramme de fleur de soufre, qui brûle en donnant du gaz sulfureux et de l'azote.

Le mélange de salpêtre, de charbon et de soufre constitue la *poudre à tirer*.

Si l'on chauffe dans un tube du salpêtre avec de l'acide sulfurique concentré, il se produit des vapeurs rouges, qui disparaissent assez vite, puis on voit se condenser sur l'extrémité froide du tube des gouttelettes qui rougissent le papier de tournesol, et en attaquant en même temps la fibre: c'est de l'*acide azotique*.

Une partie du salpêtre que l'on trouve dans le commerce provient de l'Inde ou de l'Egypte, où il vient s'effleurir à la surface du sol après la saison des pluies. Le reste est fabriqué par réaction entre l'*azotate de sodium* $NaAzO^3$ (analogue au salpêtre, que l'on trouve en bancs considérables au Chili et au Pérou) et le *chlorure de potassium* KCl (corps analogue au sel marin) ou par le traitement des plâtras provenant de démolitions, et qui contiennent souvent des azotates.

$$NaAzO^3 + KCl = KAzO^3 + NaCl.$$

Les deux corps qui doivent réagir sont dissous dans l'eau bouillante, puis on évapore pour provoquer le dépôt du chlorure de sodium, qui est à peu près également soluble à chaud et à froid, tandis que le salpêtre est beaucoup moins soluble à froid qu'à chaud. Quand le liquide marque 45° à l'aréomètre de Baumé, on l'envoie dans de larges bassins où il se refroidit, et laisse déposer le salpêtre.

On *raffine* le salpêtre ainsi obtenu, en le faisant cristalliser de nouveau.

ACIDE AZOTIQUE

$$HAzO^3 = 63.$$

111. — Le liquide que l'on trouve dans le commerce sous le nom d'*acide azotique*, *acide nitrique*, ou *eau-forte*, contient le véritable acide azotique, $HAzO^3$, additionné de quantités d'eau variables.

L'acide pur est incolore et bout à 86° ; son poids spécifique est voisin de 1,5. Il fume à l'air, d'où son nom d'acide fumant ; la lumière le décompose peu à peu en eau, oxygène et peroxyde d'azote qui, se dissolvant dans le liquide, le colore en rouge.

$$4HAzO^3 = 4AzO^2 + 2H^2O + O^2.$$
Peroxyde
d'azote.

Il émet, dès la température ordinaire, des vapeurs très irritantes.

Quand on le distille, son point d'ébullition s'élève peu à peu et finit par se fixer au voisinage de 123° ; le liquide recueilli marque 42° environ au pèse-acides, et contient, pour la même quantité d'acide AzO^3H, deux fois moins d'eau à peu près que l'acide ordinaire du commerce. Ce dernier, souvent coloré en jaune pâle par des traces de peroxyde d'azote, marque 36° au pèse-acides.

Propriétés chimiques. — **112.** *a.* L'acide nitrique est un corps très corrosif, attaquant violemment la plupart des métalloïdes et des métaux. Son caractère le plus saillant est sa tendance à céder de l'oxygène. C'est un *oxydant* énergique.

Il transforme le soufre en acide sulfurique, le phosphore en acide phosphorique.

Le charbon de bois en poudre, chauffé au voisinage du rouge, s'enflamme quand on verse sur lui de l'acide con-

Fig. 41. — Combustion du charbon par l'acide azotique.

centré; il se produit des torrents de vapeurs rouges. Pour faire l'expérience sans danger, on laisse tomber l'acide au moyen d'une pipette dans le têt contenant le charbon, et qui est posé sur une couche de sable dans un vase cylindrique profond (*fig.* 41).

L'acide azotique attaque tous les métaux, sauf l'or et le platine, mais *dans aucun cas il ne se dégage d'hydrogène;* l'acide est réduit à l'état de composés moins oxygénés, variables avec l'oxydabilité du métal.

Le cuivre par exemple, au contact de l'acide du commerce étendu de la moitié de son volume d'eau, dégage d'épaisses vapeurs rouges de peroxyde d'azote AzO^2, dues à la combinaison avec l'oxygène de l'air du bioxyde AzO, que donne d'abord la réaction.

Le fer dans l'acide concentré ne paraît pas attaqué; bien plus, du fer qui a été plongé dans l'acide concentré n'est pas attaqué dans l'acide étendu, bien que d'ordinaire ce dernier le dissolve rapidement. On dit que le fer est devenu *passif.*

La passivité cesse si on porte le fer passif dans le vide, avant de l'amener dans l'acide étendu, ou si, après l'avoir plongé dans cet acide, on le frotte avec un fil de cuivre, ou l'on fait arriver en contact avec lui une bulle d'air. L'explication est la suivante : le fer, au contact de l'acide concentré, se recouvre d'une couche très adhérente de bioxyde d'azote qui le protège contre toute attaque ultérieure. Si l'on fait disparaître cette couche, l'attaque par acide étendu peut avoir lieu.

b. — L'acide azotique oxyde un assez grand nombre de corps composés, notamment le gaz sulfureux qu'il transforme en acide sulfurique. Si l'on verse dans un flacon de gaz sulfureux de l'acide azotique concentré et chaud, il se produit des vapeurs rouges ; à la fin de l'expérience, on peut constater au moyen du *chlorure de baryum* qu'il s'est formé de l'acide sulfurique (**87**).

c. — Il attaque la plupart des matières organiques. Il teint en jaune la laine et la soie : on emploie l'acide du commerce étendu de la moitié de son volume d'eau ; on laisse agir quelque temps, puis on lave les matières à grande eau, et on a une coloration indélébile ; mais une action trop prolongée, ou une trop grande concentration de l'acide, détruiraient la fibre.

La peau, les plumes, les étoffes, sont fortement attaquées et détruites ; il en est de même de l'indigo. Souvent, son action donne naissance à des corps nouveaux, résultant de la substitution à l'hydrogène du *radical* AzO^2, appelé *azotyle*. Nous signalerons parmi ces corps, qui sont presque tous de dangereux explosifs, la *nitrobenzine* ; la *nitroglycérine*, qui, mélangée avec une matière inerte, constitue la *dynamite* ; le *fulmicoton* ou *coton-poudre*.

L'acide azotique est un acide à peu près aussi fort que les acides chlorhydrique et sulfurique. Il est *monobasique* (**58**, *b.*).

Préparation. — **113.** *a.* Dans les laboratoires, on prépare l'acide azotique en attaquant l'azotate de potassium ou salpêtre par l'acide sulfurique.

$$KAzO^3 + H^2SO^4 = HAzO^3 + HKSO^4.$$

Sulfate
monopotassique.

On introduit dans une cornue A poids égaux d'acide et de sel (*fig.* 42) ; on verse l'acide sur le sel au moyen d'un tube

Fig. 42. — Préparation de l'acide azotique.

à entonnoir, afin d'éviter de mouiller le col de la cornue ; si des gouttes d'acide sulfurique se trouvaient déposées sur le col, les vapeurs d'acide azotique les entraîneraient, et le produit recueilli serait impur. On engage le col de la cornue dans le col d'un ballon B que l'on arrose constamment d'eau froide, et on chauffe. La cornue s'emplit bientôt de *vapeurs rutilantes ;* l'acide sulfurique, très concentré, décompose les premières portions d'acide azotique mises en liberté en eau dont il s'empare, et anhydride azotique Az^2O^5 qui se détruit en oxygène et peroxyde d'azote. Cette action cesse bientôt de se produire, et les vapeurs rouges disparaissent. Elles réapparaissent vers la fin de l'opération ; la prolongation de la chauffe élève la température assez fortement pour décomposer les dernières portions d'azotate, et l'acide azotique se détruit partiellement. La réapparition des vapeurs rouges est le signe de la fin de la réaction. L'acide ainsi obtenu est concentré, si l'azotate de potassium est bien sec, et si on a pris de l'acide sulfurique concentré.

Quand on veut un acide moins concentré, on peut substituer à l'azotate de potassium l'azotate de sodium naturel (**110**). Mais ce produit contient souvent d'assez grandes quantités de chlorures qui, avec l'acide sulfurique, donnent de l'acide chlorhydrique (**62**); cet acide, réagissant sur l'acide azotique, donne alors des vapeurs vertes (cette couleur est due au chlore) qui persistent pendant toute l'opération. Leur production est un indice de l'impureté de l'azotate employé.

b. — Dans l'industrie, on applique en grand la même réaction (*fig.* 43).

Fig. 43. — Préparation industrielle de l'acide azotique.
⟶ trajet des gaz; ⟶ trajet de l'eau.

C, chaudière où l'on chauffe le mélange de nitrate et d'acide; A, B, bonbonnes que traversent les gaz; elles sont à moitié remplies d'eau qui passe de l'une à l'autre au moyen des siphons; T, tour le long de laquelle coule l'eau,

État naturel et circonstances de production. — **114.** Les pluies d'orage contiennent de l'azotate d'ammonium. Sur les murs humides atteints par des infiltrations de liquides organiques azotés, on trouve divers azotates. Nous avons signalé l'existence du nitrate de sodium au Chili et au Pérou.

L'étincelle électrique, jaillissant dans un mélange d'oxygène et d'azote, en présence de l'eau ou des bases, donne de l'acide azotique ou des azotates. L'oxydation de l'ammoniaque en fournit également.

Usages. — **115.** Les usages de l'acide azotique sont très nombreux. Dans les arts, il est employé au décapage des métaux. Sous le nom d'*eau-forte*, il est utilisé dans la gravure. Pour graver sur cuivre, on recouvre la planche d'un vernis inattaquable par les acides, et on laisse sur le pourtour un bourrelet, de manière à former une sorte de cuvette ; au moyen d'une pointe fine, on enlève le vernis au-dessus des points que l'on veut attaquer, puis on verse de l'acide azotique au degré de concentration convenable ; le cuivre est dissous partout où le vernis manque, et le dessin que l'on a tracé sur le vernis se trouve reproduit en creux sur la plaque. L'acide azotique sert à préparer les azotates métalliques, à réaliser de nombreuses oxydations ; l'acide fumant est une des matières premières de l'industrie des *couleurs d'aniline* et de celle des explosifs.

TRANSFORMATIONS DE L'AZOTE DANS LA NATURE

116. — L'azote est un des éléments essentiels des êtres vivants ; il entre dans la composition d'un grand nombre de tissus, et, la *désassimilation* rejetant dans les déchets une certaine quantité d'azote, l'alimentation doit réparer les pertes.

Les matières azotées des déchets sont attaquées par des organismes microscopiques, *microbes* ou *ferments*, qui les transforment en composés de plus en plus simples, aboutissant finalement à des sels ammoniacaux et même à de l'azote libre. L'azote repasse à l'état organique par deux voies différentes : 1° Certaines légumineuses, grâce au concours d'un microbe spécial, absorbent directement l'azote gazeux qui pénètre par les fissures du sol jusqu'à leurs racines ; 2° les plantes absorbent à l'état d'azotates, pour le transformer dans leurs tissus, la plus grande partie de l'azote qui leur est nécessaire. Ces azotates proviennent de l'oxydation des sels ammoniacaux résultant de la putréfaction des déchets azotés, par l'intermédiaire d'un microbe spécial, le *ferment nitrique* qui fixe sur eux l'oxygène de l'air (1). L'ammoniaque est transformée en acide azotique, qui, en présence des bases, donne des azotates. Cette transformation, dont le mécanisme est resté longtemps ignoré, est appelée *nitrification*. Le ferment nitrique est extrêmement répandu; on le trouve presque dans tous les sols, dans toutes les eaux courantes, près du fond; il est particulièrement abondant dans le terreau et dans les eaux d'égout; son action ne s'exerce normalement qu'en présence d'une humidité suffisante, dans un milieu assez aéré, et aux températures comprises entre 12° et 55°; la purification des eaux d'égout par l'*épandage* et la filtration à travers une épaisseur de quelques mètres de terre s'explique par l'action du ferment, qui transforme en azotates, au contact des bases contenues dans la terre, l'ammoniaque des eaux infectes. La découverte du mécanisme de la nitrification a expliqué pourquoi le salpêtre ne se forme que dans certaines caves, et pourquoi, dans les pays chauds, il apparaît toujours aux environs des villages anciens; les caves préservées contre les infiltrations des liquides des fosses d'aisances n'en donnent jamais, car la matière première, l'ammoniaque, fait défaut.

Les azotates, formés dans l'épaisseur du sol et dissous dans les eaux d'infiltration, sont entraînés à la surface avec elles par capillarité, et cristallisent quand elles s'évaporent.

Les plantes étant, directement ou indirectement, la base de l'alimentation des animaux, on voit comment se ferme ce que l'on a appelé le *cycle des transformations de l'azote*.

(1) On a vu que l'ammoniac peut être transformé par l'oxygène en acide azotique (**104**).

CHAPITRE VIII

PHOSPHATE DE CALCIUM. — PHOSPHORE

Phosphates de calcium. — 117. Les os contiennent à peu près 1/3 de leur poids d'une matière organique, l'*osséine*; le reste est de la matière *minérale*, formée pour les 4/5 environ d'un *phosphate de calcium* appelé *phosphate tricalcique*, et pour 1/5 de *carbonate de calcium*; ces deux substances sont insolubles dans l'eau, mais elles sont décomposées par l'acide chlorhydrique; la première donne du *chlorure de calcium* soluble, et un autre phosphate appelé *monocalcique*, également soluble; la seconde du *chlorure* de *calcium* et du gaz carbonique (**144**). Si donc on traite par l'acide chlorhydrique étendu un os préalablement dégraissé, on aura : un dégagement de gaz carbonique et un mélange de phosphate et de chlorure de calcium dissous; l'osséine restera inaltérée. C'est une substance translucide et flexible, qui a conservé la forme de l'os.

On peut obtenir de suite le phosphate soluble seul, en sacrifiant l'osséine; il suffit de calciner les os à l'air, l'osséine brûle et disparaît sous forme de produits gazeux; la matière minérale reste seule et constitue, après pulvérisation, la *cendre d'os*. Cette cendre, traitée par les 4/5 de son poids d'acide sulfurique concentré additionné de cinq fois son poids d'eau, est transformée en sulfate de calcium, insoluble, phosphate de calcium soluble, et gaz carbonique qui se dégage; il suffira de filtrer pour avoir la solution de phosphate; on y reconnaît ce sel au moyen de l'*azotate d'argent*, qui donne un précipité *jaune* de phosphate d'argent.

Les *phosphates naturels*, ou phosphorites, abondants dans certaines régions, sont constitués par du phosphate tricalcique, mélangé de carbonate de calcium et d'oxyde de fer.

En traitant le phosphate monocalcique par l'acide sulfurique, ou en épuisant sur le phosphate tricalcique l'action de cet acide, on a du sulfate de calcium insoluble, et de l'acide phosphorique que l'on peut séparer par filtration.

Acide phosphorique. — 118. *a.* Cet acide a pour formule H^3PO^4; il est *tribasique*, c'est-à-dire que chacun des 3H de sa formule peut être remplacé par un atome d'un métal monovalent, tel que le sodium (**58**, *b*). Mais le calcium étant divalent, chaque atome de ce métal remplace 2H; le phosphate tricalcique exige donc pour sa formation la quantité d'acide qui contient trois fois 2H, c'est-à-dire deux molécules; Ca^3 remplace H^6, et on écrit la formule $Ca^3(PO^4)^2$; le phosphate *monocalcique* se note $H^4Ca(PO^4)^2$; les transformations du phosphate tricalcique en phosphate monocalcique et acide phosphorique peuvent être représentées par les équations

$$Ca^3(PO^4)^2 + 4HCl = H^4Ca(PO^4)^2 + CaCl^2$$
$$Ca^3(PO^4)^2 + 3H^2SO^4 = 3CaSO^4 + 2(H^3PO^4).$$

L'acide phosphorique est réduit par le charbon, vers la température de 900°; on a du phosphore, de l'*oxyde de carbone* et de l'eau.

$$2H^3PO^4 + 5C = 5CO + 2P + 3H^2O.$$

b. Préparation du phosphore. — L'opération se fait dans des cornues en terre chauffées dans un fourneau; le phosphore, entraîné à l'état de vapeur par le gaz oxyde de carbone, se condense dans des récipients clos contenant de l'eau à 50°, sous laquelle il se maintient fondu. Il passe de là, toujours sous l'eau à 50°, dans une série d'appareils où il se purifie, et enfin dans des moules plongés dans l'eau tiède que l'on remplace peu à peu par de l'eau froide pour le solidifier.

6

PHOSPHORE

Poids atomique : $P_h = 31$.

Propriétés physiques. — 119. Le phosphore est un corps solide, incolore quand il est pur, translucide, doué d'une odeur particulière ; à la température ordinaire, il est assez mou pour être rayé par l'ongle. Son poids spécifique à 0° est 1,8. Il est insoluble dans l'eau, mais se dissout dans le *sulfure de carbone*.

Il fond à 44° et bout à 200°.

Quand on le chauffe longtemps à l'abri de l'air, il se transforme en un corps pulvérulent rougeâtre, le *phosphore rouge*, appelé quelquefois improprement phosphore amorphe (1).

Propriétés chimiques. — 120. Le phosphore se combine énergiquement à l'oxygène. Un morceau de phosphore abandonné à l'air émet des fumées blanches qui, dans l'obscurité, répandent une lueur diffuse et bleuâtre ; c'est le phénomène de la *phosphorescence ;* la trace lumineuse que laissent les allumettes quand on les frotte sur un corps dur est due à de très petites parcelles de phosphore qui s'oxydent au contact de l'air.

La phosphorescence est empêchée par un assez grand nombre de substances : l'acide sulfhydrique, l'ammoniaque, l'essence de térébenthine, le sulfure de carbone, l'alcool et l'éther notamment.

Si l'on chauffe le phosphore à l'air, il s'enflamme dès que sa température atteint 60°, et brûle en répandant d'épaisses fumées d'*anhydride phosphorique* P^2O^5 ; c'est un corps très dangereux à manier, car il produit des brûlures extrêmement graves (2) ; un frottement un peu énergique suffisant à

(1) On appelle *amorphe* une substance non cristallisée ; or le phosphore rouge peut être obtenu à l'état cristallisé.

(2) Dès qu'on est atteint par du phosphore enflammé, il faut laver la brûlure avec de l'eau dans laquelle on a délayé de la magnésie calcinée ; on peut aussi se servir d'éther ou d'eau ammoniacale. Un emplâtre d'huile et d'amidon ou de fécule guéri assez vite les brûlures peu profondes.

élever localement sa température à 60°, il *faut le manier et le couper sous l'eau;* de même, il ne *faut jamais le fondre que sous une couche d'eau.* Il se combine si énergiquement à l'oxygène, que la réaction peut être accomplie dans l'eau. Dans une éprouvette à pied, on place du phosphore et de l'eau à la température ordinaire, à laquelle on ajoute environ 3 fois son volume d'eau bouillante. Le phosphore fond et se maintient fondu sous l'eau. On plonge alors dans la masse l'extrémité d'un tube relié à une vessie pleine d'oxygène ; on presse la vessie pour chasser le gaz, chaque bulle qui se dégage au sein du phosphore produit une vive lumière (*fig.* 44); la chaleur dégagée est assez considérable

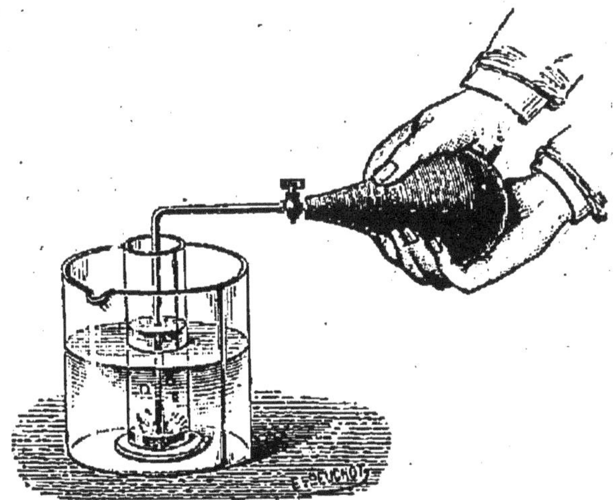

Fig. 44. — Combustion du phosphore sous l'eau.

pour transformer en phosphore rouge une partie du phosphore non brûlé. Réduit à l'état de particules assez petites, il peut même s'enflammer spontanément, grâce à la chaleur dégagée par son oxydation, qui peut élever localement la température à 60°. C'est ce qui arrive lorsqu'on laisse sécher du papier buvard imbibé d'une solution de phosphore dans le sulfure de carbone (1).

(1) Cette solution est très dangereuse à cause de son inflammabilité ; il faut la préparer au moment de s'en servir, en dissolvant un morceau de phosphore de la grosseur d'un pois dans quelques centimètres cubes de sulfure de carbone ; il serait très imprudent de la conserver dans un flacon.

Le phosphore peut également s'unir aux métaux sous l'influence de la chaleur.

Le phosphore est un corps réducteur; l'acide azotique le transforme en acide *phosphorique* H^3PO^4; en chauffant dans un petit tube un peu de *phosphore rouge* avec de l'acide azotique ordinaire, on obtient des *vapeurs rutilantes* d'oxyde d'azote.

Action physiologique. — 121. Le phosphore est un poison violent; il agit sur le tube digestif et sur le système nerveux; son action toxique est liée à son oxydabilité; le contrepoison est l'essence de térébenthine. La vapeur de phosphore est très dangereuse; les ouvriers des usines où l'on manipule du phosphore doivent prendre de grandes précautions pour s'en préserver. Des soins méticuleux de la bouche sont indispensables; il est bon de porter près du visage un petit sachet contenant de l'essence de térébenthine. En effet, le phosphore émet dès la température ordinaire, en faible quantité il est vrai, des vapeurs qui, venant en contact avec des dents atteintes d'un commencement de carie, déterminent une altération profonde et mortelle du tissu osseux.

Phosphore rouge. — 122. Le phosphore rouge, que l'on obtient industriellement en chauffant du phosphore ordinaire à 240° pendant douze jours, dans une chaudière ne communiquant avec l'air que par un trou très petit, est plus dense que le phosphore blanc. Il ne se dissout pas dans le sulfure de carbone. Cette propriété est utilisée pour la séparation des deux phosphores; en traitant par le sulfure de carbone, après refroidissement, la matière qui a été chauffée à 240°, on enlève le phosphore ordinaire qui aurait pu échapper à la transformation. Le phosphore rouge ne fond pas, mais commence à se vaporiser à 265°, et sa vapeur se condense sur une paroi froide à l'état de phosphore blanc.

Ses propriétés chimiques sont les mêmes que celles du phosphore blanc, mais ses réactions sont beaucoup moins violentes. Ainsi, 62 grammes de phosphore, soit blanc, soit rouge, donnent avec 80 grammes d'oxygène 142 grammes d'anhydride phosphorique; mais le phosphore rouge ne s'enflamme dans l'air qu'à 260°; il n'est pas phosphorescent. Enfin, il n'est pas vénéneux.

Nous résumons dans le tableau suivant les principales différences qui distinguent les deux corps.

Phosphore blanc.	Phosphore rouge.
Poids spécifique : 1,8.	Poids spécifique : entre 2,1 et 2,3.
Point de fusion : 44°.	Ne fond pas.
Point d'ébullition : 290°.	
Soluble dans le sulfure de carbone.	Insoluble dans le sulfure de carbone.
S'enflamme dans l'air sec à 60°.	S'enflamme dans l'air sec à 260°.
Phosphorescent.	Non phosphorescent.
Vénéneux.	Non vénéneux.

État naturel du phosphore. — 123. Le phosphore est très abondant dans la nature; il existe dans le sol, soit à l'état de roches compactes (*apatite*, ou fluophosphate de calcium), soit en fragments plus ou moins gros dans une roche crayeuse (*coprolithes* ou excréments fossiles de vertébrés; produits de destruction d'os ou d'excréments de reptiles ou de poissons). On le trouve encore dans la substance nerveuse; le sang; l'urine; les os (**117**).

Usages; allumettes chimiques. — 124. Le phosphore est employé principalement à la fabrication des allumettes.

Le bout des bûchettes dont on fait les allumettes en bois est trempé dans un bain de soufre fondu, puis, après refroidissement, dans une pâte contenant du phosphore mélangé à diverses matières ayant pour fonction de fournir de l'oxygène qui facilitera l'inflammation; la chaleur dégagée par la friction des allumettes sur un corps rugueux est suffisante pour déterminer l'inflammation du phosphore; la combustion gagne le soufre, puis le bois. La composition de la pâte est très variable; on prend souvent comme *comburant* du *minium* (oxyde de plomb, Pb^3O^4), qui cède facilement de l'oxygène.

On fait aussi des allumettes dites au *phosphore amorphe* (phosphore rouge), qui, en réalité, ne contiennent pas de phosphore; la composition phosphorée est déposée sur une portion des parois de la boîte. Ces allumettes ne peuvent prendre feu que si on les frotte sur la composition; leur pâte doit alors contenir des substances facilement inflammables.

On fait aujourd'hui des allumettes dans lesquelles le phosphore est remplacé par un sulfure de phosphore beaucoup moins dangereux que lui.

On fait aussi de la pâte phosphorée destinée à empoisonner les rats et les souris; cette pâte est mélangée à des boulettes de graisse.

PHOSPHATES EMPLOYÉS EN AGRICULTURE

125. — L'analyse des cendres des végétaux a montré qu'elles contiennent toujours des phosphates; l'acide phosphorique est donc nécessaire au développement des plantes; et, comme la richesse du sol en phosphates est très variable, on améliore les terrains les plus pauvres en leur ajoutant des engrais phosphatés.

Le phosphate tricalcique naturel ne produit qu'une amélioration très lente, sauf dans les terrains nouvellement défrichés (terre de bruyère), chargés de produits acides en présence desquels l'acide carbonique de l'air décompose le phosphate tricalcique, insoluble et non assimilable par la plante, et met en liberté un phosphate assimilable ou même de l'acide phosphorique.

Le plus souvent on transforme le phosphate naturel en le traitant par l'acide sulfurique en *superphosphate* soluble et assimilable, constitué par du phosphate monocalcique avec de l'acide phosphorique libre.

Les superphosphates perdent souvent de leur activité avec le temps, surtout s'ils proviennent de phosphates riches en fer; ils éprouvent, en effet, quand on les abandonne à eux-mêmes, une transformation très lente appelée *rétrograda-*

tion, et qui fait repasser une partie de l'acide phosphorique à l'état de phosphate insoluble.

Les phosphates sont assez abondants en France, en Algérie, dans la Russie méridionale et dans la Floride.

Certains minerais de fer contiennent du phosphore, qui passe dans la *fonte* et lui communique des propriétés fâcheuses. On soumet cette fonte à une opération appelée *déphosphoration*, qui transforme le phosphore en phosphates de calcium et de magnésium. Ces résidus, appelés scories de déphosphoration, sont également employés en agriculture.

CHAPITRE IX

CARBONE. — ACIDE CARBONIQUE. — OXYDE DE CARBONE

126. — On range sous le nom de charbons un certain nombre de substances qui doivent être considérées comme des variétés d'un même corps simple, appelé *carbone*, et que l'on définit ainsi :

Le **carbone** *est un corps dont 12 grammes, en brûlant complètement dans l'air ou l'oxygène, donnent 44 grammes d'un gaz rougissant faiblement la teinture de tournesol, troublant l'eau de chaux, et qu'on appelle* **gaz carbonique.**

Les principales variétés de charbon sont les suivantes :

DIAMANT

127. — Le diamant se rencontre dans la nature à l'état de cristaux à arêtes courbes (*fig.* 45), le plus souvent incolores, mais présentant quelquefois des colorations diverses; on trouve même des diamants noirs.

Il est tellement dur, qu'on est obligé de le polir au moyen de sa propre poussière. Son poids spécifique est 3,5. Quand

Fig. 45. — Diamant brut.

il est convenablement taillé, il donne lieu à des jeux de lumière qui expliquent la faveur dont il est l'objet comme pierre de parure. Il conduit mal la chaleur et l'électricité.

Chauffé au rouge dans un courant d'oxygène, il brûle lentement en donnant du gaz carbonique et un résidu de cendres très minime. C'est du carbone presque pur.

Les éclats de diamant sont employés pour couper le verre ; leurs arêtes courbes, écartant les deux lèvres de la rainure, facilitent la rupture sous un léger effort. Les diamants inutilisables pour la joaillerie (trop petits ou peu limpides), les *diamants noirs* du Cap notamment, sont utilisés pour fabriquer l'*égrisée* ou poussière de diamant, ou pour garnir les forets destinés à attaquer les roches les plus dures.

GRAPHITE

128. — Le graphite ou *plombagine* est un corps noir, brillant, friable, laissant une trace grise sur le papier ; il conduit la chaleur et l'électricité. Son poids spécifique varie entre 2 et 2,2.

Il est moins pur que le diamant. Il brûle moins facilement que lui, mais donne le même produit (gaz carbonique) en laissant un résidu de cendres qui peut atteindre jusqu'à 50 p. 100 du poids initial avec certains échantillons impurs.

On s'en sert pour faire des crayons, des creusets, pour adoucir les frottements des pièces d'engrenage, pour *métalliser* les moules de galvanoplastie, pour préserver de la rouille les objets en fonte.

CHARBONS PROPREMENT DITS OU CHARBONS AMORPHES

On les trouve dans les terrains primaires les plus anciens. Nous les distinguerons en charbons naturels ou fossiles, et charbons artificiels.

CHARBONS FOSSILES

Ces charbons résultent tous de la décomposition lente, à l'abri de l'air, et sous l'action de ferments organisés, de végétaux accumulés dans certains espaces, comme le montrent les nombreuses empreintes de tiges ou de feuilles que l'on y relève. Ils sont d'autant plus riches en carbone pur que leur formation est plus ancienne ; ils contiennent encore du carbone engagé dans des combinaisons volatiles avec l'hydrogène et l'oxygène. Les voici, dans l'ordre chronologique de leur formation.

Anthracite. — 129. L'anthracite, que l'on rencontre dans les plus anciennes couches primaires, est un corps noir, bon conducteur, dont le poids spécifique varie de 1,3 à 1,75. Il contient de 70 à 90 p. 100 de carbone, et très peu de matières volatiles. Sa conductibilité le rend difficile à enflammer, car la chaleur ne peut se concentrer au point chauffé, comme cela a lieu pour les charbons non conducteurs ; mais, quand il est allumé, il constitue un excellent combustible, dégageant une grande quantité de chaleur. Il est très employé en Amérique pour chauffer les locomotives. On l'utilise également pour le chauffage des appartements, en le brûlant dans des poêles spéciaux.

Houille. — 130. Les houilles constituent de vastes amas souvent disposés en couches parallèles dans le terrain appelé *carbonifère ;* elles sont brillantes et présentent souvent des empreintes de feuilles ou de troncs d'arbres qui ont permis de reconstituer les plantes génératrices. Elles contiennent de 75 à 95 p. 100 de carbone soit libre, soit engagé dans diverses combinaisons organiques. Leur poids spécifique est compris entre 1,25 et 1,35. Elles sont souvent accompagnées de matières bitumineuses, et aussi de matières minérales, parmi lesquelles une des plus fréquentes est la *pyrite* (ou sulfure de fer). Les *houilles grasses* (à 89 p. 100 de charbon en moyenne) brûlant avec une flamme assez longue, et s'agglomérant par l'effet de la combustion : les houilles *maréchales* (à 85 p. 100) brûlant aussi avec une flamme assez longue : ces deux variétés sont bonnes pour la forge ; les *houilles à gaz* (à 82 p. 100) sont employées à la fabrication du gaz d'éclairage ; les *houilles maigres* (à 78 p. 100) brûlent avec une flamme courte ; on les emploie principalement au chauffage.

Lignite. — **131.** Les lignites contiennent de 55 à 75 p. 100 de charbon. On les trouve dans les terrains secondaires et tertiaires. Leur poids spécifique est, en moyenne, 1,2. Ils constituent un bon combustible, facile à enflammer ; on en emploie de grandes quantités en Allemagne pour le chauffage des machines ; certaines variétés, très noires et très dures, pouvant acquérir un beau poli, sont utilisées sous le nom de *jais* ou *jayet* pour la fabrication des bijoux de deuil.

Tourbe. — **132.** La décomposition de certaines plantes dans les marécages donne naissance de nos jours à des dépôts appelés *tourbes*. La tourbe n'est pas proprement un charbon, à cause de l'énorme proportion de matières organiques qu'elle renferme. Elle brûle en répandant une fumée épaisse et une odeur infecte ; mais, en la desséchant et en la comprimant, on en fait un combustible qui rend de réels services.

CHARBONS ARTIFICIELS

Toute matière organique chauffée *en vase clos* à une température suffisamment élevée se détruit et donne comme résidu du charbon. Le produit diffère suivant les matières traitées. L'expérience se fait facilement en calcinant un peu de sucre dans le fond d'un tube d'essai.

Noir animal. — 133. La calcination des os laisse un produit dont le poids est environ 60 p. 100 de celui des os traités, et contenant un dixième de carbone. C'est le noir animal, qui conserve la forme des os, et qu'on pulvérise ou qu'on réduit à l'état de fragments de la grosseur d'un pois (noir en grains), suivant les usages auxquels on le destine. Pour donner au noir une structure poreuse, on a eu soin, avant la calcination, de faire bouillir les os pour enlever les matières grasses, qui, se décomposant dans les pores des os, les auraient oblitérés.

Propriétés décolorantes. — **134.** Le noir animal possède des propriétés décolorantes remarquables. Si on agite avec du noir en poudre du vin ou du tournesol et qu'on jette sur un filtre, le liquide est décoloré. La matière colorante n'est pas détruite, mais seulement fixée par le charbon ; en effet, si l'on verse de l'eau alcoolisée sur le noir avec lequel on a décoloré une solution de *fuchsine*, l'alcool repasse coloré en rouge. Les propriétés décolorantes du noir animal s'affaiblissent quand il a servi plusieurs fois ; pour les régénérer on le calcine fortement, mais il ne les reprend jamais complètement.

Le noir animal absorbe les sels de calcium ; il constitue d'excellents filtres pour les eaux trop calcaires (**42**).

Il est employé dans l'industrie comme décolorant, et aussi dans les arts pour la peinture en noir (noir d'ivoire).

Charbon de bois. — 135. Quand on chauffe fortement du bois à l'abri de l'air, il se dégage des produits volatils et combustibles, parmi lesquels l'*esprit de bois* ou alcool à brûler, l'acide *pyroligneux* ou *acétique*, qui est le principe acide du vinaigre, etc. Il reste comme résidu un charbon d'un noir mat, appelé charbon de bois, et qui a conservé la forme du bois dont il provient. On peut obtenir ce charbon par deux procédés différents.

Procédés des meules ou des charbonniers. — Ce procédé n'est économique que si l'on veut distiller le bois dans la forêt même; on en brûle une partie, dont la chaleur de combustion distille le reste. Il a l'inconvénient d'être irrégulier dans sa marche, et de perdre les produits volatils, dont la plupart sont précieux pour l'industrie.

Le bois, débité en rondins, est empilé par couches autour d'une cheminée centrale formée de quatre pieux verticaux. On couvre la *meule* avec de la mousse et de la terre battue, puis on jette des broussailles dans la cheminée et on les enflamme en jetant sur elles quelques charbons ardents (*fig.* 46). Il se produit une fumée épaisse due à la conden-

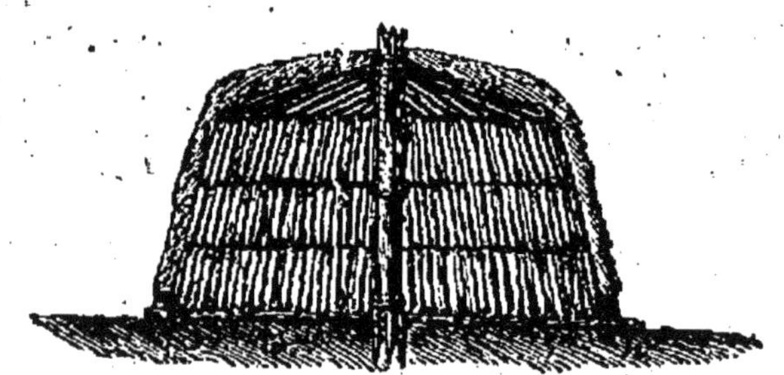

Fig. 46. — Meule de charbon.

sation dans l'air froid d'une partie des matières volatiles; quand la distillation est terminée dans la partie supérieure, la fumée devient transparente; on bouche alors la cheminée et on perce des évents plus bas ; on les bouche à leur tour pour en ouvrir d'autres quand ils donnent une fumée transparente, et ainsi de suite jusqu'en bas. Ce procédé très primitif donne toujours une notable proportion de *fumerons* (morceaux mal brûlés). On obtient un charbon de meilleure qualité en faisant l'opération dans des fosses creusées en terre et dont les parois sont revêtues de briques. Ce procédé est employé pour obtenir le charbon destiné à la fabrication de la poudre.

Procédé des cylindres. — Les rondins sont placés dans des cylindres de tôle horizontaux munis de tuyaux et de serpentins qui permettent de recueillir les produits de la distillation. L'avantage de ce procédé est de pouvoir régler facilement l'opération. Quand on veut préparer un charbon

de qualité déterminée, on emploie des cylindres dont la base
antérieure est percée de trous, dans lesquels sont logés des
tubes de fonte, où l'on met des thermomètres et des rondins
que l'on retire de temps en temps pour suivre les progrès
de la calcination.

Les propriétés du charbon de bois dépendent de la température à laquelle il a été préparé. Il est d'autant plus poreux qu'il a été obtenu à température plus basse; sa porosité
dépend également de la nature du bois calciné; avec les bois
tendres, elle est plus grande qu'avec les bois durs. Les
charbons poreux conduisent mal la chaleur et brûlent bien ;
les charbons compacts conduisent bien la chaleur et s'enflamment difficilement.

Noir de fumée. — 136. Quand une matière organique
contenant une forte proportion de carbone brûle incomplè-

Fig. 47. — Préparation du noir de fumée.

tement, c'est-à-dire quand elle est en présence d'une quan-

tité insuffisante d'oxygène, une partie du carbone est mise
en liberté. La partie moyenne de la flamme d'une lampe ou
d'une bougie où l'air n'arrive pas en quantité suffisante
contient du charbon qui se dépose sur les objets froids
(soucoupe, lame de verre, etc.), que l'on vient à mettre en
contact avec la flamme ; la flamme des lampes à essence
sans cheminée est surmontée d'un filet de *noir de fumée*
entraîné par les gaz chauds. On peut recueillir facilement
du noir de fumée en faisant brûler sous un entonnoir du
papier imbibé de térébenthine. On obtient industriellement
ce produit en brûlant incomplètement des huiles et des
graisses, et recevant la fumée dans de vastes chambres en
maçonnerie tendues de toiles. Un cône en tôle racle les
parois et fait tomber le noir quand l'opération est terminée
(*fig.* 34). On obtient ainsi un charbon en poudre très fine,
assez impur ; on le purifie en le chauffant fortement à l'abri
de l'air.

Il est surtout employé dans la fabrication des encres d'imprimerie, des couleurs à l'huile, de l'encre de Chine, dans
l'impression des tissus.

Coke. — **137.** C'est le résidu de la distillation de la
houille et de l'anthracite ; il reste dans les cornues qui servent à préparer le gaz d'éclairage. On le fabrique également
dans des *meules*, construites en maçonnerie et munies d'une
tour centrale, qui fonctionnent à la manière des meules des
charbonniers. C'est un corps poreux, d'un noir brillant. Le
coke des cornues à gaz est plus facile à brûler que celui des
meules. Ce dernier est conducteur, et par conséquent difficile à allumer, mais il constitue un excellent combustible,
dégageant beaucoup de chaleur, et très employé dans l'industrie (coke métallurgique).

Charbon des cornues. — **138.** Charbon très dur,
que l'on trouve contre les parois des cornues à gaz après la
distillation de la houille. Il provient de la décomposition du
gaz, au contact des parois rougies des cornues. Il est em-

ployé pour faire des creusets, des électrodes de piles, des crayons pour lampes électriques.

PROPRIÉTÉS DU CARBONE

130. — *a.* Le carbone a une grande affinité pour l'oxygène; sa combustion dégage une grande quantité de chaleur et donne un volume d'*anhydride carbonique* CO_2 égal à celui de l'oxygène dont il provient. On peut le montrer au moyen de l'appareil décrit au n° **45.**

En raison de cette affinité, il enlève l'oxygène à un certain nombre de corps qui en contiennent, en particulier à l'eau et aux oxydes métalliques; c'est un *réducteur*.

b. — Si l'on plonge un morceau de charbon de bois bien rouge dans une terrine pleine d'eau, et si on l'amène rapidement sous l'orifice d'une éprouvette remplie d'eau et retournée, on voit de nombreuses bulles gazeuses, formées d'un mélange d'hydrogène et d'oxyde de carbone, gagner le haut de l'éprouvette; le mélange est inflammable. Cette action de l'eau sur le charbon rouge explique pourquoi une *petite quantité* d'eau, projetée sur un foyer ardent, active la combustion.

Si on fait passer un courant de vapeur d'eau sur du charbon contenu dans un tube de terre chauffé au rouge, on recueille un mélange d'hydrogène, d'oxyde de carbone et d'anhydride carbonique. On dispose l'expérience comme pour la décomposition de l'eau par le fer (**32,** *b*).

Cette réaction est utilisée dans l'industrie pour produire des gaz combustibles employés au chauffage (gaz à l'eau). C'est alors le coke que l'on emploie.

$$C + H_2O = CO + H_2.$$

c. — Dans un tube de verre fermé à un bout, on introduit un mélange d'*oxyde noir de cuivre* et de charbon de bois en poudre, ou de noir de fumée; on adapte un bouchon muni d'un tube abducteur se rendant sous une éprouvette dressée

sur la cuve à eau. Quand on chauffe le tube, on voit se rassembler dans l'éprouvette un gaz qui est du gaz carbonique,
facile à reconnaître aux caractères énoncés plus haut (**126**) :

$$CuO + C = Cu + CO^2.$$

Si, au lieu d'oxyde de cuivre, on prend le corps employé en
peinture sous le nom de *blanc de zinc*, et qui est un composé de zinc et d'oxygène, la réduction par le charbon s'effectue plus difficilement. Il faut chauffer dans un creuset de
terre, et, au lieu de gaz carbonique, on recueille de l'*oxyde
de carbone*.

$$C + ZnO = CO + Zn.$$

140. — Le charbon en poudre absorbe un certain nombre
de gaz. Cette propriété, facile
à constater avec le charbon
de bois et le gaz sulfureux, le
rend très propre à la confection
de filtres pour les eaux bour-
beuses. Le charbon en poudre
est placé entre deux couches
de sable *s*, serrées entre des
planches percées de trous (*fig.*
48). Une eau croupissante versée dans le filtre se clarifie en
traversant le sable et le charbon. Mais les germes contenus

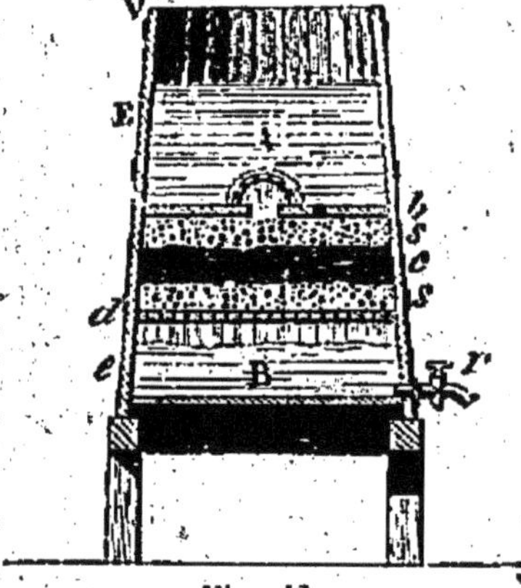

Fig. 48.
Filtre au charbon de bois.

dans l'eau ne sont pas arrêtés par de pareils filtres.

ANHYDRIDE CARBONIQUE

Poids moléculaire : $CO^2 = 44$.

Propriétés. — **141.** Ce gaz, qui se forme dans la combustion du charbon, est incolore, inodore ; sa saveur est
aigrelette. Sa densité est 22 par rapport à l'hydrogène, et
1,53 par rapport à l'air.

On peut montrer de plusieurs manières la grande densité du gaz carbonique. On remplit de gaz carbonique un grand seau de verre, qu'on recouvre d'une feuille de carton ; on souffle des bulles de savon, qu'on dirige au-dessus du vase ; si on enlève le carton, on voit que les bulles restent soutenues à une certaine distance du fond ; quand le seau est plein d'air, elles tombent rapidement au fond.

Le gaz carbonique éteint les corps en combustion. On remplit d'anhydride carbonique, au moyen d'un tube relié à un appareil producteur du gaz, un seau de verre E' (*fig.* 49), que l'on recouvre d'une feuille de carton et d'une plaque de verre ; on place, au fond d'un seau de verre E, et à des hauteurs différentes, deux bougies allumées ; puis, au moyen d'un verre V, on puise du gaz carbonique dans le seau E', comme on

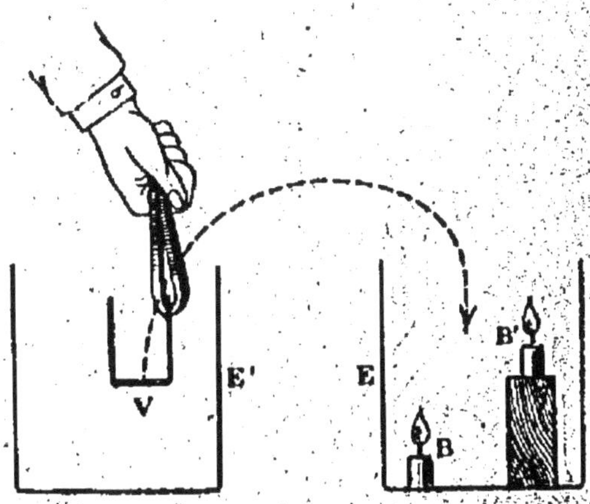

Fig. 49. — Extinction d'une bougie par l'acide carbonique.

ferait pour de l'eau, et on verse dans le vase E ; on constate que la bougie B s'éteint assez vite ; B' s'éteint lorsqu'on a versé assez de gaz pour que la couche, qui se maintient au fond à cause de sa densité, atteigne B'.

Le gaz carbonique se dissout assez facilement dans l'eau. L'*eau de Seltz artificielle*, que l'on trouve dans le commerce, enfermée dans des vases à soupape appelés *siphons*, est une solution aqueuse de gaz carbonique.

Il est facile à liquéfier ; sa température critique est 31° ; on peut le liquéfier à la température ordinaire en le comprimant à 50 ou 60 atmosphères.

142. — Le gaz carbonique est réduit par le charbon. Si on fait passer un courant de ce gaz dans un tube de terre contenant du charbon de bois et chauffé au rouge, on recueille de l'oxyde de carbone ; cette réaction importante est représentée par l'équation

$$CO^2 + C = 2CO,$$

Il est absorbé par la chaux, la potasse et la soude.

143. — Nous rappellerons ici les caractères du gaz carbonique :

Il éteint les corps en combustion ; il rougit faiblement le tournesol ; il trouble l'eau de chaux ; le trouble est dû à la formation de *carbonate de calcium* insoluble.

Préparation. — **144.** On trouve dans la nature en grande abondance un minéral nommé *calcaire*, dont le marbre, la craie et la pierre de taille constituent des variétés, et qui est du *carbonate de calcium* plus ou moins mélangé de matières étrangères. C'est de ce corps que l'on retire le

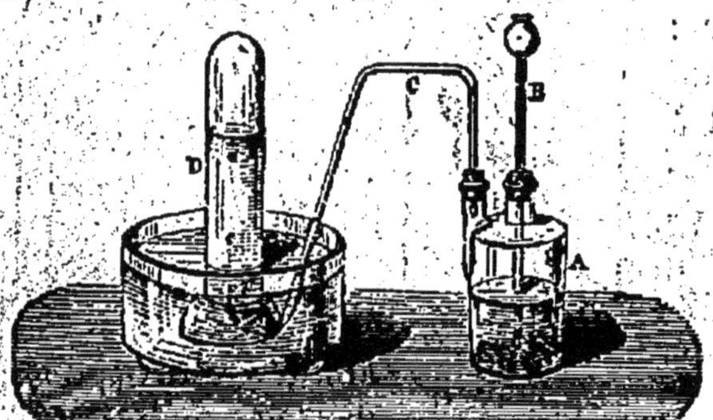

Fig. 50. — Préparation de l'acide carbonique.

gaz carbonique, en l'attaquant par l'acide chlorhydrique étendu d'eau.

L'appareil est le même que celui que l'on emploie pour l'hydrogène (*fig.* 50), et on peut construire des appareils à fonctionnement continu semblables à ceux que l'on construit pour ce dernier gaz (p. 39, note).

145. — Dans un grand nombre d'opérations industrielles où l'on a besoin d'anhydride carbonique, on se le procure simplement en brûlant du charbon, ou en calcinant du calcaire, ce qui donne en même temps de la chaux.

$$CaCO^3 = CaO + CO^2.$$

On trouve aujourd'hui dans le commerce de l'anhydride carbonique liquide enfermé dans des récipients en acier formés par des robinets à vis.

Usages. — **146.** En dehors de ses applications dans l'industrie chimique, l'anhydride carbonique sert à faire l'eau de Seltz artificielle et les boissons gazeuses ; le gaz liquéfié, qui est toujours sous une pression voisine de 50 atmosphères, sert à fournir la pression nécessaire pour élever la bière des celliers où on la conserve dans les salles de consommation.

État naturel et circonstances de production. — **147.** En dehors du calcaire et de plusieurs autres minéraux qui sont des combinaisons du gaz carbonique avec des oxydes, on le rencontre dans un grand nombre d'eaux naturelles, soit libre (eau de Seltz), soit à l'état de bicarbonate (eau de Vals, de Vichy). Il s'accumule dans les grottes des pays volcaniques (grotte *du Chien*, près de Naples, grotte de Royat) et forme quelquefois à la surface du sol une couche de plusieurs centimètres d'épaisseur. Il se forme en abondance dans la combustion de toutes les matières organiques, dans la respiration des hommes et des animaux, dans la fermentation de l'alcool.

OXYDE DE CARBONE
Poids moléculaire : $CO = 28$.

148. — *a.* Ce gaz, dont nous avons signalé la formation dans la réduction de l'oxyde de zinc (**140**) et du gaz carbonique (**142**) par le charbon, est incolore et inodore. Sa densité est 14 par rapport à l'hydrogène, 0,97 par rapport à l'air. Il est presque insoluble dans l'eau, et difficile à liquéfier.

Il est caractérisé par sa tendance à repasser à l'état de CO_2 en fixant de l'oxygène ; ainsi, il brûle avec une *flamme bleue caractéristique*, en donnant du gaz carbonique, comme on peut s'en assurer en versant de l'eau de chaux dans l'éprouvette où on l'a fait brûler ; c'est lui qui donne les courtes flammes bleues que l'on aperçoit à la partie supérieure des foyers où se trouve une couche de charbons incandescents. Au voisinage de la grille, l'air afflue, et le charbon brûle en donnant du gaz carbonique, qui, entraîné par le tirage, traverse la couche de charbon rougi, et s'y réduit.

L'oxyde de carbone traverse avec la plus grande facilité la fonte rougie.

b. — La réduction du gaz carbonique par le charbon donne de l'oxyde de carbone ; dans les laboratoires on se le procure généralement en chauffant dans un ballon de l'acide *oxalique* avec de l'acide sulfurique dans un appareil identique à celui qui sert pour l'acide chlorhydrique. — Comme il se forme en même temps du gaz carbonique, on lave les gaz dans une solution de soude.

c. — L'oxyde de carbone est utilisé dans l'industrie comme réducteur, et aussi comme combustible ; préalablement chauffé et dirigé dans des fours où arrive par un autre conduit de l'air chaud, il brûle et peut élever au-dessus de 1500° la température du four ; on se le procure par la combustion du charbon dans des foyers où l'on maintient une couche assez épaisse de charbon incandescent (*fig.* 73, p. 167).

Action physiologique des gaz du charbon. Asphyxie par le charbon. — **149.** L'anhydride carbonique communique à la peau une sensation de chaleur particulière. Il est irrespirable ; on sait que dans les poumons le sang doit perdre le gaz carbonique qu'il contient et se charger d'oxygène ; mais cet échange n'est possible que si la proportion de gaz carbonique contenue dans l'air inspiré ne dépasse pas une certaine limite, qui n'est pas très élevée ; on s'explique facilement, d'après cela, l'action de ce gaz. Les animaux ne tardent pas à succomber dans une atmosphère qui en renferme 20 p. 100. Il s'accumule dans les lieux bas (caves où on a mis du vin incomplètement fait, fond des cuves où l'on a fait fermenter les liquides donnant le vin ou la bière), et détermine souvent des accidents mortels. Comme la combustion cesse dans une atmosphère contenant une proportion d'acide carbonique insuffisante pour déterminer l'asphyxie, il sera toujours facile de s'assurer s'il s'en trouve dans les endroits où l'on a des raisons de soupçonner sa présence. Si une bougie y brûle, on peut y pénétrer sans crainte ; si elle s'éteint, on assainira l'atmosphère en déterminant une ventilation énergique, ou en jetant de l'eau ammoniacale qui absorbe le gaz carbonique.

Si l'air d'une salle contenant un grand nombre de personnes se renouvelle mal, l'atmosphère y devient assez rapidement irrespirable, tant par son appauvrissement en oxygène que par l'augmentation de la proportion du gaz carbonique.

On peut régénérer de l'air vicié en faisant agir de l'eau sur un composé du sodium, le bioxyde Na^2O^2, que l'on trouve dans le commerce ; il se fait de la soude, qui absorbe CO^2, et de l'oxygène.

$$CO^2 + Na^2O^2 + H^2O = Na^2CO^3 + O + H^2O.$$

78 grammes de bioxyde peuvent donner environ 11 litres d'oxygène et absorber 22 litres de CO^2, correspondant à la disparition de 22 litres d'oxygène (**139**).

150. — L'oxyde de carbone est un poison des plus violents. Il suffit de quelques centièmes de ce gaz dans l'atmosphère pour tuer un chien. Lorsqu'il n'est pas en quantité suffisante pour donner la mort, il provoque des accidents très graves si son action se fait sentir pendant un temps un peu long. Les recherches de Claude Bernard (1) ont montré qu'il agit en déplaçant l'oxygène des globules sanguins, et formant avec l'*hémoglobine* une combinaison stable. On peut quelquefois sauver des personnes ayant absorbé de l'oxyde de carbone en leur faisant respirer de l'oxygène ou mieux

(1) Un des plus grands physiologistes du siècle (1813-1880); on lui doit la découverte de la *fonction glycogénique* du foie, et de belles études sur les anesthésiques et les poisons végétaux.

par la transfusion du sang (1) ; dans les asphyxies *par le charbon*, c'est le gaz oxyde de carbone qui détermine le plus souvent la mort. Le gaz carbonique est moins dangereux que lui ; ainsi, une bougie s'éteint dans une atmosphère contenant une quantité d'acide carbonique insuffisante pour la rendre irrespirable ; un chien est foudroyé dans une atmosphère contenant quelques centièmes d'oxyde de carbone, et de l'acide carbonique en quantité trop faible pour qu'une bougie s'y éteigne. Cette expérience, due à F. Leblanc, montre combien l'oxyde de carbone est redoutable. La production de ce gaz est très fréquente. Nous avons vu que le gaz carbonique, en passant sur du charbon chauffé au rouge, se réduit à l'état d'oxyde de carbone ; et, comme ce dernier gaz traverse la fonte rougie, il y en a presque constamment autour des poêles de fonte chauffés au charbon, quand on les laisse arriver au rouge. Aussi ne devrait-on jamais user que des poêles à double enveloppe dont l'espace annulaire communique avec le tuyau, de manière que le tirage puisse entraîner au dehors les gaz délétères. Les poêles dits à *combustion lente* dégagent presque toujours de l'oxyde de carbone, qui est refoulé dans les appartements si la cheminée dans laquelle on fait aboutir leurs tuyaux ne tire pas bien, où gagne les autres étages de la maison si son conduit présente des fissures. Ces poêles ont occasionné de nombreux accidents, et on ne saurait prendre trop de précautions quand on les emploie.

Il est également imprudent de séjourner auprès d'un réchaud contenant une couche un peu épaisse de charbon, car il se forme toujours de l'oxyde de carbone dans ces conditions. Il faut toujours avoir soin d'assurer le renouvellement de l'air dans les locaux où se trouvent de pareils ustensiles.

(1) Opération qui consiste à faire passer une certaine quantité de sang pris à un sujet sain et vigoureux, dans l'appareil circulatoire de la personne affaiblie.

CHAPITRE X

SILICE. — ACIDE BORIQUE

SILICE

Poids moléculaire : $SiO^2 = 60$.

Etat naturel. — 151. On appelle *silice* la substance
d'un assez grand nombre de corps que l'on trouve dans la
nature. Elle est quelquefois pure, le plus souvent mélangée à des matières étrangères.

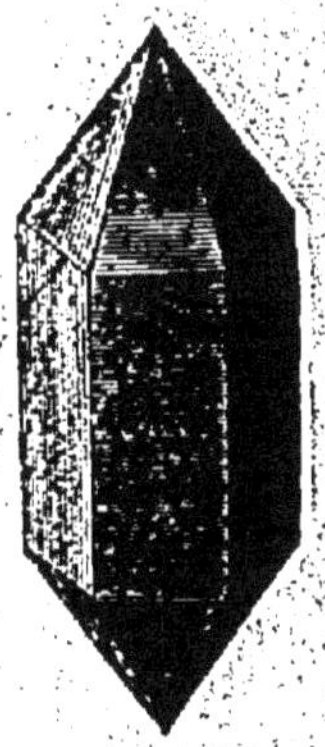

Le *quartz*, ou *cristal de roche*, est de la silice pure : c'est une substance cristallisée, formant des prismes à six pans, terminés par des
pyramides (*fig.* 51). Le quartz est le plus souvent incolore, mais il est quelquefois coloré
par des traces de substances étrangères (quartz
enfumé, noir; quartz *améthyste*, violet). Son
poids spécifique est 2,6. Les plus beaux échantillons, qui sont souvent de grandes dimensions et d'une admirable limpidité, servent à
faire des verres de lunettes et divers instruments d'optique. Il est employé aussi dans l'ornementation
(lustres, flambeaux).

Fig. 51.
Cristal de roche.

Les cailloux de rivière à cassure brillante, souvent incolores à l'intérieur, ou peu colorés, sont constitués par de la
silice presque pure. L'*agate*, la *cornaline*, l'*onyx*, employés
comme pierres de parure et d'ornement, contiennent de petites quantités de substances étrangères associées à la silice.

Le *silex pyromaque*, ou pierre à fusil, assez dur pour
arracher au fer des parcelles qui, fortement chauffées par
la chaleur due au choc, sont portées à l'incandescence en

s'unissant à l'oxygène de l'air, est de la silice plus ou moins ferrugineuse.

La pierre *meulière*, qui sert à faire les meules de moulin, le *jaspe* employé comme pierre d'ornement, la *pierre de touche*, qui sert pour essayer les alliages d'or, sont constitués par de la silice également ferrugineuse.

Fig. 52. — Geyser et concrétions siliceuses.

Le sable fin et blanc que l'on trouve en abondance dans certaines régions, est formé de très petits grains de silice presque pure.

L'*opale*, l'*hydrophane*, pierre opaque dans l'air et transparente dans l'eau, sont formées par des combinaisons d'eau avec de la silice.

Les eaux naturelles fortement chargées de gaz carbonique contiennent souvent de la silice en dissolution. Il existe dans certains pays, en Islande et au nord-ouest des États-Unis, notamment, des volcans d'eau chaude, ou *geysers* généralement intermittents, et qui lancent à une grande hauteur de l'eau très chaude et chargée de silice. Cette silice, se déposant autour des *évents* des geysers, donne souvent lieu à des concrétions d'une étrange beauté (*fig.* 52). Les tiges des graminées doivent leur rigidité à la silice qu'elles contiennent.

Propriétés. — **152.** Toutes les variétés de silice sont très peu fusibles; cependant on parvient à les fondre dans un violent feu de forge, ou au moyen du chalumeau oxhydrique; on a même pu volatiliser la silice au moyen de la chaleur intense développée dans l'*arc électrique*. La silice fondue peut s'étirer en fils très fins, comme le verre fondu.

153. — La silice est l'anhydride d'un métalloïde, le *silicium* ($Si = 28$). La potasse et la soude fondues l'attaquent en donnant du *silicate de potassium* et du *silicate de sodium*.

On obtient encore du silicate de sodium en chauffant fortement dans un creuset de platine ou de nickel une partie de sable blanc avec quatre parties de carbonate de sodium bien sec (1). En reprenant par l'eau chaude après la fin de la réaction, on dissout le silicate et l'on chasse de l'eau par évaporation jusqu'à ce que la solution ait pris la consistance d'un sirop. On obtient ainsi la *liqueur des cailloux*, utilisée pour donner de la rigidité aux bandages destinés à maintenir les membres fracturés.

Le silicate de potassium forme avec la craie en poudre une pâte qui devient très dure à l'air; on utilise cette propriété pour durcir les pierres calcaires. Les pierres tendres enduites de silicate (silicatisées) durcissent considérablement, grâce au passage d'une partie de la silice à l'état de

(1) On peut facilement se procurer du carbonate de sodium en pulvérisant les *cristaux de soude* du commerce et les chauffant fortement pour chasser l'eau qu'ils contiennent.

silicate de calcium, sous l'influence de l'acide carbonique de l'atmosphère, qui la chasse de sa combinaison avec la potasse.

Quand on verse de l'acide chlorhydrique concentré dans une solution *sirupeuse* de silicate de sodium, à laquelle on a ajouté une petite quantité d'eau pour la rendre plus fluide, il se fait un précipité *gélatineux* de silice hydratée, assez consistant pour qu'une baguette de verre qu'on y enfonce se maintienne verticale (*fig.* 53). C'est la *silice gélatineuse*; elle est très légèrement soluble dans les acides étendus et dans l'eau; l'eau chargée d'acide carbonique en dissout des quantités notables.

Fig. 53.
Précipité de silice gélatineuse.

La silice gélatineuse, fortement calcinée, reproduit la silice anhydre.

Silicates. — **154.** La silice forme avec un grand nombre d'oxydes métalliques de véritables sels, les *silicates*. Les *scories* qui se forment dans un grand nombre d'opérations métallurgiques, et dans lesquelles on s'efforce de faire passer les impuretés des minerais, sont le plus souvent des silicates.

Un très grand nombre d'espèces minérales, cristallisées ou en roches compactes, sont des silicates de composition souvent très compliquée. Le silicium, corps simple de la silice, se présente donc comme un des éléments fondamentaux de l'écorce terrestre; en particulier les terrains les plus anciens que l'on connaisse, les gneiss et les micaschistes, sont des silicates. Nous nous bornerons à signaler, parmi ces corps, les *feldspaths* et les *argiles*.

ACIDE BORIQUE

Poids moléculaire : $H^3BO^3 = 62$.

155. — Le sol de certaines régions de la Toscane est extrêmement crevassé, et par les fissures (*soffioni* ou *soufflards*) s'échappent des fumerolles constituées par de la vapeur d'eau chargée de matières salines accompagnées de gaz divers. Autour des soufflards les plus actifs, on creuse des bassins dans lesquels on envoie de l'eau do source; cette

Fig. 54.

eau, chauffée par la vapeur, dissout les substances qui l'accompagnent, et circule dans une série de bassins étagés à flanc de coteau, pour arriver finalement dans des chaudières où on la concentre (*fig.* 54). En l'abandonnant ensuite au refroidissement, on obtient des cristaux plats, nacrés, d'acide borique H^3BO^3, dérivé d'un métalloïde, le *bore* (B = 11).

156. — Ces cristaux se dissolvent assez faiblement dans l'eau froide (3 gr. pour 100 gr. d'eau à peu près), mais beaucoup mieux dans l'eau chaude; si on fait bouillir une solution d'acide borique, la vapeur d'eau entraîne de notables quantités d'acide ; c'est justement à cette propriété que l'on doit de pouvoir exploiter les fumerolles.

L'acide borique fortement chauffé perd de l'eau, et laisse comme résidu l'*anhydride borique* B^2O^3 [$2H^3BO^3 — 3H^2O$], corps fusible au rouge, ayant l'aspect du verre, qui dissout les oxydes métalliques en prenant des couleurs caractéristiques pour chaque métal. On peut le montrer facilement : en chargeant d'acide borique une petite boucle de fil de platine, la chauffant dans la flamme d'un bec de Bunsen ou à la pointe de la flamme d'une bougie, que l'on rend très chaude en ac-

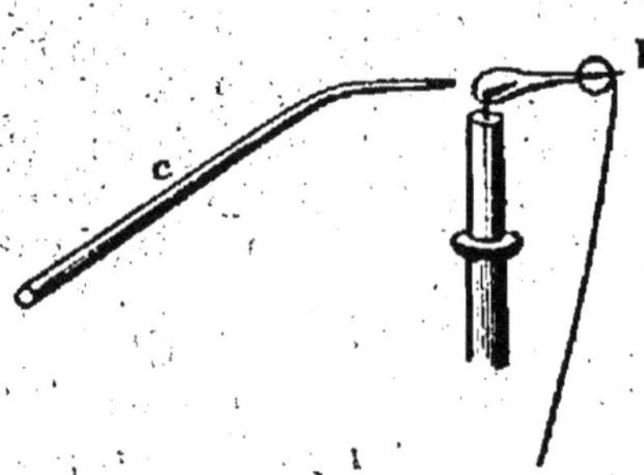

Fig. 55. — C=chalumeau par lequel on souffle dans la flamme ; P=perle d'acide borique.

tivant la combustion au moyen d'un chalumeau (*fig.* 55), on finit par avoir une perle transparente d'anhydride borique ; en la saupoudrant légèrement d'oxyde de cuivre et fondant de nouveau, on obtient une perle bleu-verdâtre ; avec du bioxyde de manganèse, on a une couleur violette.

L'acide borique se dissout facilement dans l'alcool, qui brûle alors avec une flamme verte caractéristique.

Il rougit faiblement le tournesol, et en présence de l'acide chlorhydrique brunit le *curcuma*. La solution est faiblement acide.

157. — Le composé le plus important de l'acide borique est le *borate de sodium* ou *borax*, que l'on trouve dans la nature, en Asie Mineure et dans l'Inde notamment, mais que l'on fabrique également en traitant l'acide borique par le carbonate de sodium. Le borax, comme l'acide borique, dissout les oxydes métalliques, et permet de répéter les expériences au chalumeau ; cette propriété le fait employer pour décaper les métaux que l'on veut souder à haute température.

158. — L'acide borique sert surtout à fabriquer le borax ; on l'emploie encore comme antiseptique, malgré sa faible valeur à ce point de vue ; on en imprègne les mèches des bougies stéariques ; il fond en un globule qui maintient la cendre dans la flamme, où elle se volatilise.

159. — En dehors des fumerolles, on rencontre l'acide borique à l'état de borate de magnésium, de calcium, dans certains minéraux ; il existe également dans l'eau de mer.

DEUXIÈME PARTIE

CLASSE DE TROISIÈME

PROGRAMME

CHAPITRE Ier

MÉTAUX. — ALLIAGES

MÉTAUX

160. — Les métaux, extrêmement nombreux, présentent les propriétés les plus diverses. Mais, d'une manière générale, ils peuvent être définis par les caractères suivants.

Un métal dont la surface n'est pas altérée réfléchit abondamment la lumière, ce qui lui donne un brillant particulier appelé *éclat métallique*. Cependant les poussières métalliques très fines sont ternes, et ne peuvent reprendre l'éclat caractéristique que si, après les avoir fait adhérer à une surface de quelque étendue, on les a frottées avec un corps dur (*brunissage*).

Les métaux sont tous électropositifs par rapport aux métalloïdes (**59**); il existe pour chacun d'eux au moins un composé oxygéné jouant le rôle d'*oxyde basique*, c'est-à-dire capable d'être attaqué par un acide en donnant un *sel* (**50**).

Propriétés. — **161.** Ils sont tous attaqués directement par l'oxygène, à une température plus ou moins élevée, sauf l'argent, l'or et le platine.

Il suffit de chauffer pendant quelque temps un fragment de sodium dans une cuiller en fer pour l'enflammer; le fer brûle avec éclat dans l'oxygène (**21**); le magnésium peut être enflammé par une allumette et répand une lumière aveuglante; très employée pour prendre des photographies instantanées de cryptes ou de cavernes (1); le zinc, fortement chauffé dans un creuset (2), se volatilise un peu au-dessus de 900° et sa vapeur brûle

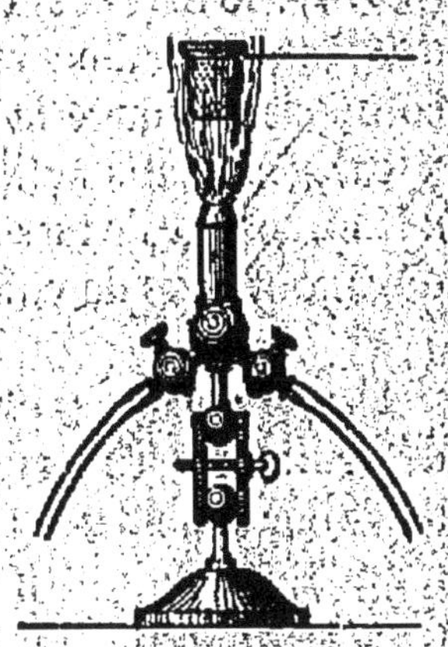

Fig. 56.

avec une lumière verte, en donnant naissance à des flocons blancs d'oxyde de zinc ZnO, ressemblant à des filaments de laine.

(1) L'emploi du magnésium en photographie est justifié non seulement par l'intensité, mais aussi par la *qualité* de la lumière qu'il émet; cette lumière est particulièrement apte, grâce à sa composition, à déterminer la modification des sels d'argent qui sert de base aux opérations photographiques.

(2) L'expérience peut être faite très aisément dans un dé à coudre que l'on chauffe quelques minutes à la flamme du chalumeau à gaz d'éclairage-air (*fig.* 56).

Le chlore attaque directement tous les métaux et forme avec eux des *chlorures* dont la plupart, ceux de sodium, de zinc, de fer, de cuivre, de plomb, notamment, doivent être considérés comme des sels de l'acide chlorhydrique, car on les obtient également en attaquant par cet acide les oxydes ou les hydrates, ou les métaux eux-mêmes (1); par exemple, les trois réactions suivantes conduisent au même produit.

$$Zn + Cl^2 = ZnCl^2$$
$$Zn(OH)^2 + 2HCl = ZnCl^2 + 2H^2O$$
$$Zn + 2HCl = ZnCl^2 + H^2.$$

La plupart des métaux s'unissent directement au soufre pour donner des sulfures.

Quelques-uns, le sodium, le potassium, notamment, détruisent l'eau par simple contact à la température ordinaire (**32**, *a*); le magnésium et le zinc en poudre dégagent de l'hydrogène quand on les fait bouillir avec de l'eau; le fer décompose au rouge la vapeur d'eau (**32**, *b*); le cuivre, l'étain, paraissent sans action sur elle. En général, les métaux qui décomposent l'eau sont ceux qui, en s'unissant à l'oxygène, dégagent plus de chaleur que l'hydrogène.

Propriétés pratiques. — 162. Les propriétés qui déterminent les usages des métaux et leur permettent de se plier au si grand nombre de services qu'on leur demande, sont, outre leur résistance à l'action de l'air ou d'autres corps, leurs propriétés physiques ou *mécaniques*.

Le poids spécifique varie énormément d'un métal à un autre; le sodium est moins dense que l'eau (0,97); le platine a pour poids spécifique 21,5. La légèreté de l'aluminium (p. sp. = 2,7), jointe à son inaltérabilité, le font rechercher pour un grand nombre d'usages; le poids spécifique élevé du mercure (13,59) et la facilité avec laquelle on le purifie le rendent précieux pour la construction des baromètres, sa

(1) S'il y a plusieurs chlorures d'un même métal, l'action du chlore sur le métal donne en général le plus riche en chlore, l'action de l'acide chlorhydrique donne le moins riche (**70**).

faible chaleur spécifique pour la construction des thermomètres sensibles.

Les points de fusion sont répartis sur une grande étendue de l'échelle thermométrique. Le mercure, liquide à la température ordinaire, se solidifie à — 40°; la grande fusibilité de l'étain (228°) permet d'obtenir facilement par moulage les objets les plus divers; au contraire, la résistance du fer, du nickel (1500 à 1600°), les rend propres à fabriquer des récipients destinés à supporter des températures élevées (creusets, capsules, bassines).

Un assez grand nombre de métaux sont volatils à température élevée, comme le sodium, le zinc, le cuivre.

163. — Les propriétés que l'on peut appeler *mécaniques* sont les suivantes :

a. — La *malléabilité* est la propriété que possèdent certains métaux de se déformer sous l'action de chocs ou de pressions continues; l'or peut être obtenu par battage à l'état de feuilles transparentes d'une très faible épaisseur (1/10000 de millimètre environ): le cuivre est également très malléable: le fer, qui ne l'est pas à froid, le devient au rouge, ce qui permet de le forger; le plomb s'écrase sous le marteau. Les feuilles métalliques ou tôles que l'on trouve dans le commerce sont obtenues par l'action du *laminoir*, appareil formé de deux cylindres parallèles tournant en sens inverse

Fig. 57. — Laminoir.

et dont la distance peut être réglée à volonté (*fig.* 57).

b. — Les métaux *ductiles* sont ceux qui peuvent être réduits en fils plus ou moins fins sous l'action de la *filière* (*fig.* 58), plaque d'acier percée de trous légèrement coniques, à travers lesquels doit passer le fil soumis à une traction énergique. La ductilité implique donc une autre propriété, la *ténacité* ou résistance à la rupture par traction. La ténacité est mesurée par le poids qu'il faut suspendre à un fil de 1^{mm2} de section pour le rompre. L'or, l'argent, le fer, sont tenaces et ductiles ; le plomb n'est pas tenace ; on comprend que, malgré sa grande malléabilité, il ne soit pas ductile.

c. — La *dureté* est la résistance qu'oppose un corps à la pénétration d'un outil tranchant ; l'acier trempé raie le verre, on dit qu'il est plus *dur* que le verre. Les métaux présentent tous les degrés de dureté, depuis le *chrome* et le *nickel*, très

Fig. 58. — Filière.

durs, jusqu'au plomb et au potassium, qui sont rayés par l'ongle.

Les propriétés des métaux : densité, ténacité,... sont légèrement modifiées par les actions mécaniques auxquelles on les soumet. En martelant, laminant ou étirant un métal, on le rend en général plus *raide ;* on dit qu'il est *écroui ;* en le chauffant, puis le laissant refroidir lentement, on le *recuit ;* le recuit rend en général les métaux plus flexibles, plus *doux.*

d. — Une propriété des métaux dont l'importance est devenue très grande est la *résistivité*, c'est-à-dire la résistance qu'ils opposent, sous des dimensions déterminées, au passage du courant électrique. L'argent, le cuivre, sont moins résistants que le platine et le fer.

164. TABLEAU RELATIF AUX MÉTAUX

MALLÉA-BILITÉ	TÉNACITÉ (Charge de rupture en Kg par millimètre carré.)		DUCTI-LITÉ	DURETÉ	RÉSISTIVITÉ (Celle de l'argent étant prise arbitrairement égale à 1).	
Au	Fe........	50 à 80^{Kgr}	Au	Ni, Fe, Zn } rayent le spath d'Islande.	Ag.	1
Ag	Cu........	40 à 70	Ag		Cu.	1
Al	Pt (recuit).....	34	Pt		Al.	1,8
Cu	Zn (fondu).....	6	Al		Zn.	3,5
Sn	Pb...........	1,36	Fe	Pt, Cu, Ag, Au, Sn } rayés par le spath d'Islande.	Pt.	5,7
Pb	Sn...........	1	Cu		Fe.	6,1
Zn			Zn		Hg.	60,0
Pt			Sn			
Fe			Pb	Pb } rayé par l'ongle.		
				Na } très mou pour l'ongle.		

ALLIAGES

105. — Il est assez rare qu'un métal possède l'ensemble de qualités requises pour les usages auxquels on le destine. Ainsi le plomb, très fusible, est trop mou pour servir à fabriquer les caractères d'imprimerie ou les clichés typographiques; l'or et l'argent, inaltérables à l'air, ne sont pas assez durs pour conserver intactes les empreintes des monnaies et des médailles. On n'emploie isolés qu'un petit nombre de métaux : zinc, fer, plomb, cuivre, aluminium, étain, mercure, platine.

On peut modifier dans un sens déterminé les propriétés d'un métal en l'unissant à un ou plusieurs autres. On obtient ainsi des *alliages*, véritables métaux industriels dont le nombre est considérable et auxquels on peut donner un ensemble de propriétés qu'aucun métal connu ne réunit. Ainsi, en alliant au plomb un peu d'*antimoine*, on obtient un alliage encore très fusible et assez dur pour qu'on puisse en fabriquer les caractères d'imprimerie. Le cuivre donne à l'argent et à l'or la dureté nécessaire pour la conservation des empreintes des monnaies.

On peut avec deux métaux obtenir, en variant les proportions, des alliages doués de propriétés très différentes; l'étain et le cuivre, par exemple, donnent ainsi des alliages remarquables par leur dureté, ou par leur sonorité, ou par leurs qualités mécaniques (**205**).

Les alliages où entre le mercure s'appellent des *amalgames*.

En général, le poids spécifique d'un alliage ne peut pas se calculer d'après les règles qui servent pour les mélanges, ce qui montre qu'un alliage n'est pas simple mélange; on a en effet démontré que les métaux peuvent souvent former entre eux des *composés définis*, et que les alliages peuvent être ou (très rarement) des mélanges, ou des composés définis, ou une véritable *solution* d'un composé défini dans un excès d'un des composants.

En général, les propriétés d'un alliage sont intermédiaires entre celles des métaux constituants : ainsi, un alliage est en général plus fusible que le moins fusible de ses composants. Cependant, l'*alliage de Darcet* (8^p de bismuth qui fond à $265°$; 5^p de plomb qui fond à $335°$; 3^p d'étain qui fond à $228°$) fond dans la vapeur d'eau bouillante.

Il existe une grande variété d'*alliages fusibles*, que l'on intercale sur les canalisations électriques pour parer aux dangers d'incendie causés par une élévation de température trop grande des conducteurs quand le courant devient trop intense ; la fusion de ces alliages coupe le circuit.

Les alliages sont toujours plus résistants que le plus résistant de leurs constituants. Nous signalerons seulement le maillechort (cuivre et nickel) dont la résistivité est $13,2$; celle du cuivre étant 1 et celle du nickel $7,6$.

106. — On prépare les alliages en fondant ensemble les métaux à allier. On fond d'abord le plus fusible, et on ajoute les autres. Dans le laboratoire on fait cette opération au creuset, en ayant soin de recouvrir la masse de charbon en poudre, pour éviter l'oxydation ; si l'un des métaux est volatil, on l'ajoute en léger excès aux autres quand ceux-ci sont déjà fondus.

Dans l'industrie l'opération se fait souvent dans des *fours à réverbère*, construits en briques *réfractaires* et munis d'un foyer et d'une cheminée d'appel. Les produits de la com-

Fig. 59. — Four à réverbère.

bustion, rabattus vers la *sole* par la voûte très surbaissée (*fig.* 59), viennent lécher les matières placées sur cette sole et en élèvent la température. On règle la combustion de manière à éviter l'oxydation des métaux.

---

167. — PRINCIPAUX ALLIAGES

	Au	Ag	Cu	Sn	Pb	Zn	Ni	Sb	Al
Monnaies d'or................	900	»	100	»	»	»	»	»	»
Vaisselle et médailles........	916	»	84	»	»	»	»	»	»
Bijoux d'or (1er titre)........	920	»	80	»	»	»	»	»	»
Monnaie d'argent............	»	900	100	»	»	»	»	»	»
Monnaie divisionnaire........	»	835	165	»	»	»	»	»	»
Vaisselle et médailles........	»	950	50	»	»	»	»	»	»
Orfèvrerie d'argent (1er titre).	»	950	50	»	»	»	»	»	»
Bronze des monnaies et médailles...........	»	»	95	4	»	1	»	»	»
— des cloches.........	»	»	78	22	»	»	»	»	»
— des canons.........	»	»	90	10	»	»	»	»	»
— des cymbales.......	»	»	80	20	»	»	»	»	»

	Au	Ag	Cu	Sn	Pb	Zn	Ni	Sb	Al
Bronze des miroirs de télescope..........	»	»	67	33	»	»	»	»	»
— d'aluminium.......	»	»	90	»	»	»	»	»	10
Laiton................	»	»	67	»	»	33	»	»	»
Maillechort..............	»	»	50	»	»	25	25	»	»
Enveloppes de balles........	»	»	80	»	»	»	20	»	»
Caractères d'imprimerie....	»	»	»	»	80	»	»	20	»
Mesures d'étain	»	»	»	82	18	»	»	»	»

CHAPITRE II

CHLORURE ET CARBONATES DE SODIUM

CHLORURE DE SODIUM $= NaCl$

108. — C'est un sel blanc, fondant vers 800°, volatil au-dessus de 1 000°, soluble dans l'eau ; à 18°, 100 grammes d'eau en dissolvent 36 grammes ; la solubilité ne varie pas notablement avec la température. Quand il cristallise lentement dans une liqueur non agitée, les cristaux, qui ont la forme cubique, s'accolent souvent de manière à constituer des *trémies* (*fig.* 69). Il est légèrement soluble dans l'alcool, à la flamme duquel il donne une couleur jaune caractéristique.

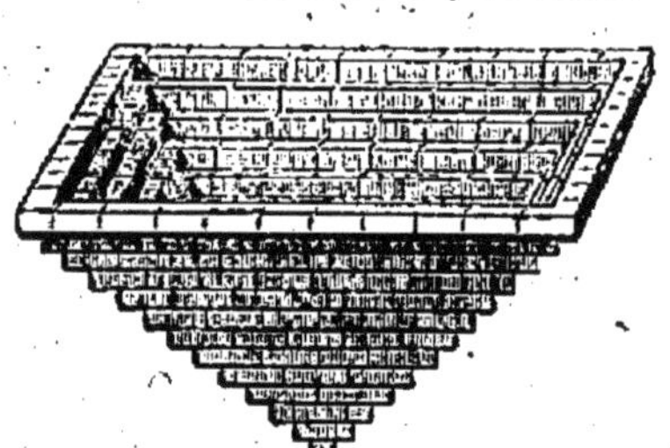

Fig. 69. — Trémie de sel marin.

Il est très abondant dans la nature. On le trouve :

1° Dans le sein de la terre, sous forme de roches compactes, ou de bancs stratifiés ; il est accompagné de substances étrangères (sel gemme) ;

2° Dans l'eau des sources salées, qui doivent leur salure

aux roches salines qu'elles ont rencontrées sur leur passage, et partiellement dissoutes ;

3° Dans l'eau de mer.

Sel gemme. — **169.** On exploite le sel gemme de deux manières : 1° par les procédés ordinaires de carrière ou de mine suivant que le gisement est à ciel ouvert, ou, comme cela a lieu le plus souvent, dans les profondeurs du sol ; 2° en envoyant de l'eau pure dans des trous de sonde percés dans la roche ; quand l'eau s'est saturée de sel, on la remonte et on l'évapore. La cavité primitive ne tarde pas à s'agrandir, et au bout de quelques mois il est nécessaire de creuser un second puits à une certaine distance du premier.

Sources salées. — **170.** Les sources assez riches en sel pour qu'on puisse les soumettre directement à l'évaporation sont assez rares. Nous citerons, en France, celles de Salins, de Salies-de-Béarn, de Dax. Le plus souvent, il faut faire subir à l'eau une première concentration, soit en y dissolvant du sel gemme impur si on en peut avoir à très bon marché, soit en la faisant couler sur de grandes piles de fagots appelées bâtiments de graduation ; l'eau exposée à l'air sur une large surface s'évapore avec une grande rapidité.

L'évaporation de la solution concentrée se fait dans des chaudières en fonte ou en tôle. Quand on veut avoir le gros sel, on conduit l'opération très lentement ; quand on veut du sel fin, on arrive à l'ébullition ; les cristaux sont, en effet, d'autant plus gros que le dépôt s'effectue plus lentement.

Sel marin. — **171.** L'eau de mer, dont le poids spécifique est voisin de 1,02, a une composition assez variable suivant les lieux et la distance à la côte du point où on l'a prélevée. Mais l'élément salin le plus important est le chlorure de sodium (26 à 31 kilogr. par mètre cube), associé à de petites quantités de sulfate de calcium et de sels de magnésium. Il s'agit de le séparer de ces dernières substances.

172. — On y parvient en abandonnant l'eau de mer à l'évaporation spontanée dans une série de bassins appelés *marais salants* (*fig.* 61), très nombreux en France dans les Charentes, en Vendée et en Bretagne, et sur les côtes de la Méditerranée. Le sulfate de calcium, moins soluble que les autres sels, se dépose le premier; les sels de magnésium, très solubles, restent presque entièrement dissous dans l'eau qui a laissé déposer le sel, ou *eau-mère*. Ces eaux-mères,

Fig. 61. — Marais salants.

autrefois rejetées, sont exploitées aujourd'hui et on en retire divers produits importants, parmi lesquels du *sulfate de sodium* et du *bromure de sodium*.

Le sel marin, quand on vient de le retirer des bassins de dépôt, contient une petite quantité de *chlorure de magnésium*, corps très *déliquescent* (1), qui s'élimine de lui-même quand on abandonne le sel en tas; il absorbe en effet la vapeur d'eau atmosphérique, s'y dissout, et s'écoule.

(1) Les sels *déliquescents* sont ceux qui absorbent la vapeur d'eau de l'air; certains le sont assez pour se dissoudre dans l'eau qu'ils ont absorbée; ainsi le chlorure de calcium abandonné quelque temps à l'air finit par se liquéfier.

Usages. — **173.** Le sel marin est employé dans l'alimentation de l'homme et des animaux. Dans l'industrie il constitue la matière première d'où l'on extrait, directement ou indirectement, tous les autres composés du sodium, et le sodium lui-même.

CARBONATE DE SODIUM

174. — On connaît deux carbonates de sodium : le *carbonate neutre* ou *disodique*, que l'on trouve dans le commerce à l'état de cristaux volumineux dans lesquels il est combiné à de l'eau (Na^2CO^3, $10H^2O$), et le *carbonate monosodique*, ou *bicarbonate*, appelé encore *sel de Vichy*. Ce dernier peut être préparé en dirigeant un courant de gaz carbonique sur des cristaux réduits en petits fragments et tassés au fond d'une éprouvette au-dessus de verre pilé, jusqu'à ce qu'ils se soient transformés en une masse pulvérulente ; l'eau des cristaux, chassée par le gaz carbonique, tombe au fond de l'éprouvette. La réaction est représentée par l'équation

$$CO^2 + Na^2CO^3, 10H^2O = 2NaHCO^3 + 9H^2O.$$

Le carbonate monosodique est peu soluble dans l'eau.

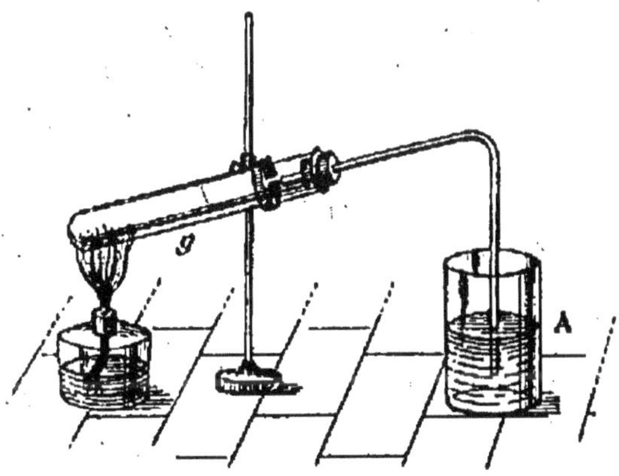

Fig. 62. — *g* = eau condensée ; A, eau de chaux.

Il cède très facilement du gaz carbonique ; il suffit de le

chauffer légèrement (*fig.* 62) pour le détruire en carbonate disodique, eau, et gaz carbonique

$$2HNaCO_3 = Na_2CO_3 + H_2O + CO_2.$$

Les acides en chassent également l'anhydride carbonique, et, comme il en dégage une grande quantité sous un faible poids (1), il est d'un emploi très commode dans bien des cas, notamment pour la préparation de l'eau de Seltz dans les appareils domestiques.

Sa principale application est la fabrication des pastilles de Vichy. On le prépare en faisant agir le gaz carbonique sur le carbonate disodique.

Carbonate disodique *ou* **neutre. — 175.** Ce sel est beaucoup plus important que le premier par ses applications.

Il est très soluble dans l'eau et peut cristalliser ; les cristaux, de formule $Na_2CO_3,10H_2O$, ont une solubilité croissante jusqu'à 38°, où 100 grammes d'eau absorbent 1666 grammes de sel, et décroissante ensuite. Il est *efflorescent*, c'est-à-dire que les cristaux abandonnés à l'air perdent peu à peu de l'eau qui les abandonne à l'état de vapeur, et se recouvrent d'une croûte blanche.

Il est indécomposable par la chaleur. Les acides le détruisent en donnant du gaz carbonique.

$$Na_2CO_3 + 2HCl = 2NaCl + H_2O + CO_2.$$

Si on verse de l'eau de chaux dans une solution étendue

(1) 100 grammes de bicarbonate dégagent à peu près 26ˡ,5 de gaz ; avec l'acide sulfurique, par exemple, on a :

$$2HNaCO_3 + H_2SO_4 = Na_2SO_4 + 2CO_2 + 2H_2O.$$
$$2 \times 84 \text{ gr.} \qquad\qquad 2 \times 22^l,3$$

Il ne faut pas, pour préparer l'eau de Seltz, employer un acide volatil comme l'acide chlorhydrique, car le dégagement de CO_2 pourrait en entraîner ; on utilise souvent l'*acide tartrique*, acide organique, qui est solide ; il faut alors ajouter de l'eau au mélange d'acide et de sel pour déterminer la réaction (14).

de carbonate de sodium, on a un précipité de *carbonate de calcium*, et une solution de *soude caustique*.

$$H^2O + Na^2CO^3 + CO^2 = CaCO^3 + 2NaOH.$$

Pour retirer la soude, il faut décanter la liqueur et chasser l'eau par évaporation; cette réaction est utilisée, concurremment avec les procédés électriques (**77, 79**), pour obtenir la soude caustique.

SOUDES DU COMMERCE

Les *soudes* du commerce sont constituées par du carbonate disodique associé à des substances étrangères. On distingue les *soudes naturelles* et les soudes artificielles.

176. *a.* — Les *soudes naturelles* proviennent de l'incinération des végétaux marins; elles ne contiennent pas plus de 25 à 30 p. 100 de carbonate, qui résulte de l'action de la chaleur sur les sels organiques de sodium contenus dans ces végétaux.

b. — Le *natron* d'Egypte, que l'on trouve déposé par le desséchement de lacs très chargés de matières salines, est un mélange de chlorure et de sulfate de sodium avec un carbonate répondant à la formule $Na^2CO^3, 2HNaCO^3$.

Soude artificielle. — **177.** *a.* — Le plus ancien procédé de fabrication de la soude artificielle, et le seul employé pendant longtemps, est le procédé de Leblanc (1). Le chlorure de sodium est transformé en sulfate par l'acide sulfurique (**63**); le sulfate, chauffé dans des fours spéciaux avec

---

(1) Leblanc (1753-1806), chimiste français, est connu principalement pour avoir appliqué en grand le premier procédé de fabrication de la soude. Leblanc ne put profiter des avantages pécuniaires que devait lui procurer son invention. En effet, en 1795, le Comité de salut public exigea que tous les fabricants de soude lui soumissent leurs procédés, afin de permettre au commerce français de se procurer la soude qui ne venait plus de l'étranger; le procédé Leblanc, reconnu le meilleur, fut publié, et son inventeur fut ruiné. Il mourut presque dans la misère, après avoir vainement réclamé une indemnité.

de la craie (carbonate de calcium) et du charbon, se transforme en un mélange de sulfure de calcium et de carbonate de sodium ; il se dégage du gaz carbonique.

On admet que le charbon réduit le sulfate de sodium à l'état de sulfure, qui, avec la craie, donne le mélange final.

$$Na^2SO^4 + 2C = Na^2S + 2CO^2$$
$$Na^2S + CaCO^3 = CaS + Na^2CO^3.$$

La masse refroidie, de couleur verdâtre, constitue la *soude brute*, employée telle quelle à la fabrication du verre à bouteilles et des savons communs.

Quand on traite par l'eau la soude brute, le carbonate de sodium se dissout seul et donne une *lessive* d'un jaune pâle ; en chassant l'eau par évaporation et calcinant le résidu, on obtient le *sel de soude*, plus pur que la soude brute.

En faisant subir le même traitement à la lessive après l'avoir débarrassée des impuretés qu'elle contient, on obtient un produit beaucoup plus pur, qui dissous dans l'eau donne par cristallisation les *cristaux de soude* (*cristaux* du commerce), de formule $Na^2CO^3,10H^2O$.

On obtient le carbonate cristallisé tout à fait pur en dissolvant les cristaux dans la plus petite quantité d'eau possible, maintenue à 38° (**175**), et laissant refroidir.

On voit que ce procédé transforme en soude le sel marin, mais par une voie détournée qui occasionne de nombreuses pertes, les réactions n'étant jamais complètes. Il est de moins en moins employé.

b. — On applique surtout aujourd'hui le procédé dit *à l'ammoniaque*, qui consiste à traiter le sel marin dissous par le carbonate d'ammonium dissous. Il se dépose du carbonate monosodique, que l'on recueille et que l'on calcine pour le transformer en carbonate disodique (**174**).

$$2(H.AzH^4.CO^3) + 2NaCl = 2AzH^4Cl + 2HNaCO^3$$
Carbonate   Monosodique.
d'ammonium.

Le carbonate monosodique, peu soluble, se précipite ; on le recueille, on le lave pour le débarrasser du sel ammoniac entraîné, et on le sèche ; on le calcine ensuite pour le transformer en carbonate neutre, et on recueille le gaz carbonique produit.

$$2HNaCO^3 = Na^2CO^3 + H^2O + \boxed{CO^2.}$$

La récupération de l'ammoniac se fait en traitant le sel ammoniac par la chaux.

$$2AzH^4Cl + CaO = CaCl^2 + H^2O + \boxed{2AzH^3.}$$

La chaux employée est fournie par la calcination du calcaire ; on a en même temps du gaz carbonique, qui ajouté à celui qu'a donné la calcination du carbonate monosodique, sert à régénérer le carbonate d'ammonium

$$CaCO^3 = CaO + \boxed{CO^2.}$$

$$\boxed{2CO^2} + \boxed{2AzH^3} + 2H^2O = 2(H.AzH^4.CO^3)$$

on ne consomme donc que du sel marin, du calcaire, et le combustible nécessaire au fonctionnement des appareils (1).

Usages. — 178. Le carbonate de sodium est employé à fabriquer les savons durs, le verre ordinaire. La plus grande partie de celui qu'on fabrique aujourd'hui est transformée en soude caustique dans l'usine même, un grand nombre de savonneries employant directement ce produit, au lieu du carbonate, qu'il faut d'abord *caustifier* (**196**). Les cristaux sont employés dans la gobeletterie fine, et pour les usages domestiques (nettoyage des planchers, des boiseries, blanchissage du linge).

(1) Ce procédé, connu sous le nom d'un ingénieur belge, M. Solvay, qui l'a rendu pratique et économique, a été en réalité imaginé et appliqué pour la première fois en 1855 par MM. Schlœsing et Rolland à Marseille. Il a presque complétement supplanté aujourd'hui le procédé Leblanc.

CHAPITRE III

CALCAIRES. — CHAUX. — MORTIERS, CIMENT, PLATRE

CARBONATE DE CALCIUM

$$CO^3Ca = 100.$$

Propriétés. — 179. Le carbonate de calcium est un sel blanc, insoluble dans l'eau pure, mais soluble dans l'eau chargée d'acide carbonique : on le montre en versant de l'eau de chaux dans une éprouvette pleine de gaz carbonique ; il se forme un précipité blanc de carbonate, qui disparaît quand on agite après avoir bouché l'éprouvette avec la main ; la solution contient du *bicarbonate de calcium* (1) $H^2Ca(CO^3)^2$; c'est à cet état que le calcaire existe dans les eaux courantes. La craie se dissout dans l'eau de Seltz.

Le carbonate est décomposé par la chaleur rouge en chaux et anhydride carbonique.

$$CaCO^3 = CO^2 + CaO.$$

Les acides l'attaquent en donnant du gaz carbonique.

VARIÉTÉS NATURELLES

Le carbonate de calcium est un des plus abondants parmi les corps naturels. On le rencontre dans tous les pays, en masses souvent énormes : il présente dans la nature une

(1) Ce corps peut être considéré comme résultant de la substitution de Ca, divalent, à 2H dans deux molécules d'acide carbonique ;

$$Ca \begin{matrix} HCO^3 \\ HCO^3 \end{matrix}.$$

grande diversité d'aspects. Nous ferons connaître rapidement ses principales variétés.

Carbonate cristallisé. — **180.** On en connaît un assez grand nombre d'espèces dont les principales sont : le *spath d'Islande*, sur lequel le savant danois Bartholin découvrit en 1760 le phénomène de la double réfraction (1), et qui forme souvent de beaux cristaux à faces losangiques (*rhomboèdres*) d'une grande limpidité (*fig.* 63) ; la *calcite*, ayant à peu

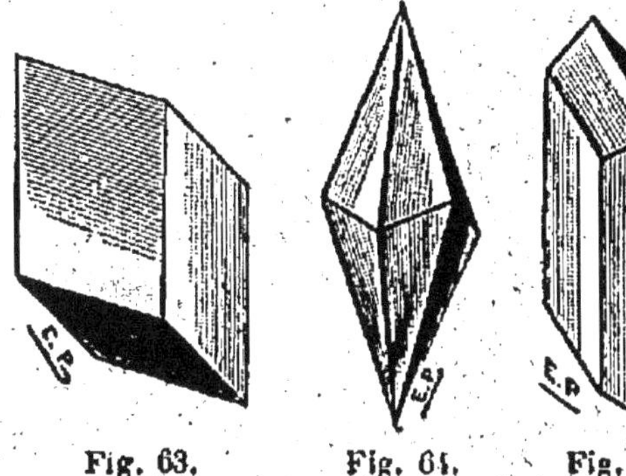

Fig. 63.
Calcite.

Fig. 64.
Dent de cochon.

Fig. 65.
Aragonite.

près la même forme que le spath, mais opaque ; des cristaux pointus appelés *dents de cochon* (*fig.* 64) ; l'*aragonite* (*fig.* 65) cristallisée en prismes d'un blanc laiteux.

Calcaires. — **181.** On donne ce nom au carbonate naturel non cristallisé ; on en connaît un grand nombre de variétés (2).

Calcaire saccharoïde. — On nomme ainsi un calcaire très beau, semi-cristallin, à grain fin, employé pour la statuaire.

(1) Un rayon lumineux pénétrant dans un corps *biréfringent* donne naissance à deux rayons réfractés ; aussi, quand on regarde à travers un cristal de spath une ligne noire tracée sur une feuille de papier, aperçoit-on deux lignes au lieu d'une.

(2) On indique généralement, comme caractère du calcaire, l'effervescence qu'il donne quand on l'humecte avec une goutte de vinaigre ou d'acide chlorhydrique (dégagement de gaz carbonique). Mais ce caractère n'est pas décisif. Il appartient à tous les carbonates naturels, qui sont assez nombreux (carbonates de magnésium, de baryum, de fer, de cuivre) ; les carbonates de cuivre sont reconnaissables à leur couleur verte ou bleue, ils sont assez rares d'ailleurs ; le carbonate de fer est en général d'un brun noirâtre ; le carbonate de baryum est reconnaissable à sa pesanteur ; le carbonate magnésien, qui accompagne le carbonate de calcium dans la *dolomie*, à sa légèreté.

J. Hall a reproduit du calcaire saccharoïde en chauffant de la craie dans un canon de fusil hermétiquement bouché; la craie fondit sous la pression énorme que produisait au-dessus d'elle le gaz carbonique résultant de la décomposition du carbonate et prit en se solidifiant l'aspect saccharoïde.

Marbres. — Les marbres de couleur sont constitués par du calcaire compact, coloré par des traces de matières étrangères, des oxydes métalliques le plus souvent. Les couches Dévoniennes des Pyrénées fournissent une grande variété de marbres diversement colorés. On les emploie dans l'ornementation.

Pierres lithographiques. — Les pierres lithographiques sont des calcaires d'un grain très fin, pouvant se polir très bien, et qu'on emploie depuis 1799 à la place du cuivre pour recevoir les empreintes d'encre grasse lithographique.

Calcaire commun. — C'est le plus répandu. Sa densité varie entre 2,3 et 2,6. On l'emploie principalement comme *pierre à chaux* lorsqu'il est peu ferrugineux. Il est également employé comme pierre de construction (pierre à bâtir, moellon); le plus beau est pris comme *pierre de taille* pour les parties soignées des édifices.

Craie. — La craie existe en amas considérables et a donné son nom à tout un étage géologique (terrain crétacé). Elle se compose de l'agglomération d'un nombre prodigieux de carapaces d'animaux microscopiques. On la connaît encore sous le nom de *blanc d'Espagne* ou *blanc de Meudon*.

Albâtre calcaire. — On nomme ainsi un beau calcaire translucide, que l'on extrait des stalactites et stalagmites des grottes creusées dans les terrains calcaires (*fig.* 65). La formation des stalactites s'explique de la manière suivante. L'eau chargée de carbonate de calcium, arrivant par une fissure au plafond de la grotte, perd son acide carbonique; le carbonate devenu insoluble se dépose aux bords de la fissure, et il finit par se former à la longue une sorte de canal dont les parois s'allongent constamment par le bas. Si l'eau arrive jusqu'au sol, elle s'y évapore en laissant un résidu de calcaire, de sorte qu'une colonne pleine monte à la rencontre de la stalactite suspendue au toit de la grotte.

Incrustations calcaires. — Certaines eaux sont tellement chargées de carbonate de calcium, qu'elles recouvrent en

Fig. 66. — Stalactites et stalagmites.

peu de temps d'une couche pierreuse compacte les objets sur lesquels elles coulent. Telle est la célèbre fontaine de Saint-Alyre, à Clermont-Ferrand ; l'eau qui en sort possède des propriétés incrustantes remarquables. C'est à des actions de ce genre qu'on doit attribuer la formation de masses calcaires nommées *tufs* ou *travertins*, communes dans un grand nombre de pays.

CHAUX

182. — La calcination des calcaires laisse comme résidu la chaux CaO ou oxyde de calcium.

La chaux anhydre, ou *chaux vive*, est une substance blanche, qui ne fond que vers 3000°, dans un four spécial chauffé par l'arc électrique (p. 159).

A la température du rouge, elle absorbe l'anhydride carbonique; il se forme du carbonate de calcium $CaCO^3$.

Elle s'unit à l'eau en dégageant de la chaleur;

$$CaO + H^2O = CaO^2H^2$$

l'élévation de température d'un morceau de chaux sur lequel on verse une petite quantité d'eau peut atteindre 300°, et il peut arriver qu'une allumette s'enflamme quand on la met en contact avec lui. En s'unissant à l'eau, la chaux se *délite* et tombe en poussière; cette poussière d'*hydrate de calcium* est la *chaux éteinte*.

Abandonnée à l'air libre, la chaux absorbe lentement le gaz carbonique et la vapeur d'eau de l'air : aussi doit-on la conserver dans des flacons bien bouchés.

On prépare la chaux pure en calcinant l'azotate de calcium, obtenu en dissolvant le calcaire dans l'acide azotique et faisant cristalliser.

$$2HAzO^3 + CaCO^3 = Ca(AzO_3)^2 + H^2CO^3$$
$$Ca(AzO^3)^2 = CaO + 2AzO^2 + O.$$

La chaux éteinte ou hydratée est une poudre blanche très peu soluble dans l'eau. On appelle *lait de chaux* le liquide laiteux constitué par de l'eau tenant de la chaux en suspension; en laissant reposer ce liquide ou en le filtrant, on a une liqueur limpide qui est l'*eau de chaux*. L'eau de chaux absorbe l'acide carbonique de l'air et bleuit le tournesol.

La chaux hydratée perd son eau par la calcination.

C'est une base presque aussi énergique que la potasse et la soude.

Chaux industrielles. — 183. La chaux qu'on trouve dans le commerce pour les besoins de la construction est obtenue par la calcination du calcaire.

Elle contient de petites quantités d'oxydes étrangers, qui proviennent de l'impureté de la roche. Les propriétés de la chaux dépendent de la nature et de la proportion des matières étrangères qui l'accompagnent. Les chaux ordinaires ou *aériennes*, provenant de la calcination des calcaires purs, sont divisées en *chaux grasses* et *chaux maigres*. Les premières sont les plus pures ; elles *foisonnent* quand on les éteint, c'est-à-dire augmentent beaucoup de volume, et donnent une pâte faisant facilement prise ; les chaux maigres, chargées de magnésie, de fer et d'argile, s'éteignent plus difficilement ; elles donnent une pâte peu liante.

Mortier. — **184.** La pâte obtenue avec l'eau et la chaux subit un retrait en séchant. On obvie à cet inconvénient, qui serait de nature à rendre la chaux inutilisable dans les constructions, en y ajoutant du sable. On a ainsi le *mortier*. Les chaux aériennes durcissent à l'air ; l'excès d'eau disparaît, remplacé par de l'anhydride carbonique qui forme avec la chaux du carbonate de calcium ; si le mortier est soustrait au contact de l'air, il reste mou, comme on l'a constaté dans la partie moyenne de murs très épais dont la construction remontait à l'époque romaine.

Fabrication de la chaux. — **185.** On *cuit* la chaux dans des *fours à chaux*. Les plus économiques de ces appareils sont les *fours coulants* ou continus. Le four étant rempli de pierre à chaux, on allume les foyers latéraux (*fig.* 67). La chaux cuite s'écoule par la base du four, que l'on charge par le haut. Souvent, pour activer la calcination, on introduit dans le four des charges alternatives de calcaire et de combustible ; la fabrication est alors continue.

186. — Les *chaux hydrauliques*, faisant prise dans l'eau et employées dans toutes les constructions sous-marines, contiennent de 10 à 30 p. 100 d'argile; on les obtient par la calcination des calcaires argileux. Le durcissement de ces chaux est dû à la formation d'un *silicate de calcium et d'aluminium* insoluble (l'argile est du silicate d'aluminium).

Fig. 67. — Four à chaux (four coulant).

187. — Les *ciments*, contenant de 30 à 60 p. 100 d'argile, sont obtenus par la calcination de calcaires fortement argileux (Boulogne-sur-Mer, Vassy). Mélangés à l'eau, ils se solidifient en quelques instants. Le mécanisme de cette solidification est le même que pour les chaux hydrauliques.

L'ingénieur français Vicat a imaginé de fabriquer les chaux hydrauliques en calcinant des mélanges convenables de calcaires et de matières argileuses. Cette fabrication est aujourd'hui courante; elle permet d'obtenir une variété de produits que la nature ne donnerait pas.

PLATRE

188. — On retire le plâtre du *gypse* ou pierre à plâtre, extrêmement abondant dans certaines formations du début de l'époque secondaire et dans les terrains tertiaires, et dont la composition chimique répond à la formule $CaSO^4$, $2H^2O$. On le rencontre quelquefois cristallisé (*gypse fer de lance*, *fig.* 68).

Le gypse chauffé se déshydrate. Si on chauffe quelques fragments d'un cristal de gypse dans un tube d'essai, on les voit changer d'aspect, perdre leur transparence et se transformer en une matière blanche. Vers 130°, il perd seulement les 3/4 de son eau et se transforme en *plâtre;* mais, si la température atteint 194°, la déshydratation est complète.

Le plâtre, gâché avec de l'eau, forme une pâte qui durcit à l'air et adhère aux matériaux employés dans les constructions; le sulfate anhydre ne possède pas cette propriété. La *cuisson* du plâtre (c'est-à-dire la calcination du gypse) demande donc des soins particuliers; elle ne doit pas être

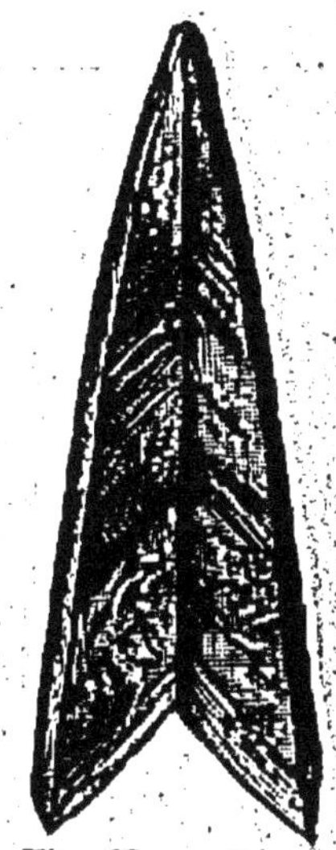

Fig. 68. — Gypse fer de lance.

poussée trop loin. On l'opère dans des *fours* spéciaux, où le gypse est entassé au-dessus de voûtes formées par les plus gros morceaux; on chauffe en allumant sous ces voûtes un feu de broussailles. Quand l'opération, qui dure environ douze heures, est terminée, on broie le plâtre et on l'enferme dans des sacs qui doivent être tenus à l'abri de l'humidité.

Grâce à sa tendance à s'hydrater, il absorbe, en effet, la vapeur d'eau atmosphérique et repasse graduellement à l'état de gypse.

On dit alors qu'il s'est *éventé*.

On emploie le plâtre dans la décoration intérieure des habitations; à l'extérieur, il serait peu à peu entraîné par les pluies. Le plâtre le plus fin, réduit en bouillie claire avec de l'eau, sert à faire des moulages de monnaies, de statues ou d'objets divers. Gâché avec de la colle forte, il constitue le *stuc*, matière très dure pouvant être polie et travaillée, et qui est souvent employée dans l'ornementation architecturale.

On emploie également le plâtre comme engrais pour les prairies artificielles; cette application a été indiquée par le savant américain Franklin (1).

CHAPITRE IV

EXTRACTION DES MÉTAUX

État naturel des métaux. Minerais. — 189. La *métallurgie* est l'art de retirer les métaux des substances qui les contiennent. C'est une application directe de la chimie. On ne rencontre à l'état libre ou *natif*, dans la nature, qu'un très petit nombre de métaux, ce qui s'explique par la facilité avec laquelle la plupart d'entre eux se combinent aux métalloïdes, à l'oxygène et au soufre notamment. On ne rencontre libres que le platine, l'or, l'argent, le cuivre, le fer (dans les *météorites* ou *aérolithes*), très rarement le plomb.

190. — Les métaux sont engagés dans des combinaisons ou *minerais* le plus souvent mélangés à des matières terreuses ou *gangues*. Ces minerais sont pour la plupart des minerais *oxydés* (oxydes, carbonates, sulfates, silicates) et des minerais *sulfurés* (sulfures, contenant fréquemment de

---

(1) Benjamin Franklin (1706-1790), a démontré l'identité de la foudre et de l'étincelle électrique tirée des machines, et inventé le paratonnerre; Il est encore connu par divers écrits philosophiques.

l'arsenic et de l'antimoine). Dans un même gisement, les proportions relatives du minerai et de sa gangue sont très variables; bien plus, la composition du minerai n'est pas toujours constante. Les minerais de surface sont fréquemment oxydés, tandis que les minerais de la profondeur sont sulfurés, et en suivant un même filon on peut rencontrer tous les degrés d'altération qui marquent le passage dès uns aux autres. Ce fait s'explique par la facilité avec laquelle les sulfures s'altèrent sous l'action de l'air humide et chargé d'anhydride carbonique.

Traitement mécanique. — 191. La gangue étant gênante dans les opérations métallurgiques, il y a intérêt à ne traiter que des minerais suffisamment riches (1), et il est presque toujours plus avantageux, malgré les frais considérables qui en résultent, d'*enrichir* le minerai avant de le soumettre à ces opérations, que de le traiter tel qu'il sort de la mine. Cet enrichissement des minerais se fait par des procédés purement physiques ou mécaniques, fondés sur la différence de poids spécifique du minerai généralement assez dense et de la gangue, qui l'est moins. Un premier triage grossier, à la main, se fait dans la mine même, et donne des lots de richesses différentes. Ces lots sont soumis ensuite à un broyage et à un criblage qui donnent de nouveaux lots dans chacun desquels la grosseur des fragments est à peu près la même. On achève la séparation des parties pauvres et des parties riches par l'action de l'eau. Si on dirige un courant d'eau sur des corps solides de même dimension placés en couche mince sur un plan incliné, les fragments les plus légers seront entraînés et iront se déposer d'autant plus loin qu'ils seront plus légers. On a pu réaliser des dispositions d'appareils telles qu'à une distance donnée du point de départ se déposent des fragments de densité déterminée, et par conséquent de richesse déterminée. Il faut quelquefois plusieurs *lavages*, séparés par des broyages, pour arriver à séparer suffisamment le minerai de sa gangue.

(1) C'est-à-dire contenant peu de gangue.

Traitement chimique. — Après dessiccation, le minerai est soumis au *traitement chimique*, qui constitue l'opération métallurgique proprement dite, et varie avec la nature du minerai.

192. — Les minerais oxydés sont toujours réduits par le charbon. Les oxydes peuvent être traités directement ; les sulfates et les carbonates sont d'abord soumis à une *calcination* à haute température qui les transforme en oxydes, en dégageant du gaz sulfureux et du gaz carbonique ; on a, par exemple, avec le sulfate de plomb et le carbonate de zinc,

$$2PbSO^4 = 2PbO + 2SO^2 + O^2$$
$$ZnCO^3 = ZnO + CO^2.$$

Dans un grand nombre de cas on a recours à l'oxyde de carbone pour faciliter la réduction (**148**). Le traitement se fait dans des fours dits *fours à cuve*, cylindriques ou légèrement tronconiques, que l'on remplit d'abord, au moins partiellement, de charbon (*fig.* 69) ; vers la base du four, des *tuyères* ou tuyaux reliés à des machines soufflantes permettent d'injecter un fort courant d'air. Le charbon étant allumé, il se forme au niveau des tuyères de l'anhydride carbonique qui, s'élevant dans le four, est réduit à l'état d'oxyde de carbone par le charbon incandescent (**142**) ; c'est à quelque distance du *nez* des tuyères que le gaz rencontre le mélange de minerai et de charbon, et que se fait ou s'achève la réduction ; le métal tombe au fond du four, où il se rassemble dans le *creuset* ; la combustion gazéifiant constamment du charbon au niveau des tuyères, la masse contenue dans le fourneau

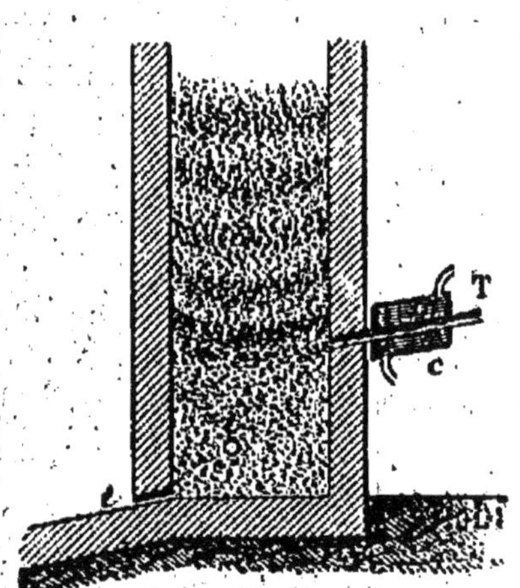

Fig. 69. — Four à cuve.

T, tuyère ; c, manchon parcouru par un courant d'eau froide ; t, trou de coulée du métal ; t', trou de coulée du laitier.

prend un mouvement de descente qui amène successivement dans la zone réductrice toutes les parties de la charge. On peut d'ailleurs soit opérer sur une charge déterminée, et l'opération est alors intermittente, soit ajouter constamment par la partie supérieure du four, ou *gueulard*, des charges nouvelles à mesure que les premières disparaissent ; c'est ce que l'on fait en particulier dans le haut fourneau (**190**) servant à traiter le minerai de fer, qui n'est qu'un four à cuve de grandes dimensions. Dans ce cas, il faut vider le creuset dès qu'il est plein ; le fond du creuset est muni dans ce but d'un canal qui reste bouché pendant la marche par un tampon d'argile.

On est souvent obligé, pour faciliter la réunion du métal épars dans la masse, d'ajouter des substances appelées *fondants*, dont le rôle est de former avec la gangue des produits fusibles à travers lesquels tombent, comme ils le feraient dans un liquide, les fragments de métal réduit. Ces corps fusibles sont toujours des silicates plus ou moins complexes, et constituent la *scorie* ou *laitier*, qui surnage le bain de métal lorsque celui-ci est fondu à la température du four (ce qui est le cas général), et peut s'écouler au dehors par un conduit spécial.

193. — Les minerais sulfurés subissent des traitements variés qui ont généralement pour effet de les transformer en composés oxydés, que l'on réduit ensuite par le charbon. La transformation se fait en *grillant* le minerai, c'est-à-dire en le chauffant au contact de l'air. Le soufre est brûlé par l'oxygène et donne de l'anhydride sulfureux qui, en présence de l'air et du métal, tend à donner du sulfate. Si ce sulfate est stable à la température de l'expérience, le grillage donne un mélange d'oxyde et de sulfate ; on le fait alors suivre d'un violent *coup de feu*, qui élève assez la température pour détruire le sulfate. C'est ce qui a lieu, en particulier, pour le plomb et le zinc.

$$\begin{cases} 2PbS + 3O^2 = 2SO^2 + 2PbO \\ PbS + 2O^2 = PbSO^4 \\ 2PbSO^4 = 2SO^4 + 2PbO + O^2. \end{cases}$$

Avec les sulfures de fer (1), on n'a que de l'oxyde et du gaz sulfureux.

$$4FeS^2 + 11O^2 = 2Fe^2O_3 + 8SO^2.$$

On peut montrer facilement cette transformation au moyen de la disposition représentée par la figure; après quelques minutes la solution de permanganate de potassium a est décolorée; la pyrite finit par être transformée en une matière rouge qui est le *colcothar* ou oxyde ferrique Fe^2O^3, employé pour polir les glaces ou les métaux.

Les sulfures sont en général fusibles; l'oxydation des sulfures fondus étant très lente, parce que le contact avec l'air

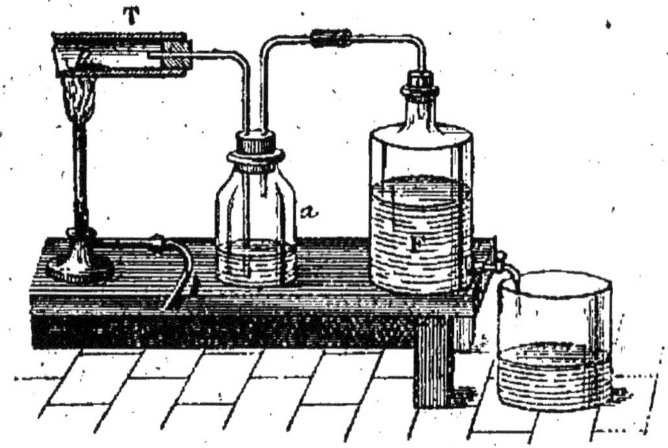

Fig. 70. — Grillage de la pyrite.
F, flacon aspirateur; *a*, flacon contenant une solution de permanganate de potassium; T, fragment de tube de grès; *p*, pyrite en poussière.

n'a lieu qu'à la surface, on les pulvérise avant le grillage, et on dispose la poussière en couches très minces, pour que l'oxydation soit commencée avant que la température de fusion ne soit atteinte; la fusibilité diminue en effet dès que

(1) Pendant longtemps ces sulfures étaient inutilisables comme minerais de fer, parce qu'on ne savait pas les griller complètement, et que les minerais de fer contenant trop de soufre donnent de mauvais produits. Aujourd'hui on les grille si parfaitement dans les usines à acide sulfurique, que le résidu du grillage formé d'oxyde ferrique Fe^2O^3 peut être utilisé au même titre que les minerais oxydés naturels.

la transformation en oxyde est commencée ; on évite ainsi la prise en masse. Il suffit le plus souvent de chauffer au début de l'opération, la chaleur dégagée par la combustion du soufre étant suffisante pour maintenir la masse incandescente.

Les appareils dans lesquels on effectue le grillage sont très variés. On utilise quelquefois le four à réverbère (*fig.* 59, p. 137), en réglant le courant d'air de telle sorte que l'atmosphère soit constamment oxydante. Dans d'autres appareils, le sulfure est étendu en couches minces sur des tablettes superposées, dans des fours qu'un courant d'air parcourt de bas en haut ; quand le sulfure de la tablette inférieure est complètement grillé, on fait descendre d'un étage toutes les charges, et on en dispose une neuve sur la tablette supérieure.

194. — Un grand nombre d'opérations métallurgiques sont effectuées aujourd'hui avec l'aide de l'électricité. Sans

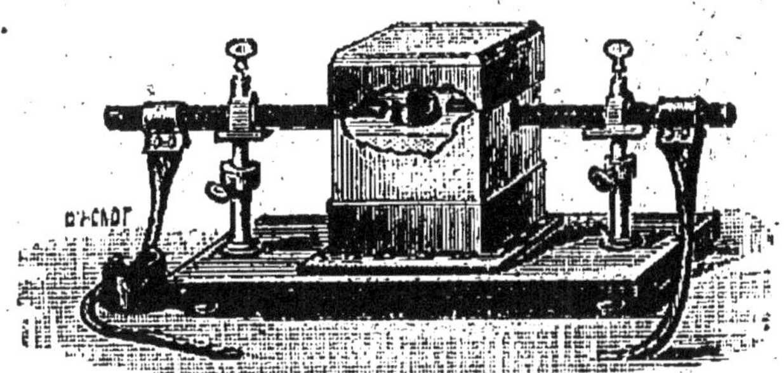

Fig. 71. — Four électrique.

entrer dans le détail, nous dirons simplement qu'elles se rapportent à deux types principaux :

1° L'*électrolyse*, dont nous avons vu des exemples à propos du chlorure de sodium, et qui consiste dans une destruction par le courant des matières traitées. Elle peut être réalisée par *voie sèche*, sur des matières fondues, ou par *voie humide*, sur des matières dissoutes.

2° Les *procédés électrothermiques*, dans lesquels le courant électrique a principalement pour fonction d'élever assez

la température pour que les réactions puissent s'effectuer.
Un assez grand nombre d'oxydes, celui d'aluminium en particulier, ne sont pas attaqués par le charbon aux températures les plus élevées des fours à charbon, et même des fours
à gaz (**200**, *d*) ; mais à la température de l'arc électrique (1),
qui dépasse 3 000°, la réduction est possible ; il y a dégagement d'oxyde de carbone, et mise en liberté du métal.

CHAPITRE V

FER. — FONTES. — ACIERS

De tous les métaux usuels, le fer est le plus important
par le nombre et la variété de ses usages. On ne l'obtient
qu'après une série d'opérations longues et délicates, dont
l'ensemble constitue ce que l'on appelle la *métallurgie du
fer*.

Minerais. — 195. Le fer ne se rencontre qu'exception-
nellement à l'état de liberté ; les météorites en contiennent
seules.

Tout le fer employé dans l'industrie est retiré de ses *minerais*, dont les principaux sont :

1° les divers oxydes de fer, anhydres ou hydratés, et que
l'on appelle : *fer magnétique* ou pierre d'aimant (Fe^3O^4),
abondant en Suède et en Norvège, le plus riche en fer de
tous les minerais ; *fer oligiste* (Fe^2O^3), abondant dans l'île

______

(1) On obtient l'*arc électrique* en mettant en contact deux tiges de
charbon reliées aux pôles d'une puissante source d'électricité, et les écartant ensuite ; l'espace compris entre les charbons est maintenu à une température très élevée par le courant qui va de l'un à l'autre ; dans cet espace,
le carbone est à l'état de vapeur ; il brûle si l'arc jaillit au contact de l'air,
et la flamme prend une forme courbée qui lui a fait donner son nom.

d'Elbe ; *ocres*, *limonites*, sesquioxydes hydratés plus ou moins mêlés d'argile ;

2° le *carbonate de fer*, abondant en Angleterre, où sa présence à côté de la houille, qui est nécessaire pour le traitement du minerai, explique la prospérité des industries métallurgiques anglaises ;

3° les *pyrites* ou *sulfures de fer* (voy. p. 158, note).

Traitement du minerai : haut fourneau.— 196.

Les minerais de fer étant tous oxydés, la méthode employée pour leur traitement est la réduction par le charbon.

L'opération, précédée du traitement mécanique (**191**), se fait dans l'appareil nommé *haut fourneau*. Si l'on se contentait de chauffer ensemble le minerai et le charbon, une partie de l'oxyde de fer se combinerait à la silice de la gangue pour donner du *silicate de fer* très fusible, d'où il ne serait pas possible de retirer le fer. On empêche cette combinaison en mettant en présence de la silice un oxyde ayant plus d'affinité pour elle que l'oxyde de fer, comme la chaux ; on ajoute aux matières traitées (minerai et combustible) un *fondant* (**192**) calcaire ; l'argile de la gangue et la chaux du calcaire donnent un *silicate double d'aluminium et de calcium*, qui constitue le *laitier* ; mais pour fondre ce laitier il faut atteindre une température élevée, à laquelle le carbone se combine au fer pour donner une matière beaucoup plus fusible que lui ; cette matière, la *fonte*, liquide à la température du haut fourneau, se rassemble au bas de l'appareil, dans le creuset, et la scorie, moins dense et également liquide, surnage.

La figure **72** montre un haut fourneau en activité. On ajoute alternativement des charges de minerai, de fondant, et de combustible, que représentent les bandes transversales. Pour entretenir dans le haut fourneau la haute température nécessaire aux réactions, on envoie au-dessus du creuset D, par des *tuyères t, t'*, un fort courant d'air chaud. Cet air s'est échauffé en passant dans des *récupérateurs de chaleur*, chambres en terre réfractaire traversées alternativement par les gaz chauds sortant du *gueulard*, et par de l'air froid

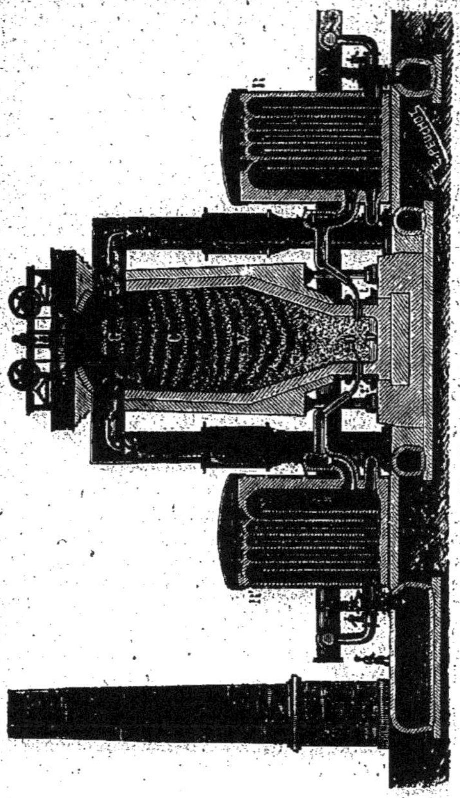

Fig. 72. — Haut fourneau.

D, *creuset*, où se rassemble la fonte ; O, *ouvrage*, où débouchent les tuyères et où la fonte se liquéfie, grâce à la température développée par la combustion du charbon au niveau des tuyères ; E, *étalages*, où le métal se carbure, et où le gaz carbonique qui s'élève se transforme en oxyde de carbone au contact du charbon fortement chauffé ; V, *ventre* ; C, *cuve* ; dans ces deux parties, l'oxyde de carbone réduit le minerai en repassant partiellement à l'état de gaz carbonique ; G, *gueulard*, par où s'échappent les gaz ; R, R', *récupérateurs de chaleur* ; t, t', *tuyères*.

puisé à l'extérieur par de puissantes pompes ; cet air enlève aux parois des récupérateurs la chaleur cédée par les gaz du gueulard, et se rend ensuite aux tuyères ; on réalise ainsi une grande économie de combustible.

Les matières solides descendent peu à peu ; elles se dessèchent en G ; le minerai se réduit en G et V, le fer se carbure en V et E, fond en O ; le gaz injecté par les tuyères se transforme d'abord en anhydride carbonique en O, puis en oxyde de carbone en E, au contact du charbon incandescent ; l'oxyde de carbone repasse à l'état de CO^2 en réduisant le minerai, mais pas entièrement, de sorte que les gaz sortant du gueulard en contiennent encore ; on les dirige, avec un peu d'air chaud, dans les récupérateurs, où l'oxyde de carbone achève de brûler.

Quand le creuset est plein (on connaît le temps qu'il met à se remplir), on débouche un orifice percé au niveau du bain métallique, et on laisse écouler le laitier ; puis on ouvre le trou de coulée pratiqué à la base du creuset et on recueille la fonte qui s'écoule ; on la reçoit dans des rigoles creusées dans le sable qui forme le sol de l'usine, et où elle se solidifie.

Le haut fourneau marche d'une manière continue pendant 15 à 18 mois ; on ne l'éteint que pour y faire des réparations.

Fontes. — 197. La fonte contient de 2 à 5 p. 100 de *carbone*, et une moindre quantité de *silicium*. On distingue :

1° Les *fontes grises*, qui doivent leur couleur à ce qu'une partie seulement du carbone qu'elles contiennent est combinée au fer ; le reste est disséminé dans la masse à l'état de paillettes de graphite plus ou moins grosses. La fonte grise est tendre, son poids spécifique varie de 6,8 à 7 ; elle fond à 1 200°, et augmente de volume en se solidifiant ; aussi est-elle très propre au moulage ; elle pénètre en effet dans toutes les cavités des moules où on la reçoit. Les fontes grises sont préparées à haute température.

2° Les *fontes blanches*, qui sont obtenues à une température moins élevée que les fontes grises. La fonte blanche ne contient pas de carbone libre ; elle est dure, cassante ; son poids spécifique varie de 7,4 à 7,8 ; elle fond de 1 050 à 1 100° ; elle est impropre au moulage, mais très propre à la fabrication du fer et de l'acier. On peut transformer la fonte blanche en une fonte ayant les mêmes propriétés que la fonte grise, en la fondant et la laissant refroidir lentement ; au contraire, la fonte grise, ramenée à l'état liquide, puis refroidie brusquement, acquiert les propriétés de la fonte blanche.

Quand on n'emploie pas la fonte telle quelle, on la transforme en fer ou en acier.

Fabrication du fer. — **102.** Le charbon et le silicium contenus dans la fonte sont beaucoup plus oxydables que le fer ; on utilise ce fait pour obtenir le fer. La fonte est amenée à l'état liquide dans des fours à réverbère appelés *fours à puddler*, où l'on admet de l'air ; le charbon passe à l'état de gaz carbonique qui se dégage ; le silicium se transforme en silice qui, se combinant à une petite quantité d'oxyde de fer, s'élimine ainsi à l'état de silicate de fer ; ce silicate constitue la scorie. On favorise l'affinage en ajoutant à la fonte une petite quantité d'oxyde ferrique, qui est réduit par le charbon et fournit l'oxyde ferreux nécessaire à la scorification du silicium.

Quand l'opération est terminée, on réunit le fer en une masse spongieuse ou *loupe* qu'on *cingle* au marteau-pilon pour en exprimer la scorie (1) ; on le réchauffe plusieurs fois en le battant au marteau-pilon après chaque réchauffement, et on l'envoie aux laminoirs (**163**, *a*). Le fer ainsi obtenu, ou *fer puddlé*, est à peu près pur ; il ne contient que des traces de matières étrangères ; on l'appelle *fer doux* ; il est très ductile, très malléable.

Propriétés du fer. — **109.** Le fer (Fe=56) est un métal d'un gris bleuâtre ; son poids spécifique, quand il est

(1) La fluidité de la masse diminue à mesure que la transformation avance, le fer étant beaucoup moins fusible que la fonte : c'est à l'état solide ou pâteux qu'on l'obtient ; c'est ce qui explique pourquoi la scorie n'a pas pu s'en dégager entièrement.

fondu, est 7,8. Son point de fusion est compris entre 1 500 et 1 600° ; il prend l'état pâteux avant de fondre. Il est très malléable au rouge et peut se souder à lui-même ; on utilise cette propriété pour la forge. Il est très tenace, sa ductilité est d'autant plus grande qu'il est plus pur. Il s'aimante temporairement.

Il est attaqué par l'oxygène au rouge avec formation d'oxyde magnétique Fe^3O^4. L'air l'attaque lentement d'abord ; l'attaque s'accélère ensuite, grâce à des actions secondaires (formation d'ammoniaque) ; cette oxydation est due à l'action combinée de la vapeur d'eau et de l'acide carbonique, car l'air humide dépouillé d'acide carbonique est inactif ; il se forme un hydrate de sesquioxyde qui est la *rouille*.

Pour éviter l'oxydation du fer, on le recouvre d'un enduit protecteur qui peut être, suivant la nature des objets à protéger, une couche de peinture, une couche d'étain (fer-blanc) ou de zinc (fer galvanisé) (1) ; on protège encore la fonte en la recouvrant d'un dépôt *électrolytique* de cuivre.

Aciers. — **200.** On appelle *aciers* des produits contenant une faible proportion de carbone. On peut les distinguer en *aciers doux* et *aciers durs*. Les premiers contiennent de 0,135 à 0,5 p. 100 de carbone, les seconds de 0,5 à 1 p. 100 en général.

Les aciers durs, brusquement refroidis, se *trempent* ; ils acquièrent une dureté et une élasticité très grandes, mais deviennent en même temps très cassants.

Pour tremper l'acier, on le chauffe jusqu'au rouge, puis on

______

(1) Si la couche protectrice d'étain vient à être percée en un point, l'altération du fer est très rapide, car il forme alors, avec l'étain, un *couple électrique* dont il constitue l'élément attaquable ; avec le fer galvanisé, l'attaque du revêtement donne naissance à un carbonate qui protège le fer contre une attaque ultérieure. Pour faire le *fer-blanc* ou fer étamé, on décape les feuilles de tôle avec un mélange d'acides chlorhydrique et sulfurique étendus, jusqu'à ce que la surface soit bien brillante ; on les lave à l'eau pure, on les frotte avec du sable et on les sèche dans un bain de suif fondu. On les maintient ensuite, pendant une heure ou une heure et demie, dans un bain d'étain fondu, recouvert d'une couche de suif (pour éviter l'oxydation).

le plonge soit dans l'eau, soit dans l'huile, le mercure, le plomb ou des alliages de plomb et d'étain, suivant les qualités qu'on veut lui donner et les usages auxquels on le destine. Après avoir été trempés, les aciers doivent être *recuits* si on veut, tout en leur conservant leur dureté et leur élasticité, leur donner de la solidité. On les réchauffe à une température qui dépend des propriétés qu'ils doivent acquérir, mais qui dans aucun cas ne dépasse 316°, puis on les laisse refroidir très lentement. La trempe se donne sur les pièces déjà faites (lames de couteaux, de rasoirs, lancettes, faux, scies, outils divers). Le recuit s'apprécie par la coloration que prend la couche mince d'oxyde qui se forme à la surface du métal dans cette opération.

TEMPÉRA-TURE	COULEUR DU RECUIT	DÉSIGNATION DES ARTICLES
221°....	Jaune très pâle.	Lancettes.
213°....	— ordinaire	Rasoirs communs, canifs.
251°....	Brun.	Petites cisailles, ciseaux, ciseaux à couper le fer à froid.
265°....	Brun teinté de pourpre.	Haches, rabots, couteaux de poche.
277°....	Pourpre.	Couteaux de table.
288°....	Bleu pâle.	Épées, ressorts de montres et de sonnettes.
316°....	— foncé.	Scies à main des charpentiers.

Les aciers doux prennent mal la trempe; en revanche, ils peuvent facilement s'étirer en fils et se laminer en plaques. Les plus doux (ceux qui contiennent le moins de carbone) s'étirent, se laminent et se soudent avec la même facilité que le fer puddlé.

Ne pouvant décrire en détail les divers procédés employés pour fabriquer l'acier, nous nous contenterons d'en indiquer le principe.

a. — En affinant incomplètement la fonte, on lui enlève une partie seulement de son carbone, et on obtient ainsi l'acier *puddlé.*

b. — En chauffant dans des caisses en terre réfractaire

placées dans des fours spéciaux des barres de fer avec du charbon en poudre, on obtient un acier de qualité supérieure, appelé *acier de cémentation*; on réalise ainsi la carburation directe du fer.

c. — L'*acier Bessemer* est obtenu en traitant la fonte, dans des appareils spéciaux, par une quantité d'air plus que suffisante pour oxyder tout le charbon et tout le silicium ; dans ces conditions, une certaine quantité de fer passe à l'état d'oxyde; le métal étant encore en fusion, on lui ajoute une fonte spéciale contenant du manganèse, du fer et du charbon. Le manganèse, plus oxydable que le fer, réduit l'oxyde de fer formé; le charbon s'unit au fer.

d. — L'acier Siemens-Martin est obtenu par le mélange avec du fer doux d'une fonte de composition connue. Les matières sont introduites dans des fours chauffés par la combustion de gaz riches en oxyde de carbone; la température développée est suffisante pour fondre l'acier (*fig.* 73).

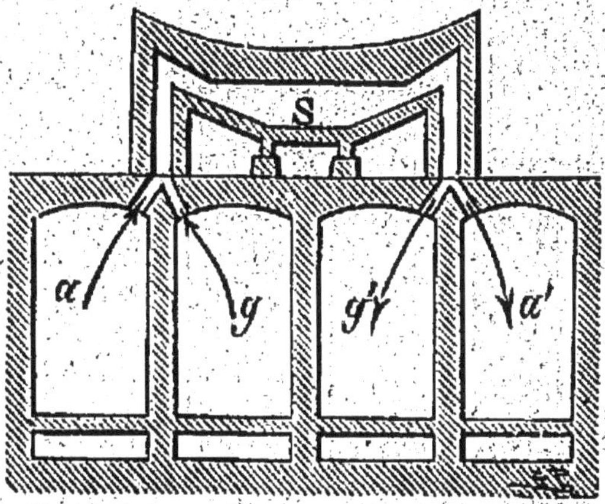

Fig. 73. — Coupe théorique d'un four Martin. *g'*, *a'*, gaz brûlés, encore très chauds, et chauffant les chambres où ils circulent entre des briques perforées occupant la capacité presque entière; *a*, *g*, air et gaz combustibles enlevant aux chambres la chaleur cédée précédemment par les gaz brûlés.

Usages. — **201.** Les usages du fer, de la fonte et de l'acier sont innombrables; ils sont d'ailleurs assez connus pour que nous nous dispensions de les énumérer. Nous rappellerons seulement que les perfectionnements considérables apportés dans ces dernières années aux procédés métallurgiques sont dus pour la plus grande part à la substitution de l'acier au bronze dans la fabrication des pièces d'artillerie et à la nécessité d'obtenir des plaques de blindage de plus en plus résistantes, ainsi qu'au développement des constructions métalliques. On ajoute aujourd'hui aux aciers des métaux qui en modifient les propriétés, comme le chrome, qui leur donne de la dureté, le manganèse, qui les rend résistants au choc.

CHAPITRE VI

CUIVRE ET ALLIAGES. — SULFATE DE CUIVRE

CUIVRE

$$Cu = 63.$$

Propriétés. — **202.** Métal rouge, paraissant vert par transparence quand il est réduit en feuilles assez minces ; il a une saveur sensible, le frottement des doigts lui communique une odeur désagréable. Il est assez mou, ductile et malléable ; il vient après le fer au point de vue de la ténacité. Son poids spécifique est voisin de 8,9. Il fond vers 1 050° et se volatilise lentement ; il est très bon conducteur de la chaleur et de l'électricité (**164**).

Le cuivre est inaltérable à froid dans l'air sec ; quand on le chauffe, il se couvre d'une couche noire d'oxyde CuO que l'on détache facilement en le refroidissant brusquement ; dans l'air humide, il se recouvre d'une couche verte de carbonate hydraté (*vert de gris*). Il se combine directement au soufre (**82**). L'acide sulfurique l'attaque à chaud en donnant du sulfate de cuivre et du gaz sulfureux ; l'acide azotique donne à froid de l'azotate de cuivre et de l'oxyde azotique. Les acides organiques l'attaquent facilement à froid en présence de l'eau et de l'air ; il se forme des sels vénéneux (altération du cuivre au contact du vinaigre ; formation de savons de cuivre verdâtres sur les pièces de cuivre des machines qu'on lubréfie avec des huiles grasses ou des graisses). La solution ammoniacale bleuit au contact du cuivre et de l'air ; la liqueur bleue porte le nom de *réactif de Schweitzer* ; elle dissout la *cellulose*.

Extraction. — **203.** On trouve du cuivre natif au Chili, dans l'Oural, en Australie, et surtout dans la région du lac Supérieur, aux États-Unis. Les minerais de cuivre sont très nombreux, et de composition souvent très complexe ; les minerais oxydés comprennent des oxydes et des carbonates.

Les minerais sulfurés contiennent souvent, outre le soufre et le cuivre, du fer, du plomb, de l'argent, de l'arsenic et de l'antimoine.

Le traitement des minerais oxydés est simple ; on les réduit par le charbon.

Le traitement des minerais sulfurés est long et compliqué, et varie avec la nature de ces minerais. Après une assez longue série de réactions entre l'air et les divers sulfures dont le mélange constitue le minerai, on obtient un produit impur, retenant encore du soufre, du plomb, du fer, et quelquefois de l'argent. On le purifie par oxydation pour éliminer le soufre, et on le *raffine* en le fondant sous une couche de charbon de bois, qui réduit la petite quantité d'oxyde cuivreux Cu^2O formé pendant la première opération.

On affine souvent le cuivre, aujourd'hui, de la manière suivante : les plaques de cuivre impur sont suspendues dans un bain de sulfate de cuivre et reliées au pôle positif d'une machine dynamo-électrique, dont le pôle négatif est relié à une mince plaque de cuivre pur ; sous l'action du courant le cuivre des plaques positives se dissout, tandis qu'un poids égal de cuivre sort de la solution et se dépose sur les plaques négatives ; les impuretés tombent dans le bain sous forme de boues.

Usages. — **204.** Le cuivre pur n'est guère employé

que dans la fabrication des fils et des câbles des canalisations électriques et dans la chaudronnerie. C'est cependant un des métaux usuels les plus précieux, à cause du grand nombre et de l'importance des alliages qu'il forme avec les autres métaux.

Principaux alliages. — 205. 1° *Avec l'aluminium.* Ces alliages sont remarquables, en général, par leur dureté, leur éclat et leur inaltérabilité ; la dureté augmente avec la teneur en aluminium. Le bronze d'aluminium (95 de cuivre, 5 d'aluminium), employé en orfèvrerie, possède une belle couleur jaune d'or ; l'alliage à 10 p. 100 d'aluminium a la couleur de l'or vert (alliage d'or et d'argent) ; il est très dur et très résistant et se travaille à chaud plus facilement que le fer doux ; on en fait des casques, des coussinets de machines.

2° *Avec l'étain.* — Ces alliages, connus sous le nom de bronzes, sont assez nombreux ; leurs propriétés diffèrent notablement, suivant les proportions relatives de leurs constituants et les petites quantités de métaux étrangers qu'on y introduit.

La solidification d'un alliage d'étain et de cuivre est accompagnée d'un phénomène appelé *liquation.* La composition de la masse se modifie à mesure qu'elle se refroidit, grâce à la solidification successive d'alliages de compositions différentes ; ce n'est qu'au bout d'un certain temps que la température de solidification devient invariable ; l'alliage qui se solidifie a alors une composition constante. Comme les parties hétérogènes se trouvent à la partie supérieure de la masse, on est obligé, quand on veut un produit homogène, de le couler sur une hauteur plus grande que celle de la pièce à fabriquer. La partie supérieure, qui repassera à la fonte, est appelée *masselotte.* Voici la composition de quelques bronzes :

	Cuivre	Étain	Plomb	Zinc	
Bronze des cloches...........	78	22	—	—	grande sonorité.
— canons...............	90,1	9,9	—	—	grande résistance.

	Cuivre	Etain	Plomb	Zinc	
Bronze des tam-tams et cymbales	80,5	19,5	—	1	dur à froid, peut se pulvériser au rouge cerise, se lamine facilement au rouge sombre, très sonore.
Miroirs de télescopes........	66	33	—	—	prend un beau poli.
Monnaies de billon..........	95	4	—	1	
Doublage des navires........	95,3	4,1	0,6	—	

On fabrique aujourd'hui des *bronzes phosphoreux* contenant de 1 à 2 millièmes de phosphore : l'addition de phosphore permet de substituer en partie le zinc à l'étain, en conservant à l'alliage une ténacité et une dureté suffisantes. Le bronze phosphoreux sert à fabriquer des tiges de pistons, des bielles ; on en fait des fils de canalisation électrique, car il conduit mieux que le fer galvanisé.

3° *Avec le nickel.* — Les alliages de cuivre et de nickel ont pris beaucoup d'importance depuis que l'industrie livre des quantités considérables de nickel à des prix modérés. Ces alliages sont remarquables par leur résistance à l'oxydation ; leur couleur varie du rouge jaunâtre au blanc d'argent, selon la quantité de nickel qu'ils contiennent ; ils sont blanc d'argent à partir de 25 p. 100 de nickel. Les alliages connus sous le nom de *packfong* ou *maillechort* contiennent à la fois du cuivre, du zinc et du nickel. Le maillechort, ductile et peu conducteur de l'électricité, sert à faire des bobines de résistance ; l'alliage à 20 de nickel, 80 de cuivre, qui sert à faire les enveloppes de balles de fusil, peut être également employé à la fabrication des chaudières de locomotive.

4° *Avec le zinc.* — Ces alliages, de compositions assez diverses, portent le nom commun de laiton ou cuivre jaune ; ils sont plus durs que le zinc et le cuivre, mais moins malléables que le cuivre ; le laminage devient impossible quand la proportion de zinc atteint 40 p. 100. Les laitons sont employés à une foule d'usages : construction d'instruments de physique et de mathématiques, robinetterie, doublage des navires, épingles, etc.

SULFATE DE CUIVRE

206. — Le sulfate de cuivre se trouve dans le commerce en cristaux bleus, assez volumineux (*couperose bleue*) répondant à la formule $CuSO^4,5H^2O$. Ces cristaux sont assez solubles dans l'eau, et donnent une solution bleue. Chauffés à 300° (*fig. 74*), les cristaux se transforment en une masse pulvérulente blanche, amorphe, qui se dissout lentement dans l'eau, en redonnant une solution bleue; c'est du sulfate *anhydre*, $CuSO^4$, qui absorbe l'humidité de l'air pour se transformer à la longue en un *hydrate* (combinaison de sulfate anhydre avec l'eau). Cette transformation d'un

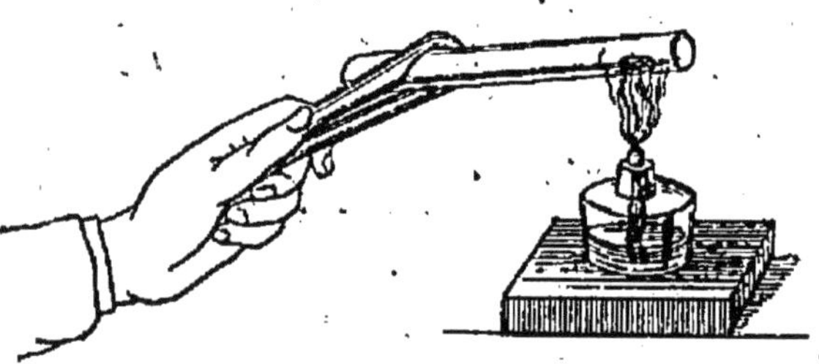

Fig. 74. — Déshydratation de la couperose bleue.

hydrate salin en sel anhydre par la chaleur est un fait très général.

Si on plonge une lame de fer dans la solution de sulfate, celle-ci perd peu à peu sa couleur bleue; un dépôt rouge de cuivre pulvérulent se fait sur la lame de fer, et du fer se dissout :

$$CuSO^4 = FeSO^4 + Cu.$$

Quand la réaction est terminée, le fer a remplacé le cuivre dans la solution, dans le rapport de 56^{gr} de fer dissous pour 63^{gr} de cuivre précipité.

La soude donne dans la solution un précipité *gélatineux bleu* d'hydrate de cuivre, CuO^2H^2. Quelques gouttes d'ammoniaque donnent aussi un précipité d'hydrate, mais un excès de réactif redissout ce qui s'était formé d'abord, et la liqueur prend une belle coloration bleue (eau céleste). Cette coloration bleue prend naissance quand on ajoute à une solution ammoniacale une solution d'un sel de cuivre quelconque, même assez étendue pour être presque incolore ; *elle permet de caractériser les sels de cuivre.*

207. — Le sulfate de cuivre est préparé de plusieurs manières :

1° On traite le vieux cuivre par l'acide sulfurique à chaud.

$$2H^2SO^4 + Cu = CuSO^4 + SO^2 + 2H^2O.$$

2° On chauffe dans des fours, et dans une atmosphère oxydante, des plaques de cuivre avec de la fleur de soufre ; il se forme du sulfate anhydre $CuSO^4$, qu'on enlève par le lavage ; on ajoute du soufre jusqu'à ce que le cuivre ait entièrement disparu.

On peut, dans le laboratoire, se procurer du sulfate de cuivre par le premier procédé. Si l'on veut recueillir l'anhydride sulfureux, on emploie l'appareil qui sert pour l'acide chlorhydrique ; dans le cas contraire, on opère dans un vase ouvert, mais en plein air ou sous une cheminée qui tire bien. L'opération terminée, on ajoute de l'eau au liquide brun et trouble qui reste dans le vase, on chauffe un peu, on filtre, et on évapore. Le sulfate $CuSO^4, 5H^2O$ cristallise par refroidissement de la liqueur.

208. — Le sulfate de cuivre est employé comme insecticide contre les parasites de la semence du blé, et certains parasites de la vigne ou des plantes potagères ; on le réduit en bouillie avec de l'eau et diverses autres substances et on pulvérise cette bouillie sur les feuilles (*sulfatage*) ; le cuivrage électrique de la fonte, la galvanoplastie, l'affinage électrolytique du cuivre (**203**) en consomment de grandes quantités ; il est employé, concurremment avec le sulfate de fer, dans la teinture de la laine et de la soie en noir, violet, ou gris. En traitant la solution par la chaux, on a un mélange de sulfate de calcium et d'hydrate de cuivre qui constitue les *cendres bleues* artificielles employées à l'azurage du papier.

$$CuSO^4 + CaO^2H^2 = CaSO^4 + CuO^2H^2$$

CHAPITRE VII

PLOMB ET ALLIAGES. — MINIUM. — CÉRUSE

PLOMB

$$Pb = 207.$$

Propriétés. — **209.** Métal gris bleuâtre, assez mou pour être rayé par l'ongle, malléable ; sa ductilité est limitée par sa faible ténacité (**163**, *b*). Son poids spécifique est 11,37. Il fond vers 335°, se volatilise entre 1 600 et 1 800°.

Le plomb s'oxyde à l'air ; à froid, il se ternit grâce à la formation d'un sous-oxyde gris Pb^2O ; si on le maintient fondu à l'air, il se recouvre d'une couche d'oxyde jaunâtre, le *massicot* PbO ; en enlevant constamment la couche formée, on arrive à transformer assez rapidement tout le métal en oxyde.

En fondant le massicot et le pulvérisant après refroidissement, on a une poudre rouge orangé, la *litharge*, ayant même composition que le massicot, et qui est employée pour fabriquer divers sels de plomb, ainsi que le cristal.

À l'air humide, en présence de l'acide carbonique, il se forme un *hydrocarbonate* qui protège le métal contre une oxydation ultérieure. L'eau *pure* aérée attaque le plomb en donnant un hydrate PbO^2H^2 qui se dissout dans l'eau en quantité assez grande pour la rendre impropre à l'alimentation ; si l'eau contient de l'acide carbonique ou du sulfate de calcium, le produit de l'attaque est insoluble et l'action s'arrête très vite, grâce à l'enduit protecteur qui se dépose sur le métal. La grande majorité des eaux de source ou de rivière tenant en dissolution l'un ou l'autre de ces corps, on peut employer des tuyaux de plomb pour les conduites d'eau dans les villes.

Les acides organiques attaquent le plomb et les alliages plombifères en donnant des sels vénéneux ; aussi ce métal doit-il être proscrit de la fabrication des ustensiles de cuisine, et généralement de tous les objets qui doivent être en contact avec les aliments.

Extraction. — **210.** Le principal minerai du plomb est le sulfure PbS, appelé *galène*, qui est très répandu.

a. — Le procédé d'extraction le plus simple consiste à réduire par le charbon le minerai transformé par grillage en un mélange d'oxyde et de sulfate (**193**) ; on a :

$$2PbO + C = 2Pb + CO_2$$
$$PbSO_4 + C = SO_2 + CO_2 + Pb.$$

On peut facilement montrer la réduction de l'oxyde en introduisant dans un dé à coudre (*fig.* 56, p 131) un mélange intime de litharge avec du charbon de bois en poudre, et chauffant de cinq à dix minutes dans la flamme d'un chalumeau à gaz d'éclairage-air ; on jette la masse dans un vase plein d'eau ; le charbon, léger, reste en suspension ; on n'a qu'à vider et remplir ce vase plusieurs fois de suite, pour entraîner à peu près tout le charbon et trouver au fond des globules de plomb.

b. — On opère souvent de la manière suivante (procédé par *réaction*). Le minerai subit un grillage incomplet qui en amène une partie seulement à l'état de composés oxydés ; on supprime ensuite l'arrivée de l'air, et on élève la température pour déterminer les réactions suivantes :

$$PbS + 2PbO = SO_2 + 3Pb.$$
$$PbS + PbSO_4 = 2SO_2 + 2Pb.$$

c. — On peut enfin fondre la galène avec du fer métallique; le sulfure de plomb est ramené à l'état métallique, le soufre s'unit au fer.

$$PbS + Fe = FeS + Pb.$$

Le plomb obtenu par ces divers procédés doit subir un *raffinage*, qui le débarrasse des métaux étrangers ou des impuretés introduites au cours des opérations.

Usages. — **211.** Le plomb, réduit en feuilles, sert à faire des toitures, à doubler des réservoirs, des cuves ; à installer les chambres dans lesquelles on fabrique l'acide sulfurique ; on en fait aussi des tuyaux de conduite d'eau et de gaz ; sa flexibilité le rend très commode pour un grand nombre d'applications industrielles.

Alliages du plomb. — **212.** On n'allie le plomb qu'à un petit nombre de métaux.

a. — Nous avons signalé (**77**) l'emploi du plomb comme électrode négative dans l'électrolyse du chlorure de sodium fondu, et l'utilisation de l'alliage formé pour la fabrication de la soude caustique.

b. — L'antimoine donne de la dureté au plomb. L'alliage des caractères d'imprimerie contient généralement 80 de plomb pour 20 d'antimoine. Les clichés typographiques avec lesquels est imprimé ce livre sont obtenus en prenant des empreintes en creux de la composition, et coulant dans ces empreintes un alliage de 85 de plomb pour 15 d'antimoine.

c. — On fabrique un assez grand nombre d'alliages de plomb et d'étain ; ils sont tous plus fusibles que l'étain et plus durs que lui ; ils sont plus oxydables que chacun des métaux. Ainsi un alliage de 1 partie d'étain et 4 ou 5 de plomb brûle lentement quand on le chauffe à l'air, et donne comme résidu de la potée d'étain, mélange d'oxydes qui entre dans la composition de certains émaux et des vernis de faïence, et que l'on emploie aussi pour polir les surfaces métalliques.

Les soudures, alliages fusibles destinés à réunir entre

elles des pièces d'un même métal ou de métaux différents (fer, zinc, cuivre, plomb) sont formées de plomb et d'étain. La soudure des plombiers contient 66 de plomb et 33 d'étain, la soudure des ferblantiers 50 de plomb et 50 d'étain. Les objets dits en étain sont presque toujours formés d'alliages de plomb et d'étain ; la vaisselle et les robinets contiennent 92 d'étain pour 8 de plomb, les flambeaux 80 d'étain et 20 de plomb.

Minium. — 213. Corps solide pulvérulent, très dense, d'un beau rouge écarlate. Sa formule est Pb^3O^4 ; on le range dans la catégorie des oxydes appelés *salins*, parce qu'on peut les considérer comme résultat de la combinaison d'un *oxyde basique* avec un peroxyde métallique jouant le rôle d'un *anhydride* (1). Ces deux oxydes sont ici l'*oxyde plombique* PbO et le *bioxyde de plomb* ou *oxyde puce* PbO^2. On aurait :

$$2PbO + PbO^2 = Pb^3O^4.$$

L'action de l'acide azotique sur le minium justifie cette manière de voir. On a en effet de l'azotate de plomb et du peroxyde, tout comme avec le carbonate de calcium, par exemple, on a de l'azotate de calcium et de l'anhydride carbonique.

$$2HAzO^3 + CaCO^3 = Ca(AzO^3)^2 + CO^2 + H^2O.$$
$$4HAzO^3 + Pb^3O^4 = 2[Pb(AzO^3)^2] + PbO^2 + 2H^2O.$$

Le minium industriel est un mélange d'oxyde Pb^3O^4 avec des quantités variables de protoxyde PbO. On l'obtient en calcinant vers 500° du massicot réduit en poudre très fine, et laissant refroidir lentement à l'air. On pèse le produit

(1) Il existe, en effet, un certain nombre de métaux dont les peroxydes sont de véritables anhydrides, auxquels correspondent des sels ; nous nous contenterons de signaler le chrome avec les *chromates*, le manganèse avec les *permanganates*. Le bioxyde ou peroxyde de plomb est un corps pulvérulent brun, oxydant énergique ; le soufre prend feu quand on le triture avec cet oxyde, qui est employé à cause de cette propriété dans la fabrication de la pâte des allumettes.

10.

après chaque opération, que l'on répète tant qu'elle détermine une augmentation de poids.

Le minium est employé dans la fabrication du cristal ; il sert pour colorer la cire à cacheter, et pour recouvrir le fer d'une couche de peinture très adhérente qui sert de support à la couleur définitive ; en le broyant avec de l'huile, on en fait un lut très résistant pour les joints de machines.

Céruse. — 214. La *céruse*, appelée *blanc de plomb* ou *blanc d'argent*, est une combinaison de carbonate et d'hydrate de plomb ; c'est ce que l'on nomme un *carbonate basique* de plomb ; sa formule est $(PbCO^3)^2PbO^2H^2$. C'est une poudre blanche très dense. Elle donne, broyée avec de l'huile, une magnifique couleur blanche opaque, *couvrant* très bien, selon l'expression des peintres ; on la mélange également aux autres couleurs à l'huile pour en éclaircir la teinte ; malheureusement elle est très vénéneuse, et les objets peints à la céruse abandonnent, quand on les frotte à sec, des particules extrêmement ténues, flottant longtemps dans l'air, et qui, lorsqu'elles pénètrent dans l'organisme par les voies respiratoires, peuvent déterminer des affections très graves : les ouvriers peintres, ceux des fabriques de céruse, sont particulièrement atteints (1).

L'acide sulfhydrique attaque la céruse, comme tous les sels de plomb ; il se forme du sulfure PbS, et l'anhydride carbonique disparaît. C'est là la cause du noircissement de toutes les peintures à la céruse. On peut les nettoyer avec de l'*eau oxygénée*, H^2O^2, corps très oxydant qui transforme le sulfure noir en sulfate, blanc et inaltérable.

215. — On emploie deux procédés pour la fabrication de la céruse.

(1) Pour éviter les accidents, la loi interdit aujourd'hui le nettoyage à sec ou le grattage de toute surface peinte à la céruse, et prescrit aux fabricants des précautions (que beaucoup d'entre eux avaient prises spontanément d'ailleurs) pour éviter la dissémination des poussières toxiques, en particulier le broyage dans l'eau ou l'huile ; elle n'autorise pas la vente de la céruse sèche.

a. — Le premier consiste à attaquer par l'anhydride carbonique une solution d'acétate de plomb ; le gaz, produit par la combustion du charbon et lavé dans l'eau, est recueilli dans une solution de carbonate de sodium qui est transformée en *carbonate monosodique*. Cette solution soumise à l'ébullition dégage de l'anhydride carbonique pur, que l'on fait barboter dans une solution d'acétate de plomb. La céruse se précipite ; on la recueille, on la lave plusieurs fois, et on en fait une pâte avec de l'huile. Ce procédé, imaginé par Thénard, a l'avantage d'empêcher la dissémination des poussières.

b. — Le second (beaucoup plus ancien que le précédent) est appelé *procédé hollandais*. Le plomb est directement attaqué par des vapeurs d'acide acétique et du gaz carbonique qui le rencontrent en même temps ; l'acide est placé au fond d'un pot en terre (*fig.* 75), et au-dessus de lui se trouve soutenue une lame de plomb enroulée en spirale. Les pots sont rangés sur des lits de fumier placés sur des

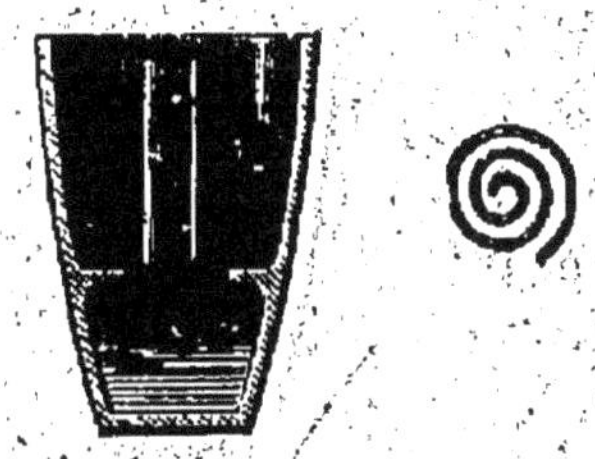

Fig. 75. — Pots pour la fabrication de la céruse.

planchers superposés dans de grandes chambres en maçonnerie, de manière à permettre la circulation de l'air.

La fermentation du fumier fournit à la fois la chaleur nécessaire à la vaporisation de l'acide acétique, et le gaz carbonique. L'attaque est extrêmement lente ; tous les quinze jours à peu près, on retire les lames et on les bat sous l'eau pour en détacher la croûte de céruse qui les imprègne.

CHAPITRE VIII

ZINC ET ALLIAGES. — OXYDE DE ZINC

$$Zn = 65.$$

Propriétés. — 216. Métal blanc bleuâtre dont le poids spécifique est voisin de 7. Il fond à 419° et bout à 930°; il est très malléable entre 108 et 150°; à 207° il devient assez cassant pour qu'on puisse le pulvériser dans un mortier. C'est un métal assez mou, qui *graisse* la lime. C'est, de tous les métaux usuels, celui que la chaleur dilate le plus.

Bien qu'il soit inaltérable dans l'air froid et sec, le zinc est un métal très oxydable ; à l'air humide il se recouvre d'une couche blanchâtre de carbonate hydraté, qui protège la masse contre une attaque ultérieure. Chauffé dans l'air ou dans l'oxygène, il s'enflamme un peu au-dessus de son point d'ébullition et brûle avec une flamme verdâtre (**161**) en répandant, autour du creuset où on fait l'opération, des flocons blancs d'oxyde de zinc ZnO. Le zinc en poudre décompose assez rapidement l'eau bouillante en dégageant de l'hydrogène.

Il est attaqué par les acides sulfurique et chlorhydrique avec dégagement d'hydrogène.

Il attaque lentement à froid, et plus rapidement à chaud, la solution de soude en dégageant de l'hydrogène. Le composé qui reste dissous est le *zincate de sodium* ZnO^2Na^2, qui doit être considéré comme résultat de la substitution de Na^2 à H^2 dans l'hydrate de zinc ZnO^2H^2. Cet hydrate, dans ce cas, se comporte donc comme un véritable *acide*, ce qui a fait donner à l'oxyde de zinc ZnO le nom d'oxyde *indifférent*, parce que vis-à-vis des acides il se comporte comme un oxyde *basique*, et vis-à-vis des bases comme un *anhydride*.

Extraction. — **217.** Les minerais de zinc sont la *blende* ou sulfure, ZnS, et la *calamine*, nom sous lequel on confond les minerais oxydés, carbonate et silicate. Le traitement est simple ; les minerais sulfurés sont amenés à l'état d'oxyde par un grillage suivi d'un coup de feu, pour détruire le sulfate qui aurait pu se former (**193**). Les minerais oxydés sont d'abord abandonnés à l'action de l'air, qui les désagrège, puis calcinés pour chasser l'eau et l'acide carbonique. L'oxyde est ensuite finement pulvérisé et mélangé avec du charbon. On chauffe le mélange au rouge vif dans des vases en terre réfractaire, cylindres ou cornues, placés dans des fours. A la température nécessaire pour opérer la réduction, le zinc est vaporisé ; les appareils où on traite le minerai sont de véritables appareils distillatoires ; les vapeurs de zinc sont condensées dans des récipients placés hors des fours où sont chauffées des cornues, et n'ayant qu'une étroite communication avec l'air.

Usages. — **218.** Le zinc est très employé pour faire des toitures ; il est beaucoup plus léger que la brique et l'ardoise ; on en fait aussi des cuves, des réservoirs, des gouttières et des tuyaux. Ces usages sont justifiés par l'insolubilité des produits que donne son altération par l'air humide.

On l'emploie constamment dans les laboratoires pour obtenir de l'hydrogène. Il constitue l'élément attaquable de la plupart des piles électriques. Il sert enfin à protéger le fer contre l'action des éléments atmosphériques.

Alliages. — **219.** Les principaux alliages du zinc avec le cuivre ont été décrits à propos de ce métal ; ce sont les laitons (**205**).

L'alliage de zinc et de fer est aussi peu inaltérable que le zinc lui-même ; le fer recouvert de zinc est dit *galvanisé*. Cette galvanisation peut se faire de deux manières : 1° en plongeant les pièces à galvaniser, après les avoir décapées, dans un bain de zinc fondu, recouvert d'une couche de chlorure de zinc et d'ammonium ; le contact avec le chlorure rend le décapage parfait, et l'alliage peut alors se former et adhérer au métal sous-jacent ;

2° en prenant les pièces à galvaniser comme électrodes négatives dans l'électrolyse d'un sel de zinc dissous ; le zinc de la solution se dépose en couche aussi épaisse qu'on le veut. Le fil de fer galvanisé est employé comme conducteur dans la télégraphie ; on en fait des grillages de clôture.

Oxyde de zinc. — 220. Corps solide blanc, léger, infusible au feu de forge, insoluble dans l'eau ; il devient jaune quand on le chauffe fortement, mais reprend sa couleur par refroidissement.

Sa réduction par le charbon donne le métal et de l'oxyde de carbone. Il se dissout dans les acides, et dans les solutions alcalines comme la soude. Son hydrate, ZnO^2H^2, possède à la fois les caractères d'une base puissante et d'un acide (**216**). On peut l'obtenir sous la forme d'un précipité blanc en versant une solution ammoniacale dans une solution d'un sel de zinc (1).

On peut également l'obtenir en remplaçant l'ammoniaque par la soude, mais il faut éviter de verser trop de soude, car, dès que le zinc aurait été complètement précipité, l'excès de réactif redissoudrait l'hydrate.

Fig. 76. — Fabrication du blanc de zinc. — c, chambres de dépôt avec cloisons en chicane ; s, sacs en toile ; T, tonneaux ; F, foyer ; C, cylindres où on vaporise le zinc.

$$(1) \qquad ZnSO^4 + 2AzH^4OH = ZnO^2H^2 + (AzH^4)^2SO^4.$$

221. — On fabrique l'oxyde de zinc par combustion directe du zinc chauffé au rouge dans un courant d'air ; l'oxyde entraîné va se condenser dans de grandes chambres munies de cloisons *en chicane*, sur lesquelles il se dépose (*fig.* 76).

222. — Cet oxyde, appelé dans les arts *blanc de zinc*, est très employé pour remplacer la céruse dans la peinture ; il a l'inconvénient d'être moins opaque que la céruse, mais par contre il est tout à fait inoffensif et ne noircit pas sous l'action de l'acide sulfhydrique, car le sulfure de zinc est blanc.

CHAPITRE IX

ALUMINIUM. — ALUMINE. — ARGILES. — KAOLIN. PORCELAINE. — FAÏENCES.

ALUMINIUM

$$Al = 27.$$

Propriétés. — **223.** L'aluminium est un métal blanc comme l'argent, léger (poids spécifique $= 2,56$) ; il fond à $654°$; il est ductile, malléable, sonore ; le martelage le rend élastique et dur ; il est facile à limer, et conduit assez bien l'électricité (**164**).

C'est un des métaux les plus oxydables ; il se combine à l'oxygène en dégageant une grande quantité de chaleur, pour former l'*alumine* Al^2O^3, solide blanc, fusible seulement à la température développée par le chalumeau à hydrogène-oxygène, insoluble dans l'eau et ne pouvant se combiner directement à elle.

Ces propriétés de l'alumine expliquent l'inaltérabilité de l'aluminium dans l'air sec ou humide. L'attaque produite en un point est immédiatement arrêtée par le revêtement d'alumine formé en ce point.

L'aluminium est un réducteur extrêmement énergique, et qui est utilisé comme tel à la place du charbon, dans la préparation de certains métaux, lorsqu'on veut les obtenir tout à fait exempts de carbone (1). L'oxydabilité de l'aluminium peut être mise en évidence par l'expérience suivante. On dépose sur une brique, dans un petit têt en terre, un mélange intime de bioxyde de baryum (2) et d'aluminium en poudre. Ce mélange s'enflamme au contact d'un ruban de magnésium allumé et brûle avec une flamme éblouissante. Si on fait avec de l'aluminium et du bioxyde de baryum une sorte de cartouche que l'on place au contact d'un mélange d'aluminium en poudre et d'un oxyde dans un creuset, la combustion de la cartouche *amorce* la réduction de l'oxyde, qui gagne la masse tout entière ; la température dans ces réactions est assez élevée pour que l'alumine qui en résulte soit fondue. La méthode est appliquée industriellement sous le nom d'*aluminothermie;* elle fournit un exemple remarquable de cette espèce de réactions qui, déterminées en un point d'une masse, se propagent grâce au dégagement de chaleur considérable qu'elles produisent et qui amène les parties voisines à la température où la réaction est possible.

Dans l'eau pure, l'aluminium reste inaltéré, mais ce n'est là qu'une apparence due à l'insolubilité de l'alumine que donnerait l'attaque ; en effet, si on ajoute du chlorure de sodium, qui dissout l'alumine, on observe une attaque lente du métal et un dégagement d'hydrogène.

L'aluminium est attaqué à froid, avec dégagement d'hydrogène, par l'acide chlorhydrique et par la soude en solution concentrée ; on a, dans le premier cas, du *chlorure*

(1) Le carbone peut former avec un grand nombre de métaux des *carbures* qui prennent naissance dans les réductions exigeant une température très élevée.

(2) Corps spongieux obtenu en faisant passer un courant d'air sur de la baryte chauffée vers 400°. La *baryte*, ou protoxyde de baryum BaO, est tout à fait analogue à la chaux par son aspect et ses propriétés.

d'aluminium AlCl³, dans le second, un *aluminate de sodium*. Cette propriété le rapproche du zinc et montre que l'alumine est un *oxyde indifférent* (**210**).

Extraction. — **224.** L'aluminium est très répandu à la surface du globe, mais il est engagé dans des combinaisons extrêmement stables, ce qui est une conséquence de son énergie chimique; on est obligé d'employer de puissants moyens d'action pour l'en extraire. Les principales substances contenant de l'aluminium sont :

L'*argile*, silicate d'aluminium plus ou moins pur ;

Les *feldspaths*, combinaisons variées de silicate d'aluminium avec des silicates de potassium, sodium et calcium ;

Les *corindons*, substances d'une grande dureté constituées par de l'alumine cristallisée ; nous citerons les pierres précieuses très estimées qu'on appelle *corindon* (incolore), *saphir* (bleu), *rubis* (rouge), *topaze orientale* (jaune), et qui doivent leur teinte à des traces d'oxydes métalliques ; l'émeri qui sert à polir les métaux et les glaces est un mélange de corindon et d'oxyde de fer;

La *bauxite*, alumine *hydratée*, mélangée d'oxyde de fer ; enfin la *cryolithe*, découverte au Groënland, contenant de l'aluminium et du sodium combinés au fluor.

a. — Le fluorure ou le chlorure d'aluminium peuvent être réduits directement par le sodium.

$$AlCl^3 + 3Na = 3NaCl + Al.$$

Cette réaction a constitué pendant longtemps le seul procédé de préparation de l'aluminium.

Aujourd'hui on emploie surtout des procédés électriques.

b. — Le fluorure d'aluminium AlF³ de la cryolithe fondue peut être décomposé par le courant électrique ; l'aluminium se dépose sur l'électrode négative ; le fluor tend à se dégager sur l'électrode positive; on le retient en ajoutant constamment au bain de la bauxite qui est détruite par le fluor en régénérant le fluorure.

$$3F^2 + Al^2(OH)^6 = 2AlF^3 + 3H^2O + O^3.$$
$$\text{Hydrate}$$
$$\text{d'aluminium.}$$

Si on prend comme électrodes négatives des plaques de fer ou de cuivre, on peut obtenir par cette méthode des alliages d'aluminium.

c. — L'alumine fondue peut être réduite par le charbon dans le four électrique. La bauxite se prête bien à l'opération. En ajoutant au bain d'autres oxydes ou des métaux, on obtient des alliages d'aluminium.

Ces procédés électriques sont précieux par la variété des produits dont ils permettent la préparation directe.

Usages. — **225.** La malléabilité, la légèreté, la résistance mécanique et l'inaltérabilité de l'aluminium le rendent propre à un grand nombre d'usages ; on l'emploie soit seul, soit allié au fer, au nickel, au cuivre ; on en fait des casques, des tubes de lunettes, des boîtes de montres, des instruments de physique et même des ustensiles de cuisine.

ALUMINE

Al^2O^3.

226. — Nous avons indiqué les propriétés principales de l'alumine *anhydre* Al^2O^3 : dureté, infusibilité, insolubilité. Prise à l'état *amorphe*, elle forme avec l'eau une pâte liante qui durcit au feu, et communique à l'argile cette précieuse propriété (1).

Bien qu'on ne puisse combiner *directement* l'eau et l'alumine, on sait préparer *indirectement* un hydrate d'aluminium $Al^2O^6H^6$, qui est base en présence des acides comme l'acide sulfurique (formation de *sulfate d'aluminium*) et acide en présence des bases fortes comme la soude (formation d'aluminate de sodium).

Le sulfate d'aluminium existe dans l'alun ordinaire du commerce, uni au sulfate de potassium ; il suffit de verser

---

(1) Il faut pour cela que l'alumine n'ait pas subi l'action d'une température trop élevée, qui lui donne les propriétés de l'alumine cristallisée, beaucoup plus résistante et ne faisant pas prise avec l'eau.

de l'ammoniaque dans une solution d'alun, pour avoir le précipité *gélatineux* d'hydrate. Cet hydrate possède la propriété de se combiner aux matières colorantes pour former des *laques*, utilisées dans l'art de la teinture. En faisant bouillir quelque temps dans l'eau de la cochenille (1), on obtient une liqueur rouge; si on y ajoute une solution d'alun, puis de l'ammoniaque, et si on jette sur un filtre, la liqueur passe incolore ; le précipité coloré en rose reste sur le filtre. On profite de cette propriété pour fixer des couleurs sur certaines fibres textiles. On peut montrer son utilité de la manière suivante. On prépare une solution d'*acétate d'aluminium* en traitant par l'alun une solution d'*acétate de plomb* (eau blanche des pharmacies) et filtrant pour séparer le précipité blanc de *sulfate de plomb* qui se forme (2) ; on prend alors deux mèches de coton et on plonge l'une d'elles pendant quelques minutes dans la solution, puis on l'égoutte ; les deux mèches sont ensuite mises dans deux tubes contenant une solution de cochenille, et on fait bouillir quelques minutes ; les mèches retirées sont lavées à grande eau ; celle qui a subi l'action de l'acétate d'aluminium reste teinte parce que l'ébullition a détruit l'acétate en *acide acétique*, qui s'est volatilisé, et *alumine* qui s'est déposée dans la fibre en y entraînant la matière colorante ; le lavage fait disparaître la faible coloration qu'avait l'autre en sortant du bain. L'immersion dans le bain d'acétate d'aluminium s'appelle *mordançage*. Un grand nombre de matières colorantes ne peuvent être fixées sur les étoffes qu'après un mordançage convenable.

Nous avons signalé les diverses variétés naturelles d'alumine. Nous ajouterons simplement qu'on obtient l'alumine amorphe Al^2O^3 en calcinant l'hydrate $Al^2(OH)^6$; cet hydrate peut être préparé, soit à partir de l'alun, soit à partir du

---

(1) Corps desséché d'un insecte vivant sur certains cactus cultivés dans les pays chauds en vue de la récolte des insectes, et qui contient une magnifique matière colorante rouge.

(2) Acétate de plomb + Sulfate d'aluminium = Sulfate de plomb + Acétate d'aluminium. (insoluble). (dissous).

sulfate d'aluminium, que l'on produit en traitant la bauxite par l'acide sulfurique.

- - -

ARGILES

227. On donne le nom d'argiles à des roches très abondantes dans l'écorce terrestre. Leur composition est loin d'être uniforme, mais toutes contiennent, en proportion prépondérante, du silicate d'aluminium hydraté associé à des quantités très variables d'oxydes étrangers, potasse, soude, chaux, magnésie, oxyde de fer.

Les argiles les plus pures sont peu fusibles; elles sont blanches ou faiblement colorées; la chaux, l'oxyde de fer leur donnent de la fusibilité. L'argile possède une odeur particulière (odeur de terre mouillée); elle est insoluble dans l'eau et imperméable; mais, quand elle est sèche, elle absorbe promptement l'eau et l'humidité de l'atmosphère; elle produit sur la langue une sensation particulière, due à l'absorption de la salive (*happement à la langue*). L'argile humide perd une partie de son eau dans l'air sec, en éprouvant un retrait; la calcination chasse le reste et augmente considérablement le retrait.

Les briques sont constituées par de l'argile calcinée.

Les propriétés de l'argile ont une très grande importance en agriculture; les sols argileux se dessèchent moins que les autres; l'action bienfaisante de l'argile est encore accrue par ce fait qu'elle retient en même temps que l'humidité, l'ammoniaque et les matières salines de l'air, et enlève aux liquides des engrais leurs sels et leurs matières organiques, qu'elle emmagasine en quelque sorte.

La plupart des argiles forment avec l'eau une pâte liante qui durcit au feu. Les principales variétés d'argile sont les suivantes :

1° *Kaolin* ou *terre à porcelaine*, silicate d'aluminium pur, résultant de la décomposition sur place du feldspath des granits; sous l'action de l'acide carbonique de l'air, le silicate de potassium est peu à peu transformé en carbonate qui est entraîné par les pluies. Le kaolin est une substance blanche, peu fusible, très plastique, employée pour fabriquer la porcelaine (Saint-Yrieix).

2° *Argiles plastiques*, contenant de faibles quantités d'oxyde de fer ; leur couleur est claire ; elles sont employées pour fabriquer les poteries de grès, les terres de pipe, les creusets, les faïences fines. On les rencontre à Montereau, à Dreux, à Forges. Elles sont d'origine sédimentaire.

3° *Argiles figulines*, très fusibles, grâce à la quantité d'oxydes étrangers qu'elles contiennent ; elles servent à fabriquer les poteries communes ; la *terre glaise*, qui est une argile figuline, est employée à confectionner les briques.

4° *Argiles smectiques*, contenant environ 20 p. 100 d'eau, happant peu à la langue ; elles absorbent les graisses avec une grande facilité ; aussi les emploie-t-on, sous le nom de *terre à foulon*, au dégraissage des draps.

5° *Ocres* ou argiles ferrugineuses, contenant beaucoup de fer ; colorées en brun ou en rouge ; elles sont surtout employées dans la peinture (sanguine, ocre jaune, terre de Sienne, terre d'ombre).

POTERIES

228. — La plasticité de l'argile a trouvé son application dans la fabrication des poteries.

L'argile, réduite en pâte avec de l'eau, est durcie au feu. Mais cette pâte ne doit pas être uniquement argileuse, car le *retrait* que l'argile éprouve pendant la cuisson déformerait les pièces ; on ajoute à l'argile des substances dites *dégraissantes* ou *antiplastiques* (silex, quartz, craie), qui diminuent la plasticité de la pâte crue, mais ont l'avantage d'empêcher le retrait.

On divise ordinairement les poteries en deux classes : 1° les *poteries à pâte tendre*, dont la pâte, qui ne se ramollit pas par la cuisson, reste poreuse et peut être rayée par une pointe d'acier ; 2° les *poteries à pâte dure*, dont la pâte se ramollit par la cuisson, éprouve un commencement de fusion qui la rend compacte et imperméable, et ne se laisse pas rayer par l'acier.

Les principales variétés de poteries sont les suivantes :

Poteries à pâte tendre. — 229. *Terres cuites.* — Ce sont les plus communes des poteries; les briques, les tuiles, les pots à fleurs en constituent les principales variétés. La fabrication est simple ; l'objet, façonné en argile marneuse mêlée de sable, est cuit dans des fours à température peu élevée.

230. *Poteries vernissées.* — Elles sont fabriquées avec des argiles figulines (**227**, 3°) mêlées de marne et de sable ; on leur donne la forme voulue au *tour*. Le tour du potier est constitué par une plate-forme horizontale, mobile autour d'un axe vertical, et commandée par un volant horizontal que l'ouvrier met en mouvement avec ses pieds. Les pièces façonnées sont mises à cuire dans des fours spéciaux. On recouvre ces poteries d'un vernis vitreux formé d'argile et de litharge.

231. *Faïences communes.* — Les faïences communes sont confectionnées avec des argiles figulines plus ou moins calcaires, mélangées de sable ; elles sont soumises à deux cuissons, dont la première à température élevée, la seconde à température plus basse. Entre les deux cuissons, elles sont plongées dans des cuves qui contiennent, à l'état de poudre fine délayée dans l'eau, l'*émail*, mélange d'oxydes de plomb et d'étain ; cet émail sera fondu et rendu adhérent par la seconde cuisson; il est blanc, opaque, et dissimule la couleur brune de l'argile. La faïence commune paraît être d'origine arabe. Elle a été fabriquée en Italie au quinzième siècle (*majoliques*).

Poteries à pâte dure. — 232. *Grès.* — Les grès sont fabriqués avec des argiles un peu moins pures que le kaolin, mélangées de feldspath, de quartz et de calcaires; on les cuit une seule fois à haute température; on leur donne un vernis ou *couverte* obtenu en projetant dans le four bien chaud du sel marin humide, qui est volatilisé et décomposé par l'argile avec formation d'un silicate double d'aluminium et de sodium. C'est ce silicate, d'aspect vitreux, qui donne aux grès leur lustre.

233. *Faïences fines.* — Ces faïences sont faites avec du kaolin et des argiles très légèrement ferrugineuses, de façon à obtenir une pâte blanche. Le vernis contient du quartz, du carbonate de potassium, de l'oxyde de plomb et souvent de l'*acide borique* (**155**). Il est transparent. La faïence fine, ou *porcelaine opaque*, a été inventée en 1763, par le potier anglais Wedgwood.

234. *Porcelaine.* — La pâte est constituée par du kaolin, additionné de quartz ou de *pegmatite* (substances dégraissantes), et de feldspath ou de calcaire (*fondants*, abaissant le point de fusion); les matières, broyées séparément, sont mélangées, puis soumises en présence de l'eau à un nouveau broyage ou *porphyrisation*, qui donne une pâte très claire, appelée *barbotine*. La barbotine est amenée au degré de consistance convenable par une filtration sous pression dans des sacs en toile, qui se laissent traverser par l'excès d'eau. La glaçure, à la manufacture de Sèvres, est constituée par de la pegmatite.

La pâte, après une assez longue série de préparations ayant pour but d'augmenter l'homogénéité et de diminuer le retrait que lui fera éprouver la cuisson, est *façonnée*. La pièce reçoit d'abord grossièrement sa forme sur le tour du potier (*ébauchage*), puis on la finit par le *tournassage*, qui s'opère encore sur le tour. On peut aussi façonner par *moulage*, en appliquant la pâte contre le moule, ou par *coulage*, en versant de la barbotine dans un moule en plâtre qui absorbe l'eau en excès et laisse à la mince croûte, en contact avec les parois, la consistance nécessaire. Aujourd'hui, on a remplacé le travail de l'ouvrier par des machines pour toutes les pièces de forme peu compliquée, comme les assiettes, par exemple.

Les pièces façonnées sont portées dans la partie supérieure ou *globe* d'un four à deux ou trois étages (*fig.* 77), où elles subissent un commencement de cuisson, appelé *dégourdi*, à une température relativement basse ; elles sont encore poreuses. On les trempe alors dans une cuve contenant, à l'état de pâte très claire, les matières qui constitueront la glaçure, et on les retire de suite ; l'excès d'eau est absorbé par les parois de la pièce, et les matières solides, qui seront vitrifiées par la fusion, restent déposées sur la surface.

Les pièces sont alors placées dans des étuis de terre réfractaire, nommés *cazettes*, que l'on empile dans les étages inférieurs du four, et dont les joints sont lutés : on chauffe jusqu'à la température du ramollissement de la porcelaine (1 100 à 1 200°). Les cazettes préservent les pièces de l'action directe du feu et les empêchent d'être tachées par les parcelles de charbon qui sont toujours entraînées par les flammes. Quand la cuisson est terminée, les pièces sont mises à refroidir et défournées.

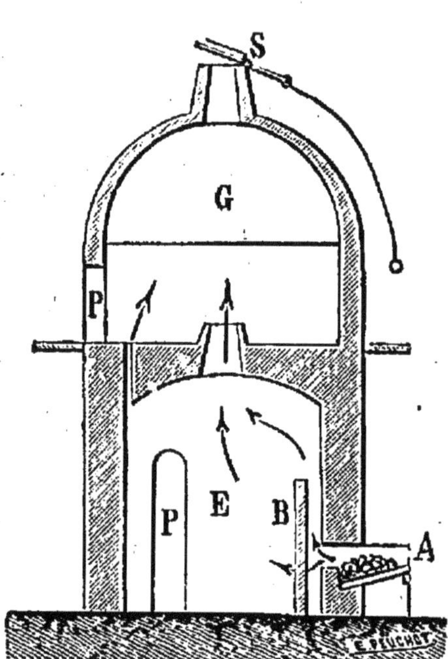

Fig. 77. — Four à porcelaine à deux étages. A, un alandier (foyer extérieur) ; B, piliers obligeant les gaz à se diviser en entrant dans le four ; E, étage inférieur ; G, globe ; P, P, portes ; S, obturateur.

La décoration de la porcelaine se fait soit en appliquant les couleurs sur la pièce dégourdie, avant la couverte (couleurs de grand feu), soit en les appliquant sur la couverte, et passant ensuite la pièce au *four à moufle*, dont la température est bien inférieure à celle de la cuisson de la porcelaine (couleurs de moufle). Le premier procédé donne de meilleurs résultats que le second ; malheureusement les couleurs de grand feu sont peu nombreuses, les oxydes métalliques, qui fournissent les couleurs, étant presque tous volatilisés dans le four à porcelaine.

Les *émaux* sont des porcelaines dans lesquelles la couleur se trouve à l'état de combinaison avec le fondant.

La porcelaine a été d'abord fabriquée exclusivement en Chine et au Japon. C'est en 1709 seulement que sa fabrication a été inaugurée en Saxe. La première fabrique française a été installée à Sèvres, en 1769, par le chimiste Macquer.

CHAPITRE X

VERRE. — CRISTAL

Verre. — **235.** Le verre, dont les usages sont si nombreux et si importants, est une matière dure, cassante, douée d'un éclat caractéristique (éclat *vitreux*). Il est constitué par un mélange de silicates divers.

Les silicates *alcalins* (de potassium et de sodium) sont solubles et fusibles. Les silicates *terreux*, comme le silicate de calcium, sont insolubles et infusibles. Par un mélange convenable de silicates alcalins et de silicates terreux, on obtient des verres insolubles et suffisamment fusibles.

Le verre est naturellement incolore ou peu coloré, à moins que les matières premières ayant servi à sa fabrication ne soient ferrugineuses, auquel cas il a une couleur verte prononcée (verre à bouteilles). Les verres à base de soude sont durs, ont une teinte jaunâtre et sont assez fusibles ; les verres à base de potasse sont incolores et moins fusibles que les précédents.

En remplaçant la chaux par le plomb, on obtient le *cristal*, incolore, dur, fusible, très réfringent.

Chauffé graduellement, le verre commence à se ramollir à une température qui varie entre 400 et 700 ou 800°, suivant sa composition ; il reste assez longtemps dans cet état pâteux, et peut alors être travaillé facilement et recevoir les formes les plus diverses ; il se soude à lui-même (1). A une température voisine de 1 000°, il devient aussi fluide que de l'eau.

Le verre chauffé au voisinage du point où il se ramollit, puis plongé dans un bain d'huile ou de graisse fondue, se *trempe* ; il devient plus dur, moins sensible aux variations de température et aux chocs, plus élastique. Mais si le verre trempé vient à être scié ou rompu en un point, il se brise en un grand nombre de menus fragments.

Fig. 78.
Larme batavique.

Les *larmes bataviques* ou *fioles de Bologne* (*fig.* 78), que l'on obtient en coulant dans l'eau des gouttes de verre fondu, en donnent un exemple. Quand on casse la pointe, elles éclatent et tombent en poussière.

Pour avoir tout son effet, la trempe doit être pratiquée sur des pièces dont la température est bien la même en tous leurs points ; la température du bain doit être d'autant plus élevée que le verre est moins fusible (ainsi le verre de Bohême se trempe dans l'huile portée à 300° au moins) ; le refroidissement doit être très lent. Une trempe irrégulière augmenterait la fragilité du verre.

Le verre est mauvais conducteur de la chaleur ; brusquement refroidi, il se brise ; aussi faut-il réchauffer (*recuire*) les pièces après leur fabrication et les laisser ensuite refroidir très lentement.

Le verre est lentement attaqué par l'eau, qui lui enlève de

(1) On ne peut obtenir de bonnes soudures qu'entre verres de même nature.

l'alcali ; quand on a fait longtemps bouillir dans l'eau du verre pulvérisé, l'eau a acquis une réaction alcaline. Les acides minéraux attaquent peu le verre, à l'exception de l'acide fluorhydrique (1). Les alcalis concentrés et surtout fondus, au contraire, l'attaquent rapidement.

Fabrication. — 236. On fabrique le verre en faisant réagir la silice (sable ou quartz pour les verres blancs) sur le carbonate de potassium ou de sodium et la chaux éteinte ou le carbonate de calcium. Pour la verrerie commune, on remplace le carbonate de sodium par le sulfate.

Les matières pulvérisées sont mélangées avec beaucoup de soin, additionnées de déchets de verre, puis chauffées

Fig. 79. — Four de verrerie au bois. — F, foyer ; c, creusets ; a, ouvertures fermées pendant la fusion ; A, arches pour fritter.

modérément ; cette opération, appelée *fritte*, chasse l'eau et détermine un commencement de combinaison de l'alcali avec la silice. On les fond ensuite dans des creusets placés dans des fours spéciaux (*fig*. 79).

On emploie de plus en plus aujourd'hui, à la place des anciens appareils, des fours à gaz (**200**, *d*) dont la sole en

(1) Acide analogue à l'acide chlorhydrique ; c'est un composé du gaz *fluor* et de l'hydrogène ; sa formule est HF. On s'en sert pour graver sur verre.

forme de cuvette reçoit directement, sans l'intermédiaire des creusets, les matières premières.

Quand les matières sont ferrugineuses, il faut décolorer le verre avant de le travailler ; on y arrive au moyen du peroxyde de manganèse (savon des verriers) ; Liebig attribue cette décoloration au fait que le silicate de manganèse qui se forme a une couleur *complémentaire* (violet) de celle du silicate de fer (jaune). De plus, l'oxygène du peroxyde brûle les matières charbonneuses qui peuvent se trouver incorporées au verre.

Les principales espèces de verre sont les suivantes :

1° *Verre soluble*, ou liqueur des cailloux ; silicate de sodium.

2° *Verre à bouteilles ;* soude, fer et chaux.

3° *Verre à vitres ;* même composition générale que le précédent ; moins de fer et de chaux, plus de soude.

4° *Verre à glaces, gobeletterie fine ;* moins de chaux et plus de soude que le précédent.

5° *Verre de Bohême ;* potasse et chaux.

6° *Crown-glass* (verre d'optique) ; potasse et chaux.

La coloration du verre est obtenue au moyen des oxydes métalliques : oxyde cuivreux Cu^2O pour le rouge, oxyde cuivrique CuO et oxyde de chrome pour le vert, oxyde de cobalt pour le bleu.

Cristaux. — 237. Ce sont des verres à base de plomb et de potasse. On les fabrique avec du sable, du carbonate de potassium et de la litharge ou du *minium*, qui fournissent le plomb. La proportion de plomb va en augmentant, du cristal ordinaire au *flint-glass*, qui est un verre d'optique, plus réfringent (1) que le crown, et au *strass*, employé à l'imitation du diamant et des pierres précieuses ; la *réfringence* (action sur la lumière) augmente avec la proportion de plomb.

____

(1) Qui dévie plus fortement la trajectoire d'un faisceau lumineux abordant obliquement sa surface.

Il est facile de distinguer le cristal du verre ; en effet, quand on chauffe un morceau de cristal dans une flamme éclairante, il noircit grâce à la réduction du silicate de plomb par le charbon de la flamme.

CHAPITRE XI

ARGENT ET OR. — ALLIAGES MONÉTAIRES

ARGENT

$$Ag = 108.$$

Propriétés. — **238.** Métal blanc, assez mou, assez malléable pour qu'on puisse le réduire en feuilles de $\frac{1}{300}$ de de millimètre d'épaisseur, assez ductile pour qu'on puisse, avec 5 centigrammes d'argent, faire un fil de 130 mètres de longueur. Son poids spécifique est 10,5 ; il fond à 960°, se volatilise vers 1500°.

Il est inaltérable dans l'air ou l'oxygène à toute température, mais il est attaqué par divers métalloïdes, tels que le chlore et le soufre. Il noircit au contact de l'acide sulfhydrique et du caoutchouc vulcanisé, grâce à la formation de sulfure d'argent Ag^2S noir.

Il se dissout dans le mercure et forme un amalgame que la chaleur peut décomposer en mercure et argent ; une petite quantité de mercure le rend cassant ; on lui restitue ses propriétés premières en chauffant vers 500°.

Il se dissout très bien dans l'acide azotique et donne l'azotate d'argent $AgAzO^3$, qu'on peut considérer comme formé par l'union de l'anhydride azotique avec un oxyde d'argent Ag^2O ; le sel est très stable et peut être fondu sans décomposition ; mais, l'oxyde l'étant très peu, l'azotate a une tendance marquée à donner de l'argent en présence des corps réducteurs ; c'est ce qui a lieu au contact de nombreuses matières organiques. Ainsi, l'azotate d'argent produit sur la peau une tache noire, tandis que l'anhydride azotique mis en liberté attaque les tissus ; aussi est-il employé quelquefois, sous le nom de *pierre infernale*, pour ronger les chairs.

L'argent est monovalent.

Extraction. —239. On rencontre l'argent à l'état natif. On le trouve aussi à l'état de *chlorure* et à l'état de sulfures de composition très complexe, dans lesquels il est associé au plomb, au cuivre, à l'antimoine et à divers autres corps.

Son extraction comporte des opérations compliquées. En principe, on transforme l'argent en chlorure ; ce chlorure, traité par le fer en présence de l'eau et du sel marin, donne de l'argent et du chlorure de fer, par un mécanisme analogue à celui qui a été signalé pour le sulfate de cuivre (**200**) ; l'argent déposé est dissous dans du mercure, et l'amalgame est ensuite distillé.

240. —Les minerais de plomb étant souvent argentifères, le plomb doit être désargenté. L'opération porte le nom de *coupellation*, et repose sur l'inaltérabilité de l'argent à l'air. On chauffe vers 900° le plomb argentifère dans un four dont la *sole* est garnie d'un mélange fortement tassé de marne et de cendre d'os, tandis que des tuyères envoient constamment un courant d'air dans le four ; le plomb s'oxyde, et la litharge (**200**), fondue à la température du four, est absorbée par le revêtement. L'argent reste inaltéré ; on est averti de la fin de l'opération par l'éclat subit que prend le métal, beaucoup plus brillant que la pellicule de litharge fondue qui le recouvre, et se déchire au moment où l'oxydation s'achève ; la chaleur dégagée par l'oxydation du plomb élève en effet la température de la litharge au-dessus de celle du four et maintient l'argent en fusion ; il se solidifie dès que les dernières portions de plomb ont disparu.

OR

$$Au = 196.$$

Propriétés. — **241.** Métal jaune, mou, le plus malléable et le plus ductile de tous; on peut le réduire en feuilles ayant moins de $\frac{1}{10000}$ de millimètre d'épaisseur, et, de 5 centigrammes d'or, faire un fil de 162 mètres de long. Son poids spécifique est 19,25; il fond à 1060°.

Il est inaltérable à l'air à toute température; parmi les métalloïdes que nous avons étudiés, le chlore seul l'attaque (**73**, *c*). Il se dissout dans le mercure et donne un amalgame que la chaleur détruit.

Il n'est attaqué par aucun acide isolé, mais le mélange d'acide chlorhydrique et d'acide azotique, appelé *eau régale* (1), le dissout et le transforme en chlorure $AuCl^3$. Ce chlorure est réduit par un très grand nombre de substances qui en précipitent l'or à l'état métallique. Nous signalerons le *sulfate ferreux* $FeSO^4$ ou vitriol vert, et un grand nombre de matières organiques. La poudre d'or des peintres sur porcelaine n'est autre chose que le précipité obtenu par le sulfate ferreux.

Extraction. — **242.** L'or se rencontre exclusivement à l'état natif, dans des filons de quartz, ou des sables d'alluvion provenant de la désagrégation de roches ou de filons aurifères. Un grand nombre de rivières roulent des sables aurifères, mais en quantité trop faible pour qu'on puisse les exploiter. Les plus riches mines d'or se trouvent en Australie, en Californie, dans l'Oural, au Transvaal et dans l'Alaska. On emploie plusieurs procédés d'extraction.

a. — Un triage mécanique dans un courant d'eau, précédé d'un broyage, si on a affaire à des roches quartzeuses, sépare le métal des sables beaucoup moins denses dans les-

(1) L'inaltérabilité de l'or l'avait fait nommer par les alchimistes le *roi des métaux;* c'est l'origine du nom de l'eau régale.

quels il se trouve. On le dissout ensuite dans du mercure, et on distille l'amalgame.

b. — Cette méthode, très ancienne, est aujourd'hui remplacée, dans beaucoup d'endroits, par des méthodes chimiques. Après avoir broyé les minerais, on les soumet à l'action du chlore, qui attaque l'or, on précipite le métal de la solution de chlorure par du sulfate ferreux, ou on filtre sur des filtres en charbon, qui réduisent également le chlorure ; le précipité recueilli dans le premier cas est séché, puis fondu ; dans le second cas, on brûle le filtre, l'or fond et peut être recueilli.

c. — Une autre méthode consiste à traiter le minerai par une solution de *cyanure de potassium* (1) qui dissout l'or ; on précipite ensuite ce métal par le zinc. C'est une réaction analogue à celles que nous avons déjà signalées (**206, 239**).

USAGES DE L'OR ET DE L'ARGENT

213. — L'inaltérabilité de l'or et de l'argent les rend très précieux. On peut préserver contre l'action de l'air des objets en métal altérable, en les recouvrant d'une couche d'argent ou d'or, obtenue aujourd'hui en prenant ces objets comme électrodes négatives dans l'électrolyse de sels d'argent ou d'or (argenture et dorure galvaniques).

L'argent, réfléchissant abondamment la lumière, permet de faire d'excellents miroirs. On peut obtenir sur du verre bien nettoyé une couche adhérente d'argent, en versant sur ce verre un mélange d'azotate d'argent (2) et d'un produit organique appelé *formol*. Les glaces sont aujourd'hui obte-

---

(1) Corps soluble, répondant à la formule KCAz ; c'est un poison violent.

(2) En réalité, on prend, non de l'azotate d'argent pur, mais de l'azotate ammoniacal ; une quantité convenable d'ammoniaque ajoutée à de l'azotate d'argent précipite de l'oxyde

$$2(AzH^4)OH + 2AgAzO^3 = Ag^2O + 2(AzH^4AzO^3) + H^2O;$$

l'oxyde est soluble dans un excès de solution ammoniacale. On prépare la liqueur d'argent en versant juste la quantité d'ammoniaque nécessaire pour redissoudre le précipité formé d'abord.

nues par un procédé analogue ; l'argenture a remplacé l'étamage.

Les principaux usages de l'argent et de l'or, sont la fabrication des monnaies, des médailles, et de nombreux objets (bijoux, pièces d'orfèvrerie).

ALLIAGES MONÉTAIRES

244. — L'or et l'argent sont trop mous pour être employés seuls. On leur donne la dureté nécessaire en les alliant au cuivre. La valeur de l'alliage dépend du *titre*, c'est-à-dire du rapport du poids du métal *fin* au poids total. En France, la fabrication et la vente des matières d'or et d'argent sont soumises à une réglementation et à un contrôle sévères, et le titre de l'alliage devant servir à un usage déterminé est fixé. Mais, comme il est difficile d'obtenir un alliage parfaitement homogène, on admet une certaine *tolérance*, c'est-à-dire un écart entre la composition de l'alliage et la composition légale.

Par exemple, si un alliage est à $\frac{900}{1000}$ et si la tolérance est $\frac{2}{1000}$, 100 grammes d'alliage devront contenir au moins 89^{gr},8 d'argent. Voici la composition des alliages usités :

(Le titre et la tolérance sont exprimés en millièmes.)

		Titre.	Tolérance.
	Pièces de 5 francs	900	2
	— divisionnaires	835	3
ARGENT	Médailles de la Monnaie de Paris	950	2
	Orfèvrerie, 1er titre	950	5
	— 2e titre	800	5
	Monnaies	900	2
	Médailles	916	2
OR	Bijoux	920	5
		840	5
		750	5

Essai des alliages monétaires. — 245. L'essai d'un alliage d'argent peut se faire par *coupellation* dans une petite coupelle de cendre d'os, qui absorbera l'oxyde de cuivre formé. L'alliage est pesé avant l'opération, et après on pèse le résidu d'argent.

Un autre procédé consiste à attaquer par l'acide azotique un poids connu d'alliage, 1 gramme par exemple. Il se forme de l'azotate de cuivre et de l'azotate d'argent. Si à la solution on ajoute une solution de sel marin, l'azotate d'argent seul est attaqué et donne du chlorure d'argent; le cuivre reste dans la liqueur (1).

$$AgAzO^3 + NaCl = AgCl + NaAzO^3.$$

Il faut $58^{gr},5$ de chlorure de sodium pour précipiter $143^{gr},5$ de chlorure d'argent, contenant 108 grammes d'argent. Il n'y aura donc qu'à déterminer le poids de chlorure de sodium qui précipite complètement l'argent; $\dfrac{108}{58,5}$ de ce poids représentent le poids d'argent contenu dans l'alliage.

246. — L'essai rigoureux des alliages d'or est plus compliqué. Mais si l'objet à essayer ne doit pas être détérioré et si on ne cherche pas une exactitude supérieure à 8 ou 9 millièmes, on peut employer la *pierre de touche*. C'est une pierre siliceuse noire, très dure, assez rugueuse; un objet d'or frotté sur cette pierre y laisse une trace ; on en fait une de même dimension avec un alliage de titre connu, on mouille les deux traces avec de l'eau régale et on les essuie; celle dont l'éclat est le plus faible correspond à l'alliage le moins riche. En comparant avec une série d'alliages types, réunis sur un appareil appelé *touchau* et formé de lames de laiton en étoile sur chacune desquelles est soudé un alliage, on arrive rapidement à déterminer un titre.

(1) Il suffit, après avoir séparé le chlorure d'argent, d'ajouter au liquide, le plus souvent incolore à cause de sa faible teneur en cuivre, une goutte d'ammoniaque pour voir apparaître la couleur bleue caractéristique (**207**).

CHAPITRE XII

SUBSTANCES ORGANIQUES. — LEUR COMPOSITION

Substances organiques. — **247.** Lorsqu'un cristal est placé dans une solution saturée de la même substance, il s'accroît, mais sans éprouver de modifications dans sa composition et même dans sa forme géométrique, s'il est convenablement isolé au sein du liquide (s'il est suspendu à un fil, par exemple). Tout autre est le mécanisme du développement des êtres vivants. Ainsi, une plante emprunte au sol dans lequel elle vit et à l'atmosphère des substances qui se transforment dans ses tissus, et, au moyen de véritables réactions chimiques, souvent très compliquées et dont le mécanisme nous échappe encore, donnent naissance aux produits nécessaires à l'entretien de la vie de la plante. En même temps, il se forme des déchets qui doivent disparaître, c'est-à-dire être restitués aux milieux ambiants. On a d'abord appelé *chimie organique* l'étude des substances dites *organiques*, c'est-à-dire dont la formation dans les êtres vivants est liée à l'exercice des fonctions vitales. Mais cette définition est incomplète.

Éléments des êtres vivants. — **248.** La diversité des corps que nous avons étudiés jusqu'ici tient surtout à la diversité des éléments qui entrent dans la constitution de ces corps. Il en est tout autrement pour les êtres vivants.

1° Toute substance organique, suffisamment chauffée à l'abri de l'air, finit par laisser comme résidu du *charbon*. La fabrication du noir animal (**138**) nous en fournit un exemple ; ce charbon provient de la destruction de l'*osséine*, substance organique contenue dans le tissu osseux.

2° Toute substance organique, chauffée avec de l'oxyde de cuivre bien sec (1), donne du gaz carbonique et de la *vapeur d'eau ;* il y a donc, outre le charbon, de l'*hydrogène*.

On peut s'en convaincre en chauffant dans un tube T en verre peu fusible un mélange intime de 1 gramme de térébenthine, par exemple, avec 20 grammes d'oxyde de cuivre ; les produits de la réaction traversent un tube T' à chlorure de calcium, pesé avant l'expérience, et se rendent dans un vase A contenant de l'eau de chaux (*fig.* 80). L'eau de chaux

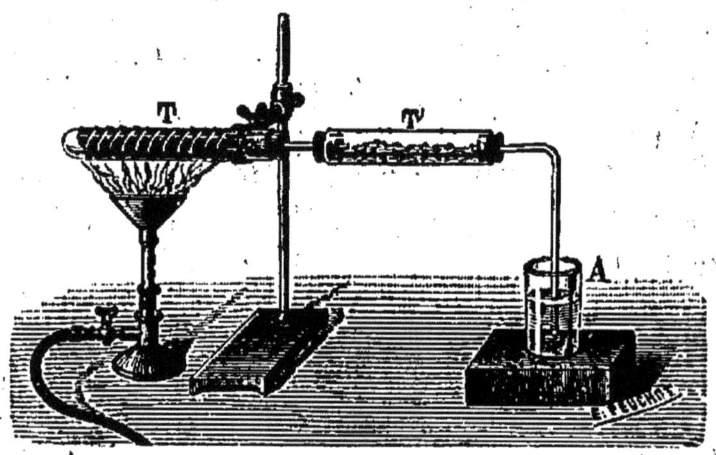

Fig. 80. — On peut remplacer le bec de gaz par une grille en tôle dans laquelle on placera des charbons ; il est bon d'enrouler autour du tube T une mince feuille de clinquant.

se trouble ; on trouve, en pesant de nouveau le tube T' après l'expérience, que son poids a augmenté.

3° On n'a pas encore découvert dans les êtres vivants de substance dépourvue de carbone et d'hydrogène ; certaines

(1) Pour dessécher l'oxyde de cuivre, on le chauffe fortement, et on le laisse refroidir sous une cloche de verre, à côté d'un vase contenant de l'acide sulfurique ; les bords de la cloche, préalablement enduits de suif, sont posés sur une assiette, et on bouche avec soin les jours qui peuvent exister entre la cloche et l'assiette. Pour dessécher les appareils, on peut employer la disposition représentée par la figure 81.

essences végétales ne contiennent pas d'autres éléments (essence de citron, essence de térébenthine). Mais la plupart des matières organiques contiennent en outre de l'*oxygène*. Quand on chauffe fortement du sucre dans un tube d'essai, on obtient comme résidu un charbon noir, poreux et brillant, qui est le *charbon de sucre;* pendant la calcination il se dé-

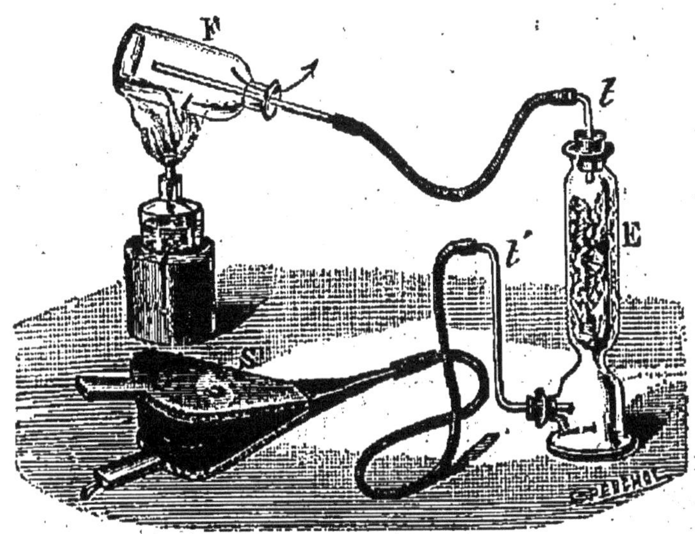

Fig. 81. — Manière de dessécher un flacon.

S, soufflet envoyant dans le flacon F un courant d'air qui se dessèche en E. On fait constamment tourner le flacon F au-dessus de la flamme, afin d'en bien sécher toutes les parties. Pour conserver à la substance placée en E ses pro-priétés desséchantes, on réunit les tubes *t* et *t'* par un caoutchouc quand l'ap-pareil n'est pas en usage.

gage des quantités considérables de vapeur d'eau, ce qui démontre l'existence de l'oxygène dans le sucre ; il s'y trouve, avec l'hydrogène, dans les proportions mêmes qui répon-dent à la composition de l'eau, ce qui a fait nommer le sucre et les substances voisines *hydrates de carbone;* mais, en gé-néral, les proportions relatives de l'hydrogène et de l'oxy-gène dans les substances organiques présentent les valeurs les plus diverses.

4° Si on chauffe dans un tube d'essai, avec de la potasse, une substance d'origine animale, telle que du blanc d'œuf, ou un petit morceau de viande fraîche, on obtient un dégagement de gaz ammoniac, facile à constater en présentant à l'orifice du tube un papier de tournesol rouge ; le papier bleuit.

Ces substances contiennent donc de l'*azote*.

En résumé, le *carbone*, l'*hydrogène*, l'*oxygène*, l'*azote*, sont les éléments fondamentaux des substances organiques naturelles ; quelques-unes d'entre elles contiennent en outre de petites quantités de soufre et de phosphore.

En général, les tissus végétaux contiennent surtout des matières ternaires, non azotées, et les tissus animaux, des substances azotées.

Principes immédiats. — 249. *L'analyse élémentaire* d'une substance comprend la détermination de la nature et des proportions des corps simples qui la constituent. Dans la chimie minérale, cette analyse est le plus souvent suffisante pour faire connaître la substance. Mais si on l'applique aux corps extraits des êtres vivants, on a des résultats si éloignés de la simplicité de composition des matières minérales, qu'il est impossible d'en rien tirer.

C'est qu'en effet les *substances organisées* dont l'assemblage constitue les tissus des êtres vivants ne sont pas des corps doués de propriétés physiques ou chimiques nettes ; ces corps se détruisent avant de fondre s'ils sont solides, avant de bouillir s'ils sont liquides. Ce sont des mélanges complexes de produits souvent très compliqués eux-mêmes.

Mais on peut en retirer par diverses opérations d'autres substances plus simples, qui possèdent des propriétés physiques et chimiques bien caractérisées, un point de fusion et un point d'ébullition déterminés, souvent une forme cristalline définie, des réactions nettes avec les différents réactifs de la chimie. Ces substances sont de véritables *espèces chimiques*. C'est à elles qu'on réserve le nom de *matières organiques*. On les appelle encore *principes immédiats*. Nous allons étudier quelques-uns d'entre eux.

Chimie organique. — 250. On sait aujourd'hui préparer, par des procédés purement chimiques, un grand nombre de substances organiques ; on prépare également beaucoup d'autres corps ayant avec elles d'étroites relations, et que l'on ne rencontre pas dans les produits de la vie. Toutes ces substances contenant du carbone, on peut dire que la *chimie organique* est *la chimie des composés du carbone*.

CHAPITRE XIII

CARBURES D'HYDROGÈNE

251. — Comme leur nom l'indique, ces corps sont composés de carbone et d'hydrogène ; leur nombre est extrêmement grand, et il serait impossible de s'y reconnaître, s'ils n'avaient entre eux des relations très remarquables. Ils forment en effet des *séries* définies par un ensemble de propriétés que possèdent en commun tous les corps ou *termes* d'une même série.

Nous étudierons les premiers termes des séries fondamentales, qui sont les suivants :

Le *méthane* CH^4 ; l'*éthylène* C^2H^4 ; l'*acétylène* C^2H^2 ; la *benzine* C^6H^6.

Tous les carbures sont combustibles et donnent, en présence d'une quantité suffisante d'oxygène, de l'anhydride carbonique et de l'eau ; si l'oxygène est en quantité insuffisante, on trouve dans les produits de la combustion, outre le gaz carbonique et l'eau, des corps plus ou moins complexes résultant de la décomposition d'une partie du carbure, et très souvent du charbon.

MÉTHANE (OU FORMÈNE)

$$CH^4 = 16.$$

Propriétés. — **252.** C'est un gaz incolore, légèrement odorant. Sa densité est 8 par rapport à l'hydrogène et 0,56 par rapport à l'air. Il est très peu soluble dans l'eau, et sa température critique est — 82°.

Si on approche une allumette de l'orifice d'une éprouvette contenant du méthane, il brûle avec une flamme jaunâtre, peu éclairante.

$$CH^4 + 2O^2 = CO^2 + 2H^2O.$$
$$2\text{ v.} \quad 4\text{ v.}$$

Le mélange de 1 volume de méthane et 2 d'oxygène détone violemment.

Le méthane est le type des carbures qu'on appelle *saturés*. Le carbone est *trétavalent ;* il ne peut donc pas fixer plus de 4 atomes d'hydrogène ; dans le formène CH^4, ses quatre valences sont satisfaites, on dit qu'il est saturé.

Le caractère essentiel des corps saturés est de ne pouvoir former de combinaison avec aucun autre corps ; mais dans certaines conditions *ils peuvent éprouver des transformations appelées substitutions, et qui donnent naissance à des corps également saturés ;* ainsi le *chlore* peut se substituer atome pour atome à l'hydrogène. Si on abandonne à la lumière réfléchie par un mur blanc exposé au soleil un mélange de chlore et de méthane, on obtient au bout d'un certain temps un mélange des corps suivants, qu'on appelle *dérivés par substitution* du méthane, et qui sont eux-mêmes saturés, le chlore étant monovalent comme l'hydrogène : CH^3Cl ; — CH^2Cl^2 ; — $CHCl^3$; — CCl^4.

$CHCl^3$ est le *chloroforme*, liquide incolore, d'une odeur agréable rappelant celle des pommes reinettes, cristallisant vers — 80°, bouillant à 61°. On l'emploie dans les opérations chirurgicales pour endormir la sensibilité du patient ; les corps possédant cette propriété sont appelés *anesthésiques*.

Préparation. — **253.** On retire le méthane de l'acide acétique $HC^2H^3O^2$, qui, dans des conditions convenables, se dédouble en anhydride carbonique et formène. La réaction est plus régulière en partant de l'acétate de sodium ; on retient l'anhydride carbonique en ajoutant de la soude,

$$NaC^2H^3O^2 + NaOH = CH^4 + Na^2CO^3.$$

Acétate de sodium. Soude. Carbonate de sodium.

Il faut chauffer au-dessus du point de fusion de la soude ; mais le verre, au contact de la soude fondue, se transforme en un silicate très fusible dont la formation entraînerait la fusion de la cornue ; on l'évite en remplaçant la soude par la *chaux sodée* (obtenue en éteignant de la chaux vive avec une solution de soude, et calcinant au rouge) ; la chaux a simplement pour effet d'empêcher la formation du silicate fusible. On fait un mélange intime de 1 partie d'acétate cristallisé pour 4 parties de chaux sodée, et on chauffe dans une cornue ou dans un ballon de verre. On recueille le gaz sur la cuve à eau.

On peut encore employer, pour obtenir le méthane, un mélange de 4 parties d'acétate de sodium cristallisé, 4 de potasse caustique, et 6 de chaux vive pulvérisée.

Etat naturel et circonstances de production. — **254.** Quand on agite la vase des marais, il se dégage un gaz constitué par un mélange de méthane, d'oxygène, d'azote, d'hydrogène et d'anhydride carbonique (*fig.* 82). Ces gaz proviennent de la destruction des matières organiques contenues dans la vase. Le *grisou*, qui détermine des explo-

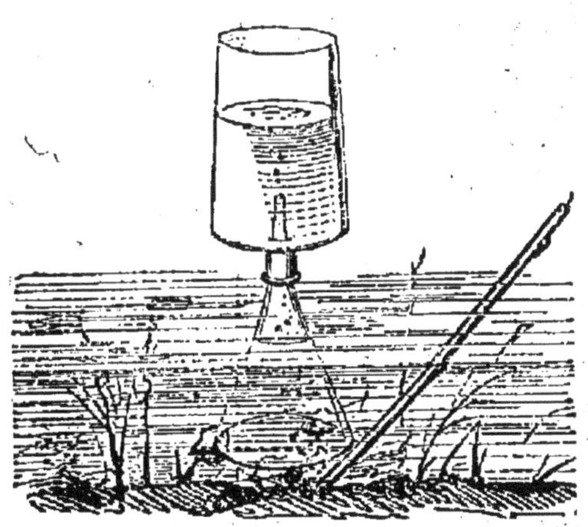

Fig. 82.
Manière de recueillir le gaz des marais.

sions si désastreuses dans les mines de houille, est du méthane ; il résulte de la décomposition des végétaux qui ont formé la houille, et se trouve souvent accumulé en quantités assez considérables entre les feuillets de la houille ou dans des cavités que le pic du mineur met à découvert. Le formène existe également dans les gaz intestinaux, et parmi les produits de la fermentation du fumier. Sa formation paraît liée au développement d'un *ferment* spécial, c'est-à-dire d'un organisme vivant, de dimensions microscopiques, qui vit aux dépens de principes immédiats contenus dans le fumier, et les décompose en s'assimilant certains de leurs éléments et dégageant du formène.

255. — Il existe un grand nombre de carbures *saturés*, qui constituent la série du méthane. L'expérience a montré que le second de la série, l'*éthane* C^2H^6, peut être obtenu par *substitution* à H dans le formène, du radical *monovalent méthyle* CH^3, dérivé du méthane CH^4 par perte de H ; en substituant de même CH^3 à H dans l'éthane, on a le *propane* C^3H^8, etc..., jusqu'au carbure $C^{16}H^{34}$; les formules diffèrent donc, d'un terme au suivant, par CH^2. Le méthane, l'éthane et le propane sont gazeux, mais de plus en plus faciles à liquéfier ; le suivant, C^4H^{10}, se liquéfie à $+ 1°$ sous la pression normale ; les autres sont liquides, à point de fusion de plus en plus élevé. On appelle *homologues* les corps dont les formules et les propriétés présentent les relations qui viennent d'être indiquées.

Les homologues du méthane sont incapables d'entrer en combinaison avec d'autres corps, mais ils peuvent éprouver, comme lui, des substitutions conduisant à la formation de composés saturés.

PÉTROLES

256. — Les pétroles d'Amérique et de la mer Caspienne sont formés par des mélanges en proportions variables de

carbures, dont un certain nombre sont homologues du méthane.

Le pétrole se trouve, en général, dans de grandes poches,
au-dessus d'une couche d'eau salée, et surmonté d'une atmosphère de gaz combustibles. En forant des puits, on a
l'eau salée, le pétrole ou le gaz, suivant la région atteinte
par le trou de sonde. La pression des gaz confinés détermine
souvent le jaillissement du pétrole. Les gaz, mélange de
formène, d'éthane et de propane, sont souvent captés et employés directement au chauffage et à l'éclairage (gaz naturel).

257. — *a.* Le *pétrole brut* est un liquide oléagineux,
noirâtre, facilement inflammable, grâce aux corps volatils
qu'il contient. En distillant les pétroles bruts, on obtient les
produits suivants :

1° Les *éthers de pétrole*, passant quand la température du
liquide est comprise entre 45 et 70°, très inflammables et
dangereux à manier.

2° L'*essence de pétrole* ou *gaz Mill*, passant entre 70 et
120° ; elle est facilement inflammable, à cause de la volati-
lité de ses constituants. On l'emploie pour l'éclairage, dans
des lampes dont le corps est garni d'une éponge.

3° L'*huile de pétrole rectifiée* ou *huile lampante*, qui passe
entre 150 et 200°. Elle est utilisée pour l'éclairage, après
avoir été épurée par agitation avec de l'acide sulfurique qui
lui enlève des carbures appartenant à la série de l'éthylène,
et de la soude qui s'empare de divers composés acides. Une
huile bien rectifiée n'émet pas de vapeurs inflammables à la
température ordinaire ; une allumette plongée dans le liquide doit s'éteindre.

4° L'*huile lourde de pétrole*. Elle est formée de carbures
très condensés, liquides ou solides, dont le point d'ébullition
s'élève jusqu'à 400°. Elle est impropre à l'éclairage ; on l'emploie au chauffage des fourneaux de laboratoire ou des
machines à vapeur ; on s'en sert aussi pour lubréfier les organes des machines ; elle a sur les huiles grasses l'avantage
de ne pas rancir.

5° Des *matières goudronneuses*, qui, décomposées par la chaleur rouge, donnent des produits gazeux ou liquides qu'on peut utiliser comme ceux qui précèdent ; il reste dans les appareils un résidu charbonneux.

b. — On retire des pétroles la *vaseline*, substance onctueuse, blanche, jaune ou brune suivant le traitement qu'elle a subi, très employée aujourd'hui en pharmacie pour préparer des pommades et des onguents ; elle a sur le saindoux l'avantage de ne pas rancir.

c. — On retire encore des pétroles la *paraffine*, substance solide blanche, ayant l'aspect de la cire, employée pour faire des bougies de qualité supérieure et aussi, à cause de ses propriétés isolantes, dans la construction des appareils d'électricité.

———

ÉTHYLÈNE

$C^2H^4 = 28.$

Propriétés. — 258. *a.* Gaz incolore dont l'odeur rappelle faiblement celle de la marée. Sa densité est 14 par rapport à l'hydrogène, et 0,98 par rapport à l'air. Il est assez peu soluble dans l'eau, assez facilement liquéfiable.

b. — L'éthylène est combustible. Si on l'enflamme à l'orifice d'une éprouvette, il brûle avec une flamme blanche, éclairante, un peu fuligineuse. L'oxygène n'arrivant pas en quantité suffisante, une partie du gaz se décompose en donnant du carbone ; comme il est assez riche en carbone, la proportion de ce corps mise en liberté est assez grande ; il reste en suspension dans la partie moyenne de la flamme, où il est porté à l'incandescence et donne à la flamme son pouvoir éclairant ; s'il peut brûler dans la partie supérieure de la flamme, celle-ci est claire ; mais, s'il n'y rencontre pas assez d'oxygène ou si la flamme n'est pas assez chaude, il reste inaltéré et constitue la fumée qui surmonte certaines flammes.

L'équation qui représente la combustion complète est :

$$C^2H^4 + 3O^2 = 2CO^2 + 2H^2O.$$
2 v.   6 v.

Le mélange de 1 volume d'éthylène pour 3 d'oxygène détone violemment à l'approche d'une flamme.

c. — L'éthylène n'est pas saturé ; il peut fixer deux atomes d'hydrogène ou d'un autre corps monovalent, et passe alors à l'état de composé saturé

$$C^2H^4 + H^2 = C^2H^6, \text{ éthane.}$$

Il se combine directement au chlore à froid, sous l'influence de la lumière. On fait passer dans une éprouvette une quantité de chlore suffisante pour la remplir à moitié, on achève de remplir avec de l'éthylène, et on abandonne le mélange, sur une cuve à eau, à l'action des rayons solaires. Le volume du gaz diminue rapidement, en même temps qu'il se dépose sur les parois de l'éprouvette des gouttelettes huileuses de *bichlorure d'éthylène* $C^2H^4Cl^2$, qui tombent peu à peu au fond de la cuvette.

d. — Quand on agite pendant longtemps de l'éthylène avec de l'acide sulfurique, le gaz est absorbé ; il s'est formé un corps de composition $H.C^2H^5.SO^4$ appelé *acide éthylsulfurique* ou *sulfovinique*, qui, étendu de 8 à 10 fois son volume d'eau et distillé, donne de l'*alcool*. Cet acide peut être considéré comme résultant de la substitution à l'un des H de l'acide sulfurique, du radical monovalent *éthyle* C^2H^5, se rattachant à l'éthane C^2H^6 ; on l'appelle encore *sulfate monoéthylique*.

Préparation. — **250.** On fait à froid un mélange d'alcool et d'acide sulfurique en versant peu à peu dans l'alcool, placé dans un ballon entouré d'eau et qu'on agite constamment, deux fois son volume d'acide concentré ; on ajoute du sable pour éviter le boursouflement de la masse et on chauffe avec précaution.

Tout se passe comme si l'alcool était simplement déshydraté.

$$C^2H^6O = C^2H^4 + H^2O.$$

En réalité, la réaction est plus compliquée, et il se fait, en même temps que du formène, un peu d'éther et d'anhydride carbonique. Aussi doit-on faire passer le gaz dans deux flacons laveurs dont le premier contient de l'acide sulfurique pour retenir les vapeurs d'alcool et d'éthers entraînées, et le second de la potasse pour arrêter l'anhydride carbonique. On recueille sur l'eau (*fig.* 83).

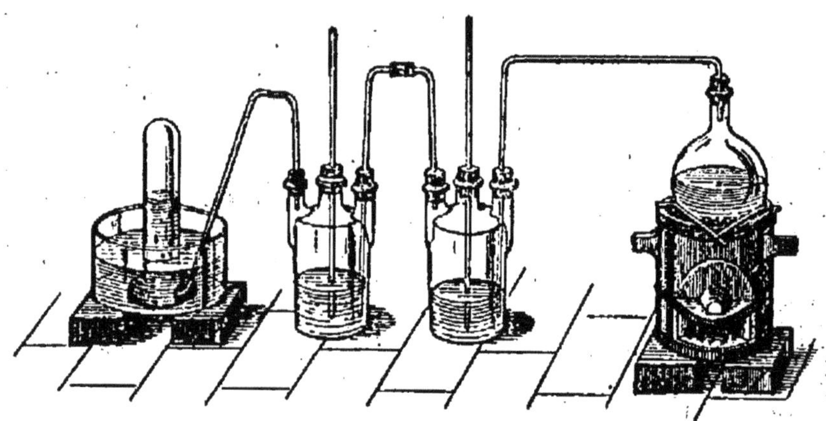

Fig. 83. — Préparation de l'éthylène.

260. — On connaît une série de carbures homologues de l'éthylène ; leurs formules sont C^3H^6, C^4H^8...; ils peuvent donner des composés saturés, en fixant H^2, ou Cl^2. La calcination à l'abri de l'air du caoutchouc, des résines, des matières grasses, donne des carbures de cette série.

ACÉTYLÈNE

$$C^2H^2 = 26.$$

Propriétés. — **261.** *a.* Gaz incolore, d'une odeur désagréable. Sa densité est 13 par rapport à l'hydrogène et 0,92 par rapport à l'air. L'eau en dissout à peu près son volume. Il est vénéneux.

b. — Quand on le chauffe jusqu'au rouge, il se transforme en benzine C^6H^6. On dit qu'il se *polymérise* (1).

Il brûle avec une flamme très éclairante.

$$2C^2H^2 + 5O^2 = 4CO^2 + 2H^2O.$$
$$\text{4 v.} \quad \text{10 v.}$$

L'éclat considérable de la flamme de l'acétylène tient à sa température élevée ; l'acétylène se détruit avec *dégagement de chaleur*, et cette chaleur s'ajoute à celle que produit la combustion pour élever la température du carbone en suspension dans la partie moyenne de la flamme.

Il forme avec l'air des mélanges détonants d'une extrême violence.

c. — Il est plus éloigné de la saturation que l'éthylène, et doit fixer, pour se transformer en corps saturé, 4 atomes d'hydrogène, ou d'un élément monovalent.

$$C^2H^2 + 2H^2 = C^2H^6, \text{ éthane.}$$

d. — Il donne, avec la solution de chlorure cuivreux dans l'ammoniaque (2), un précipité rouge caractéristique appelé *acétylure cuivreux*. Cette réaction permet de constater la présence de l'acétylène dans un mélange gazeux. On peut ainsi reconnaître qu'il se forme de l'acétylène dans les combustions incomplètes de corps organiques. On verse par exemple un peu de chlorure cuivreux dans le fond d'une éprouvette, et on ajoute quelques gouttes d'éther ; on agite de manière à remplir l'éprouvette de vapeurs d'éther, que

(1) Un corps est dit *polymère* d'un autre quand sa formule est constituée de la même manière que celle du premier, les exposants étant des équimultiples de ceux de la première formule. Plus généralement, un corps polymère d'un autre a la même composition centésimale que lui, et une densité de vapeur multiple de celle du premier. Il y a donc entre leurs formules la relation que nous venons de signaler.

(2) On place dans un ballon de la tournure de cuivre, et on y verse de l'acide chlorhydrique ordinaire additionné de quelques gouttes d'acide azotique. On chauffe quelque temps en évitant de faire bouillir ; quand la liqueur est devenue d'un brun sale et un peu visqueuse, on la verse dans l'eau froide ; il se fait un précipité blanc de *chlorure cuivreux* Cu^2Cl^2 qui se dépose assez vite ; on peut le conserver sous l'eau dans un flacon. La solution ammoniacale s'altère rapidement à l'air en absorbant l'oxygène, et se colore en bleu.

l'on enflamme; on incline l'éprouvette en la faisant tourner sur elle-même; l'acétylure se dépose sur les parois.

M. Berthelot a fait la synthèse de l'acétylène, en faisant jaillir l'*arc électrique* dans un courant d'hydrogène.

Préparation. — **262.** On prépare l'acétylène en attaquant par l'eau le *carbure de calcium*, C²Ca, substance grise

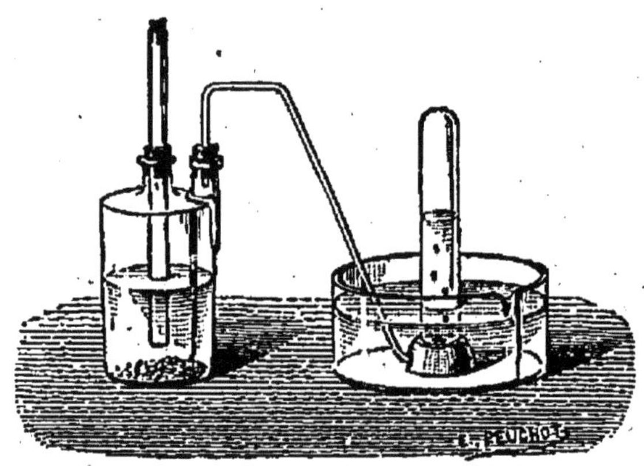

Fig. 84. — Préparation de l'acétylène.

cristallisée, obtenue en traitant la chaux par le charbon dans le *four électrique* (p. 159).

Il se forme de la chaux.

$$C^2Ca + 2H^2O = C^2H^2 + CaO^2H^2.$$

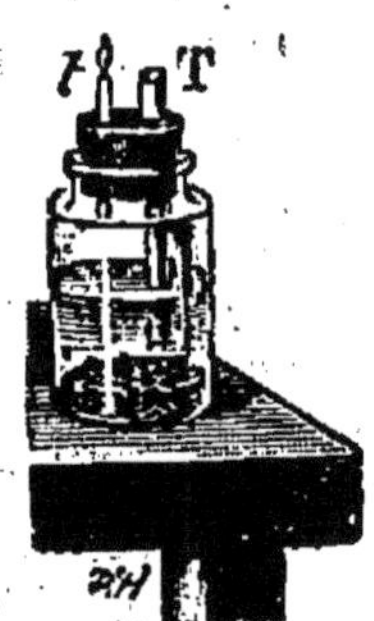

Fig. 85. — Combustion de l'acétylène.

On remplit d'eau aux trois quarts le flacon de la figure 84 (que l'on peut remplacer par un flacon à large goulot dont le bouchon est percé de deux trous), et on laisse tomber par le tube central de petits fragments de carbure de calcium; on recueille l'acétylène sur la cuve à eau.

263. — L'acétylène est utilisé pour l'éclairage. On l'amène par une canalisation aux becs qui doivent le brûler, ou bien on le produit dans la lampe même qui doit le consommer. Le principe de ces appareils est le même que celui des appareils à production continue d'hydrogène (p. 39, note). Mais, à cause de la violence de la réaction, il faut prendre des dispositions spéciales pour n'humecter qu'une petite quantité de carbure. L'appareil représenté, figure 85, permet d'obtenir facilement une flamme d'acétylène; on prend un petit flacon, et on laisse tomber par T, un à un, les fragments de carbure. L'acétylène est très dangereux à manier; une brusque élévation de température ou une détente trop brusque du gaz comprimé, peuvent en effet le faire détoner.

BENZINE

$$C^6H^6 = 78.$$

Propriétés. — 264. La benzine est un liquide incolore, mobile, d'une odeur aromatique spéciale. Sa densité est 0,89. Elle bout à 80°, et se solidifie à 5° quand elle est parfaitement pure.

Elle est insoluble dans l'eau; elle dissout bien le soufre et les matières grasses.

Elle est très inflammable, et brûle avec une flamme éclairante, très fuligineuse. Il faut, en effet, pour la brûler complètement, une grande quantité d'oxygène, comme l'indique la formule :

$$2C^6H^6 + 15O^2 = 12CO^2 + 6H^2O,$$

La benzine peut être caractérisée par les réactions suivantes :

Elle est attaquée par l'acide azotique fumant (**120**); il se forme un liquide oléagineux, brun, très peu soluble dans l'eau, la *nitrobenzine* ou *essence de mirbane*, $C^6H^5AzO^2$. Cette nitrobenzine, distillée avec de la limaille de fer et l'acide chlorhydrique (source d'hydrogène), donne l'*aniline* $C^6H^5AzH^2$, qui est la base d'un grand nombre de matières colorantes (**313**). L'aniline est reconnaissable à la belle coloration bleue qu'elle donne avec le chlorure de chaux (1). Les réactions que nous venons d'indiquer (transformation en nitrobenzine, puis en aniline) peuvent servir à caractériser la benzine.

265. — On obtient de la benzine dans la distillation des goudrons de houille.

Ces goudrons constituent un des sous-produits de la fabrication du gaz de l'éclairage (**200**). En les chauffant graduellement dans de grandes cornues en tôle, on peut en retirer plusieurs produits distincts, à condition de recueillir à part les corps qui se condensent aux différentes périodes de la distillation (distillation fractionnée). Les liquides recueillis quand la température des cornues est comprise entre 38 et 150° constituent les *huiles légères* de houille, d'où une nouvelle distillation fractionnée permet d'extraire la benzine; elle passe lorsque la température du liquide distillé est comprise entre 80° et 82°. Les appareils employés dans ces distillations présentent généralement, au-dessus des chaudières, des *colonnes à plateaux* que doivent traverser les vapeurs; la température décroissant de bas en haut, les parties les moins volatiles se condensent et forment sur les plateaux une couche liquide que les vapeurs doivent traverser (*fig.* 86); les parties les plus volatiles arrivent donc seules aux appareils de condensation, et en réglant la température de la chaudière on peut réaliser la séparation des divers éléments d'un mélange.

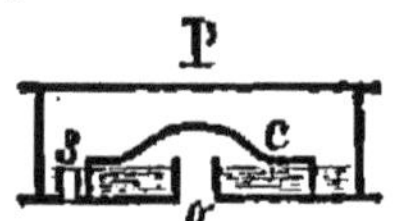

Fig. 86. — c, calotte obligeant les vapeurs, montant par O, à barboter dans le liquide qui couvre la base du plateau et descend du plateau supérieur du trop-plein.

266. — La majeure partie de la benzine préparée par

(1) L'aniline commerciale est accompagnée de substances brunes qui masquent souvent la réaction, surtout si le produit est de préparation un peu ancienne. On réussit bien l'expérience en déposant sur une soucoupe une ou deux gouttes d'aniline, au moyen d'une pipette, puis une goutte de solution de chlorure de chaux et une goutte d'éther. Si on fait le mélange sur la soucoupe avec une baguette de verre, on voit se développer une belle couleur bleu violacé.

l'industrie est transformée en nitrobenzine, dont une petite partie est employée en parfumerie pour donner aux savons communs une odeur semblable à celle des amandes amères (essence de mirbane) ; le reste sert à fabriquer l'aniline ; la benzine est employée également pour dégraisser les étoffes.

CHAPITRE XIV

GAZ D'ÉCLAIRAGE

267. — Le gaz employé à l'éclairage et au chauffage est obtenu par la distillation de la houille. On peut préparer facilement de petites quantités d'un gaz analogue au gaz d'éclairage en chauffant fortement sur un feu de charbon un mélange à poids égaux de houille pulvérisée et de sable sec ; on introduit le mélange dans le fourneau d'une pipe en terre, que l'on ferme ensuite au moyen d'un tampon d'argile. Quand l'argile est bien sèche, on retourne et on chauffe. Le gaz vient brûler à l'extrémité du tuyau.

Dans l'industrie, la fabrication du gaz comporte un certain nombre d'opérations que nous allons décrire sommairement.

Fig. 87. — Cornue à gaz.

Distillation. — **268.** La distillation sèche de la houille fournit un très grand nombre de produits :

1° Des produits gazeux à la température ordinaire, qui sont formés principalement d'hydrogène et de méthane, avec de 4 à 7 p. 100 de gaz plus riches en carbone (éthylène, acétylène, et quelques autres). On y trouve aussi, en petite quantité, de l'anhydride carbonique et l'acide sulfhydrique.

2° Des produits gazeux à haute température, mais liquides ou solides à la température ordinaire. Ce sont divers sels ammoniacaux (sulfure et carbonate), des *goudrons*.

3° Un résidu solide, le coke (**137**). En moyenne, 100 kilogrammes de houille grasse, variété la plus avantageuse, donnent 25 mètres cubes de gaz, $4^{kgr},5$ de goudrons, et $1^{m},66$ de coke.

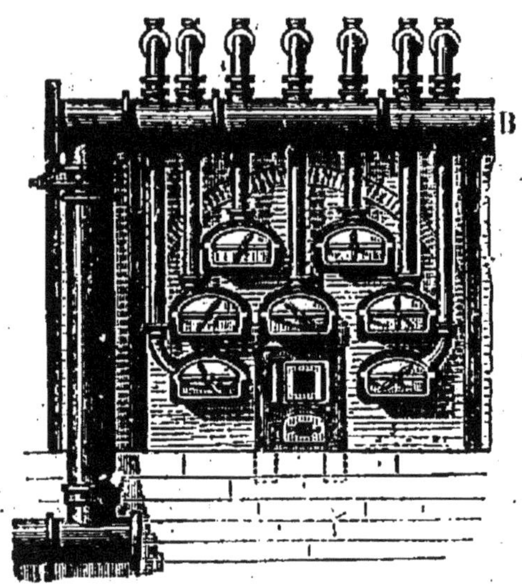

Fig. 88. — Four à gaz. — B, barillet.

La distillation se fait dans des cornues (*fig.* 87) en terre réfractaire, logées par batteries de 5 ou de 7 dans des fourneaux chauffés au rouge (800 à 900°) (*fig.* 88), et terminées en avant par une tête en fonte sur laquelle on lute un obturateur pendant l'opération. Un tuyau vertical entraîne hors de la cornue les gaz dégagés. Ces gaz ne peuvent être utilisés directement, ils brûlent avec une odeur infecte et une flamme fuligineuse.

Épuration physique. — 269. L'épuration physique débarrasse le gaz des produits condensables qu'il entraîne. Pour atteindre ce résultat, il faut le refroidir.

L'épuration commence dans le *barillet*, gros cylindre horizontal à moitié plein d'eau et qui reçoit les tuyaux de dégagement des cornues. Ces tuyaux plongent légèrement dans l'eau, afin que le gaz puisse barboter. Un trop-plein, laissant écouler les goudrons qui se condensent au fond du barillet, empêche ce dernier de s'obstruer.

Le gaz passe ensuite dans un jeu de longs tuyaux en forme d'U renversé placés au-dessus de caisses pleines d'eau (jeu d'orgues) (*fig.* 89). Ces tuyaux sont exposés à l'air libre. La plus grande partie des goudrons et des produits ammoniacaux s'est condensée dans ces appareils ; cependant le gaz qui en sort contient encore des produits condensables.

On l'en débarrasse en le faisant frotter énergiquement

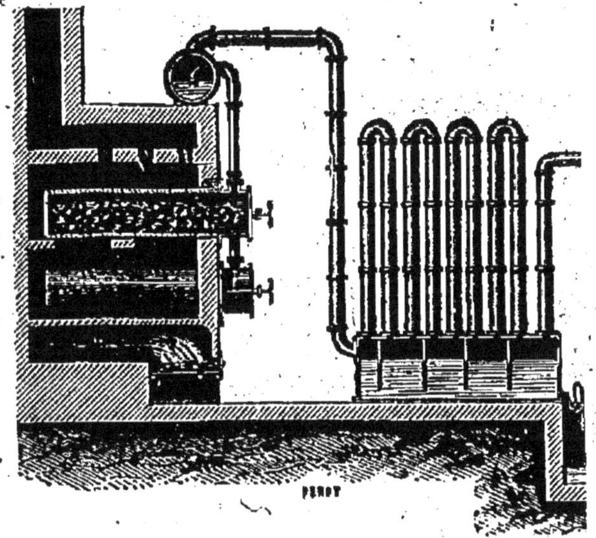

Fig. 89. — Four, barillet et jeu d'orgues.

contre des corps solides, qui arrêtent les goudrons ; on emploie souvent de grands cylindres remplis de coke concassé.

Épuration chimique. — 270. Le gaz qui sort des épurateurs physiques contient encore de l'acide sulfhydrique, du sulfure et du carbonate d'ammonium, de l'anhydride carbonique, qui doivent être détruits ou fixés par des procédés chimiques. On force le gaz à traverser une couche pulvérulente de substance épuratrice, qu'on obtient en traitant une solution de sulfate ferreux par la chaux éteinte, ce qui donne un précipité de sulfate de calcium et d'hydrate ferreux FeO^2H^2 ; ce précipité, divisé par de la sciure de bois, est exposé à l'action oxydante de l'air qui donne de l'oxyde

13

ferrique Fe^2O^3; le mélange épurateur est placé dans des caisses plates munies d'un faux fond perforé, et d'une fermeture *hydraulique* (*fig.* 90); les réactions qui ont lieu dans les caisses d'épuration sont assez compliquées.

Quand le mélange est épuisé, on le régénère en l'exposant

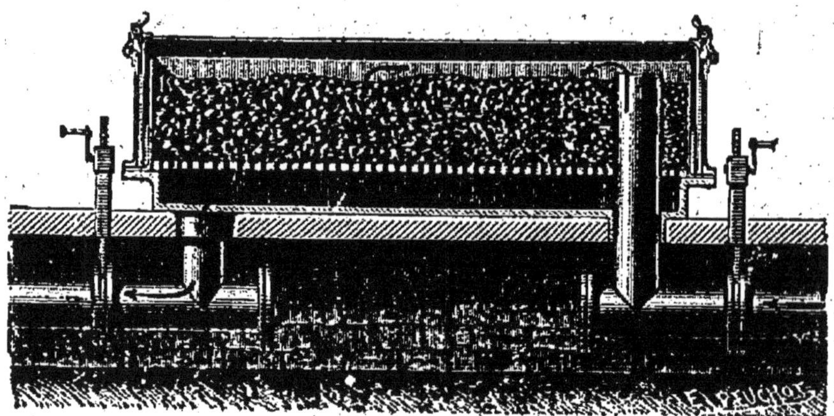

Fig. 90. — Épurateur chimique.

à l'air humide, et ajoutant de la craie en poudre; il se reforme du sulfate de calcium et de l'oxyde ferrique; mais en même temps il se dépose du soufre qui, après quelques opérations, s'est accumulé en quantité assez grande pour rendre la régénération impossible; on a imaginé des procédés pour retirer le soufre de ces résidus d'épuration.

Fig. 91. — Gazomètre.

271. — Le gaz sortant des caisses d'épuration est envoyé aux *gazomètres* (*fig.* 91). Ce sont de grandes cloches en tôle, soutenues par la pression du gaz et un système convenable de contrepoids au-dessus de vastes bassins pleins d'eau. Ces gazomètres, dont la capacité dans les grandes exploitations atteint souvent 20 ou 30 mille mètres cubes, fonctionnent à la manière des éprouvettes qui servent à recueillir les gaz sur la cuve à eau des laboratoires. Les tuyaux de conduite qui amènent le gaz aux points où il doit être consommé partent des gazomètres.

Produits secondaires et résidus. — 272. L'épuration physique du gaz donne des *eaux ammoniacales* et des *goudrons*. Ces eaux peuvent être distillées avec de la chaux, et dégagent alors du gaz ammoniac que l'on reçoit dans de l'eau ou dans des acides, suivant que l'on veut préparer l'ammoniaque ou des sels ammoniacaux. Des goudrons on peut retirer un grand nombre de produits très importants : nous signalerons la *benzine*, la *naphtaline*, l'*anthracène*, qui est la matière première de l'*alizarine* ou garance artificielle ; l'*acide phénique* ou *phénol ;* la *créosote*, qui sont des antiseptiques très employés.

Dans les cornues reste le *coke*. Les parois des cornues étant chauffées au rouge, les gaz carbonés se détruisent partiellement à leur contact ; le charbon résultant de cette action se dépose sur les parois, où il forme une couche adhérente, compacte et dure, que l'on doit détacher au ciseau. C'est le *charbon de cornue*, bon conducteur, employé pour faire des crayons pour la lumière électrique, des creusets, des pôles de pile de Bunsen.

Applications. — 273. Le gaz, tel qu'il est fabriqué dans les usines, est aujourd'hui employé à l'éclairage, au chauffage, et à la production de la force motrice.

a. Eclairage. — Le plus simple des appareils dans lequel on brûle le gaz est celui qu'on appelle *bec fendu* ou *papillon*. Le gaz s'échappe par une fente étroite, et donne une flamme large, très éclairante, en forme d'éventail. Pour avoir une belle lumière, il faut s'arranger de manière que la combustion, quoique incomplète, soit assez avancée pour que les particules de charbon puissent être portées à une très haute température par la chaleur de combustion. Tel est l'objet des cheminées de verre que l'on place sur les lampes et les becs de gaz destinés à l'éclairage; l'air arrive par des trous placés au-dessous du niveau de la flamme; la combustion est ainsi régularisée et l'on obtient des flammes très brillantes. La réunion dans un petit espace d'un certain nombre de flammes brillantes permet d'obtenir un bon éclairage. C'est ce qu'on réalise notamment au moyen des *becs à couronne de trous* (*fig.* 92) : un cylindre annulaire reçoit par en bas le gaz, qui s'échappe par des trous très fins disposés sur la base supérieure.

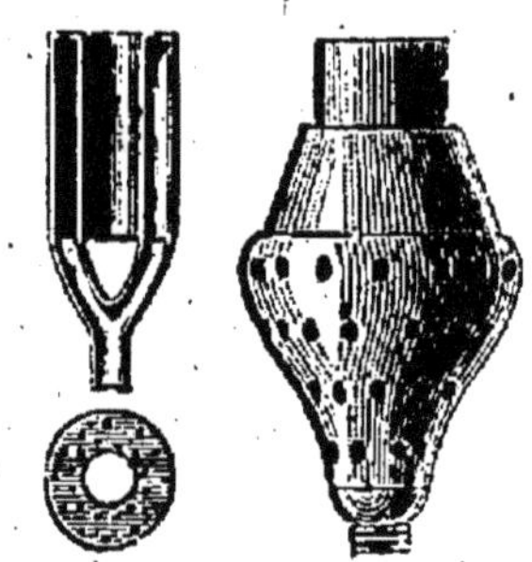

Fig. 92. — Bec à couronne.

On obtient une flamme encore plus brillante en l'alimentant avec de l'air qui s'est échauffé par son passage dans des conduits exposés à la chaleur de la flamme elle-même.

L'éclairage par *incandescence*, très employé aujourd'hui, repose sur le même principe que la lumière Drummond (**39**). En mélangeant de l'air au gaz un peu avant qu'il n'arrive au bec, on peut rendre la combustion complète ; la température de la flamme s'élève, puisque pour une même quantité de gaz brûlé la chaleur dégagée est plus grande ; cette flamme est très pâle, mais en la dirigeant sur un *manchon* constitué par un tissu de coton imprégné d'oxydes métalliques peu fusibles, on porte ces oxydes à l'incandescence et on obtient une lumière intense (*bec Auer*).

b. Chauffage. — La chaleur dégagée par la combustion étant maxima quand la combustion est complète, on utilise pour le chauffage des appareils dans lesquels on brûle un mélange de gaz et d'air dans des proportions telles que la combustion soit complète.

Nous nous bornerons à décrire un *brûleur* d'un usage constant dans les laboratoires, et appelé bec de Bunsen, du nom de son inventeur ; le gaz arrive par un conduit étroit *a* au centre d'une cheminée percée de trous O au niveau du bec *a* (*fig.* 93). L'air appelé par ces ouvertures se mélange au gaz et vient brûler à l'extrémité B avec une flamme pâle très chaude. Une virole V permet d'aveugler à volonté ces ouvertures, de manière à avoir soit la flamme ordinaire, soit la flamme chaude.

c. Force motrice. — Un mélange d'air et de gaz est amené derrière un piston, dans un espace clos où il est enflammé par un petit bec brûlant constamment avec une flamme très courte, et qu'un mécanisme particulier fait pénétrer dans cet espace au moment où le mélange combustible y arrive lui-même. Les produits de la combustion, portés à une température très élevée par la chaleur dégagée, ac-

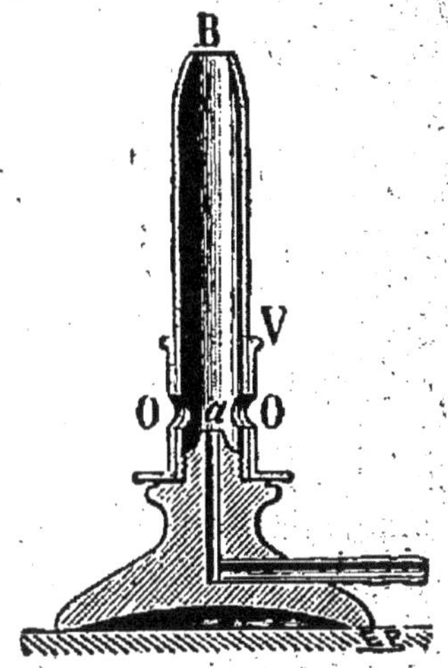

Fig. 93.
Coupe d'un bec Bunsen.

quièrent de ce fait une pression considérable, et poussent le piston ; ils sont expulsés quand ce piston revient en arrière, puis remplacés par du mélange combustible, qui est enflammé comme tout à l'heure. Tel est le principe des *moteurs à gaz*, qui sont d'un emploi très commode et très économique dans toutes les industries où le travail est intermittent ; l'inflammation du mélange (ou *allumage*) peut être également obtenue par des étincelles électriques fournies par une *bobine d'induction.*

CHAPITRE XV

ALCOOL MÉTHYLIQUE. — ALCOOL ÉTHYLIQUE,
FERMENTATION ALCOOLIQUE

ALCOOL MÉTHYLIQUE

$$CH^4O = CH^3OH.$$

Extraction. — **274**. Parmi les produits volatils que dégage la distillation du bois (**185**), les uns restent gazeux à la température ordinaire ; les autres se condensent en donnant un liquide et des *goudrons*, qui se superposent sans se mélanger, et peuvent être séparés par décantation. En distillant le liquide de manière à recueillir à peu près un dixième de son volume, on a un mélange de deux corps, l'*alcool méthylique* ou *esprit de bois* et l'*acide acétique* ou *acide pyroligneux* ; en ajoutant de la chaux on fixe l'acide acétique à l'état d'acétate de calcium, et en distillant de nouveau on recueille l'alcool méthylique, encore souillé de quelques impuretés dont on doit le débarrasser.

Propriétés. — **275**. C'est un liquide incolore, d'une odeur spéciale dite *spiritueuse*, de poids spécifique 0,81 ; il se dissout dans l'eau en toutes proportions ; il dissout les résines, les essences, les matières grasses ; il bout à 66 degrés.

Il s'enflamme très facilement et brûle avec une flamme bleue ; il est en effet très volatil, et sa vapeur forme avec l'air un mélange inflammable, qui prend feu quand on approche une allumette d'une mèche de coton imbibée d'alcool, ou de la surface du liquide placé dans un vase. La combustion complète donne du gaz carbonique et de l'eau.

Il est attaqué par les acides; ainsi, en chauffant dans un petit ballon de l'alcool méthylique avec de l'acide chlorhydrique concentré, on peut facilement recueillir sur le mercure un gaz combustible brûlant avec une flamme verte : c'est le *chlorure de méthyle* (1), CH^3Cl, que nous avons déjà rencontré dans les produits de la substitution du chlore à l'hydrogène dans le méthane (**252**). La réaction est représentée par l'équation

$$CH^3OH + HCl = CH^3Cl + H^2O.$$

L'alcool méthylique est un dérivé par substitution du méthane. — **276.** Si, en effet, on chauffe le chlorure de méthyle à 100° avec une solution de potasse dans un ballon scellé à la lampe, on le transforme en alcool méthylique,

$$CH^3Cl + KOH = KCl + CH^3OH.$$

On a ainsi réalisé *indirectement* la substitution du radical *oxhydryle* OH, monovalent, à un atome H dans le méthane.

La transformation en dérivé substitué monochloré (un seul atome Cl, substitué à H), suivie de l'action de la potasse sur ce dérivé, constitue une méthode générale qui, appliquée à un carbure saturé quelconque, fournit un corps ayant avec lui les mêmes relations que l'esprit de bois avec le méthane, et qu'on appelle un *alcool*.

277. — L'alcool méthylique est employé, sous le nom de méthylène, pour *dénaturer* l'alcool industriel, c'est-à-dire pour le rendre impropre à la fabrication des liqueurs.

---

(1) Ce gaz peut être liquéfié à — 23° sous la pression normale; on le fabrique industriellement et on l'utilise comme réfrigérant : le chlorure liquide, versé dans un vase ouvert, entre en ébullition, et maintient à — 23° la température des corps qu'on y plonge; dans un vase à double paroi (*fig.* 15), il s'évapore lentement sans bouillir.

ALCOOL ÉTHYLIQUE (OU ORDINAIRE)

$$C^2H^6O = C^2H^5OH.$$

278. — L'alcool ordinaire (ou *esprit de vin*) que l'on trouve dans le commerce est un mélange d'eau avec un liquide appelé *alcool éthylique* répondant à la formule C^2H^6O, ou C^2H^5OH; il dérive de l'*éthane* C^2H^6 comme l'alcool méthylique dérive du *méthane* CH^4. Il peut être en effet obtenu par l'action de la potasse sur le *chlorure d'éthyle* C^2H^5Cl, premier dérivé de substitution du chlore à l'oxygène dans l'éthane. C'est un homologue (**255**) de l'alcool méthylique.

Propriétés. — **279.** *a.* C'est un liquide incolore, d'une odeur caractéristique; sa densité à 0° est 0,8. Il bout à 78°; il devient visqueux à — 80° et se solidifie à — 130°,5. Il dissout la soude, la potasse, les chlorures, les azotates métalliques, les essences et les résines.

Il se mêle à l'eau en toutes proportions.

b. — L'alcool brûle avec une flamme jaunâtre, peu éclairante, en donnant du gaz carbonique et de l'eau. Il peut être oxydé, et se transforme alors en produits nouveaux.

L'*acide chromique* H^2CrO^4, corps cédant facilement de l'oxygène, l'oxyde si énergiquement, qu'une goutte d'alcool tombant sur des cristaux d'acide chromique est volatilisée; un papier de tournesol bleu permet de constater que les vapeurs qui se dégagent sont acides; il s'est fait, avec d'autres produits, de l'acide *acétique* $HC^2H^3O^2$.

$$C^2H^6O + O^2 = HC^2H^3O^2 + H^2O.$$

L'oxydation de l'alcool peut être effectuée par l'oxygène de l'air grâce à l'intervention d'organismes microscopiques (**284**).

La transformation en produits acides par oxydation est une propriété fondamentale des alcools.

c. — L'alcool éthylique est attaqué par les acides, comme l'alcool méthylique. Nous avons vu que l'action de l'acide sulfurique sur l'éthylène donne de l'*acide éthylsulfurique*, $H.C^2H^5.SO^4$. Ce corps, appelé encore *sulfate monoéthylique*, peut aussi être préparé en traitant l'acide sulfurique par l'alcool éthylique.

$$H^2SO^4 + C^2H^5OH = H.C^2H^5.SO^4 + H^2O.$$

La réaction inverse est également possible ; c'est en la réalisant, et distillant l'acide sulfovinique avec dix fois son poids d'eau, que M. Berthelot a fait, en 1854, la première *synthèse de l'alcool*.

Fabrication. — 280. Dans l'industrie, on prépare l'alcool en distillant des liquides au sein desquels il a pris naissance grâce à la transformation du sucre par un organisme végétal, la *levure de bière*, ou un ferment analogue (**281**). On fait *fermenter* soit les mélasses de betteraves, soit le glucose préparé au moyen de la matière amylacée (**305**) des céréales (blé, orge, maïs) ou de la pomme de terre. Le liquide alcoolique est principalement formé d'eau et d'alcool, avec de petites quantités d'impuretés ; on le soumet à la distillation. L'alcool bouillant à 78° et l'eau à 100° sous la pression normale, les premières portions de liquide recueillies sont plus riches en alcool que le mélange que l'on a distillé, mais on ne peut pas de cette manière obtenir un liquide marquant plus de 92 à 93 degrés centésimaux (1).

(1) On apprécie la richesse d'un mélange d'eau et d'alcool par son degré, c'est-à-dire par le volume qu'occuperait, si on l'en séparait, l'alcool contenu dans 100 volumes du mélange. On *pèse* l'alcool au moyen d'aréomètres spéciaux appelés *alcoomètres*. Ces instruments marquent 0 dans l'eau pure, 100 dans l'alcool absolu ; on les gradue en faisant des mélanges de 10, 20, 30... volumes d'alcool absolu avec 90, 80, 70... volumes d'eau, et *complétant chaque fois à 100 volumes, quand la chaleur dégagée par la contraction du mélange s'est dissipée*, car il y a toujours, au moment du mélange, diminution de volume et élévation de température.

Si le liquide considéré ne contient que de l'eau et de l'alcool (eaux-de-vie, alcools commerciaux), il suffit d'y plonger l'alcoomètre en même temps qu'un thermomètre et de faire subir au nombre trouvé, si la température n'est pas exactement 15°, une correction qui est donnée par des tables spéciales que l'on vend avec l'instrument. Si le liquide contient d'autres substances (vin, bière), on le distille de manière à recueillir tout l'alcool ; on a montré que ce corps est passé tout entier lorsqu'on a recueilli un volume

La distillation se fait en deux fois. Une première opération, ou *déflegmation*, donne des *eaux-de-vie* ou *flegmes*, dont le degré centésimal est voisin de 50, et qui contiennent, en outre, des éthers et autres principes volatils, dont on se débarrasse par un traitement approprié. Les flegmes sont ensuite soumises à la *rectification*, qui les transforme en alcool à peu près pur, titrant de 90 à 96°, suivant les conditions de la préparation.

On opère dans des appareils à plateaux (**265**); le liquide à distiller arrive constamment à la partie supérieure, et tombe de plateau en plateau jusque dans la chaudière, d'où il s'écoule au dehors après avoir été épuisé.

La préparation de l'*alcool absolu* ou alcool pur, à partir de l'alcool à 96° du commerce, se fait au moyen de procédés chimiques; c'est une opération longue et assez compliquée, dans le détail de laquelle nous ne pouvons entrer.

En dehors de la fabrication des liqueurs, l'alcool sert à relever artificiellement le degré de certains vins, à conserver les fruits et les pièces anatomiques; il est employé dans les laboratoires et en pharmacie comme dissolvant d'un grand nombre de substances; après dénaturation, il est employé comme combustible, et comme dissolvant dans la préparation des *vernis*.

Fermentation alcoolique. — 281. On a donné le nom de *fermentations* à des réactions régulières, toujours les mêmes dans des circonstances identiques, et qui se développent *sans cause apparente* aux dépens de certaines matières organiques abandonnées à elles-mêmes. Ces réactions sont restées longtemps sans explication. Il est reconnu aujourd'hui qu'elles sont dues à des agents spéciaux qui ont reçu le nom de *ferments*. On en distingue de deux sortes :

1° Les *ferments solubles*, substances azotées non organisées, et qui se détruisent en modifiant les substances sur

de liquide égal à la moitié de celui qu'on a distillé; on ajoute au liquide recueilli assez d'eau pour avoir le même volume qu'au début de l'opération, et c'est dans ce mélange que l'on plonge l'alcoomètre et le thermomètre.

lesquelles elles agissent; la *diastase* de l'orge germée, la *pepsine* du suc gastrique et les autres agents actifs de la digestion, sont des ferments solubles. Les poisons minéraux sont sans action sur eux.

2° Les *ferments figurés*, organismes vivants dont le développement est lié aux transformations qu'ils font éprouver aux substances au sein desquelles ils se trouvent; la *levure de bière*, le *levain* des boulangers, sont des ferments organisés. Ces ferments ne sont visibles qu'au microscope, leurs dimensions s'expriment en millièmes de millimètre. Ils sont tués par les poisons minéraux (sublimé corrosif, par exemple).

La formation de l'alcool est le résultat de l'action sur le *glucose*

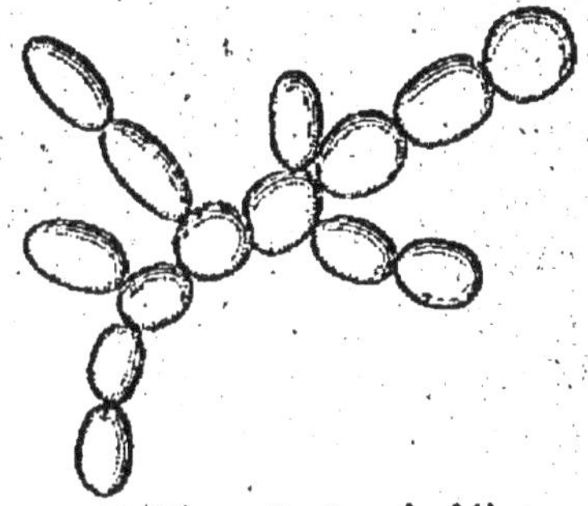

Fig. 94. — Levure de bière.

ou sucre de raisin d'un ferment de la deuxième espèce, la levure de bière, qui, vue au microscope, paraît constituée par l'agglomération d'un grand nombre de corps de forme ovale (*fig.* 94); chacun d'eux est une *cellule vivante*, qui peut donner naissance à une cellule identique (1).

Faisons dissoudre 200 grammes de *glucose* dans 800 grammes d'eau, et ajoutons 4 grammes de *levure de bière;* aban-

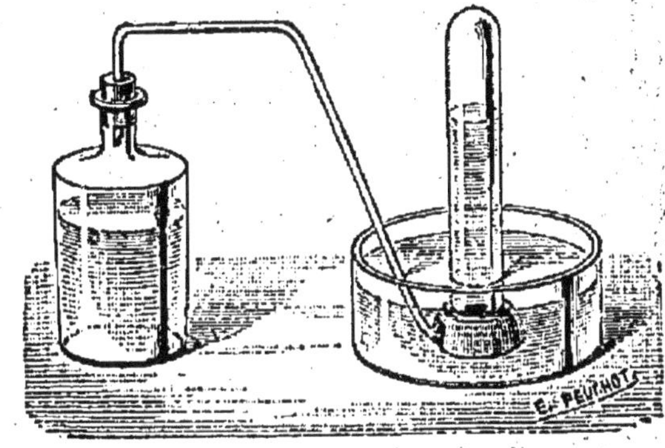

Fig. 95. — Fermentation alcoolique.

donnons le tout dans un flacon muni d'un tube abducteur se rendant sur la cuve à eau (*fig.* 95); si la température n'est

(1) La levure de bière, placée dans un milieu favorable à son développement, se reproduit par *bourgeonnement;* en un point de la cellule on voit apparaître une petite excroissance qui grossit peu à peu et finit par avoir la forme et les dimensions de la cellule mère.

pas trop basse, une réaction très vive se déclare, des bulles de gaz vont se rassembler dans l'éprouvette ; c'est de l'anhydride carbonique ; en distillant le liquide qui reste dans le flacon, on recueille de l'alcool. Pour que la fermentation marche bien, il faut que la température soit comprise entre certaines limites ; une température de 25 à 30° est très favorable à la réussite de l'expérience ; la vitesse de transformation s'abaisse avec la température.

Les travaux de Pasteur (**23**) ont établi que la fermentation est liée au développement de la levure ; le poids du végétal augmente en effet pendant la fermentation, et cette augmentation est en rapport avec le poids de sucre détruit.

En présence de l'air ou de l'oxygène, la levure se développe rapidement en formant à la surface des liquides une sorte de voile ; dans ces conditions elle ne donne presque pas d'alcool. Quand elle n'est pas en présence de l'air ou de l'oxygène, elle l'emprunte aux substances qui l'entourent et dont elle provoque ainsi la destruction.

La transformation est due à un ferment soluble, appelé *zymase* et sécrété par la levure. En broyant de la levure de bière avec du sable et de la terre d'infusoires, on déchire les enveloppes des cellules, le suc cellulaire sort et transforme la masse en une sorte de pâte ; cette pâte, soumise à une pression considérable, fournit un liquide qui après filtration peut transformer le sucre en alcool, d'après l'équation

$$C^6H^{12}O^6 = 2C^2H^6O + 2CO^2.$$
Glucose.

Ce liquide tient en dissolution la zymase.

Quand la fermentation se fait sous l'action directe de la levure, la réaction n'est pas aussi simple. Les études de Pasteur sur la fermentation (1) ont montré qu'il se forme, outre l'alcool et le gaz carbonique, un assez grand nombre d'autres produits dont les plus importants sont la *glycérine* et un acide appelé acide *succinique*, identique à celui que

---

(1) Ces études ont été faites à propos de recherches sur les maladies des vins.

l'on obtient en distillant le *succin* ou *ambre jaune*. Ces produits sont toujours peu abondants, et la quantité qui s'en forme varie légèrement avec les conditions de la fermentation.

CHAPITRE XVI

ACIDE ACÉTIQUE. — VINAIGRE. — FERMENTATION ACÉTIQUE

ACIDE ACÉTIQUE

$$C^4H^4O^2 = HC^2H^3O^2.$$

Propriétés. — 282. L'acide acétique, produit par l'oxydation de l'alcool, est un liquide incolore ; c'est à lui que le vinaigre doit son odeur et son goût ; son poids spécifique est 1,07 ; il bout à 118° ; il peut cristalliser quand on le refroidit au-dessous de 0° ; les cristaux fondent à 17°.

L'acide acétique est décomposable par la chaleur au-dessus de 500°. La réaction n'est pas simple ; il se fait un assez grand nombre de produits, parmi lesquels le méthane (**253**).

$$HC^2H^3O^2 = CO^2 + CH^4.$$

L'acide acétique brûle avec une flamme bleue ; sa combustion complète donne de l'eau et de l'anhydride carbonique.

Il est presque aussi énergique que l'acide chlorhydrique ; il colore fortement le tournesol en rouge et dégage une grande quantité de chaleur en s'unissant à la soude. Le fer l'attaque en donnant de l'hydrogène. Il est monobasique ; ses sels sont les *acétates*.

283. — C'est un dérivé par substitution de l'éthane, par conséquent un corps saturé ; nous avons vu, en effet, qu'il se rattache par oxydation à l'alcool éthylique, suivant la réaction

$$C^2H^3OH + O^2 = HC^2H^3O^2 + H^2O;$$

il y a donc substitution de O, divalent, à H^2.

A chaque carbure saturé correspond un acide monobasique ayant avec lui les mêmes relations que l'acide acétique avec l'éthane. Ces acides sont donc des corps homologues ; on leur donne le nom général d'acides de la *série grasse* parce que les corps gras s'y rattachent.

284. — On se procure l'acide acétique en distillant le bois, ou en utilisant l'action sur l'alcool, en présence de l'air, d'un ferment figuré, le *mycoderma aceti*, qui donne lieu à la fermentation acétique, comme la levure de bière à la fermentation alcoolique ; son rôle est de transporter sur l'alcool l'oxygène de l'air.

1° *Distillation du bois.* — Après avoir séparé le goudron (**274**), on distille le liquide obtenu de manière à chasser seulement l'alcool méthylique, qui bout à 66° ; le résidu, assez fortement coloré, est l'*acide pyroligneux brut.* Pour en retirer l'acide acétique, on ajoute de la chaux, qui donne de l'acétate de calcium, soluble, puis du sulfate de sodium qui agit sur le sel précédent en donnant du sulfate de calcium, insoluble, et de l'acétate de sodium, soluble.

$$Ca(C^2H^3O^2)^2 + Na^2SO^4 = CaSO^4 + 2Na(C^2H^3O^2).$$

On décante la solution d'acétate de sodium, on fait cristalliser le sel, et on le distille avec de l'acide chlorhydrique.

$$NaC^2H^3O^2 + HCl = NaCl + HC^2H^3O^2.$$

2° *Oxydation de l'alcool.* — En abandonnant à l'air des plaques de cuivre plongées dans du moût de raisin, on obtient grâce à la fermentation du moût, à l'oxydation de l'alcool qui en résulte et à l'attaque du cuivre par l'acide acétique formé, un sel vert, le *vert de gris* ou *verdet de Montpellier*, qui est un acétate de cuivre. La distillation sèche de ce corps le détruit et dégage de l'acide acétique, que l'on recueille, et que l'on purifie par congélation.

Vinaigre. — **285.** L'aigrissement du vin qu'on abandonne à l'air est dû à l'action du ferment acétique sur l'alcool contenu dans le vin. Ce liquide contient toujours quelques germes de mycoderme, qui restent inoffensifs en l'absence de l'oxygène, mais qui se développent rapidement au contact de l'air ; leur forme est représentée par la figure 96 ; on les observe facilement en examinant au microscope une goutte de vin en train de s'aigrir. Lorsque l'acétification est très active, la surface du liquide se recouvre d'une sorte de voile formé par l'agglomération des cellules, et qu'on appelle *mère du vinaigre*. C'est au-dessous de ce voile qu'a lieu la transformation de l'alcool en acide acétique.

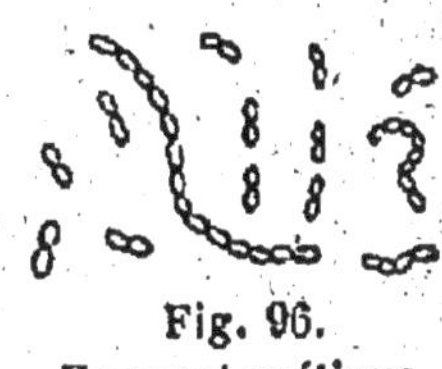

Fig. 96.

Ferment acétique.

286. — On peut se procurer du vinaigre de plusieurs manières :

1° A partir du vin (procédé d'Orléans) ; après avoir *ensemencé* du vin avec du ferment, on l'abandonne pendant quelques jours dans des tonneaux ouverts aux deux bouts, afin d'assurer la libre circulation de l'air, et rangés dans un cellier. Lorsque l'acétification est bien déclarée, on soutire du vinaigre à intervalles réguliers, et on le remplace par un égal volume de vin, en évitant de déchirer le voile que forme le ferment à la surface du liquide. La température la plus favorable pour la production de l'acide acétique est comprise entre 25 et 30°.

Il faut éviter de laisser le ferment privé d'oxygène, car il détruirait alors l'acide acétique en donnant du gaz carbonique ; il faut de même éviter, pour la même raison, qu'il ne prolifère trop.

2° A partir d'un liquide alcoolique quelconque ; on le fait couler sur des copeaux de hêtre ensemencés avec du ferment, dans des récipients où l'air a largement accès (procédé allemand). Le liquide se répandant sur les copeaux présente une surface considérable, et l'oxydation se fait assez rapidement.

Acétates. — 287. Les arts emploient un certain nombre d'acétates ; les bouillottes des chemins de fer sont garnies d'une solution d'acétate de sodium, qui, en se refroidissant, abandonne une grande quantité de chaleur. L'acétate d'aluminium, l'acétate ferrique sont employés comme *mordants* (**220**) en teinture. L'*extrait de Saturne* est un acétate de plomb. Le *vert-de-gris*, le *verdet*, employés comme couleurs vertes dans la peinture à l'huile, sont des acétates de cuivre.

CHAPITRE XVII

ÉTHERS-SELS. — CORPS GRAS. — ACIDES GRAS. GLYCÉRINE. — SAVONS. — BOUGIES

288. — Nous avons vu que l'acide chlorhydrique attaque l'alcool méthylique en donnant du *chlorure de méthyle* et de l'eau (**275**); les corps ayant une origine analogue, et dont le *sulfate monoéthylique* (**270**, *c*) nous offre un second exemple, ont reçu le nom d'*éthers-sels* qui rappelle leur génération, comparable à certains égards à celle des sels par l'action des acides sur les bases. La formation des éthers-sels est une des propriétés caractéristiques des alcools. On peut la représenter par la relation

(1)   alcool + acide = éther-sel + eau.

Les propriétés physiques de ces corps varient beaucoup de l'un à l'autre. Au point de vue chimique, *ils se distinguent des sels en ce qu'ils ne donnent pas, quand ils sont purs, la réaction des acides correspondants.* Ainsi le chlorure de méthyle ne précipite pas l'azotate d'argent (**67, 70**).

Les éthers-sels sont détruits par l'eau et par les bases, en régénérant l'alcool dont ils dérivent. Ainsi, l'on a avec l'eau,

(2)   éther-sel + eau = acide + alcool,

réaction inverse de (**1**), et qui la limite; quand on fait agir un acide sur un alcool, la réaction n'est, en effet, jamais totale; elle s'arrête lorsque le rapport du poids de l'alcool *éthérifié* au poids de l'alcool initial atteint une certaine valeur. Dans le cas de l'acide acétique et de l'alcool éthylique, par exemple, ce rapport est 0,66.

Avec une base, on a :

$$(\mathbf{3}) \qquad \text{éther-sel} + \text{base} = \text{sel} + \text{alcool.}$$

On conçoit, d'après ce qui précède, que les éthers-sels soient extrêmement nombreux. Quelques-uns d'entre eux existant dans les *corps gras* ont une importance pratique très grande.

CORPS GRAS NEUTRES

Constitution et état naturel. — 289. On appelle *corps gras neutres* des corps liquides ou facilement fusibles, onctueux au toucher, laissant sur le papier des taches translucides (huiles, beurres, graisses).

Ce sont des mélanges complexes de plusieurs principes immédiats (1). Comprimons de l'huile d'olive figée à 0°; nous la séparerons en deux parties : l'une, liquide, est l'*oléine*; la seconde, solide, est la *margarine* ou *palmitine*. Si on comprime une graisse, on peut séparer successivement de l'oléine, de la margarine, soluble dans l'éther, et un troisième principe peu soluble dans ce réactif, la *stéarine*. L'oléine, la margarine et la stéarine sont les principes immédiats les plus communs, mais ce ne sont pas les seuls.

Ces principes sont des éthers-sels d'un alcool, la *glycérine*, et d'acides appelés *acides gras*, monobasiques, et dont quelques-uns sont des homologues de l'acide acétique. En effet, du suif ou de l'huile, traités par la vapeur d'eau ou une base, donnent de la glycérine, et dans le premier cas un acide, dans le second un sel.

(1) La constitution des corps gras a été découverte vers 1820 par le chimiste français Chevreul (1786-1889).

290. — La glycérine n'est pas un homologue de l'alcool éthylique ; elle se rattache au carbure C^3H^8, homologue du méthane, mais dans lequel trois atomes d'hydrogène, au lieu d'un, sont remplacés par l'oxhydryle OH ; on dit que la glycérine est un alcool *triatomique*. Comparée à l'alcool ordinaire, elle a avec lui les mêmes relations qu'un acide tribasique avec un acide monobasique (**58**, *b*). La formule de la glycérine est donc $C^3H^5(OH)^3$; le radical C^3H^5, *trivalent*, peut remplacer trois atomes d'hydrogène ; d'où il suit, les acides gras étant monobasiques, que trois molécules de ces acides concourent, avec une molécule de glycérine, à la formation d'une molécule de corps gras, suivant les formules :

$$3HC^{16}H^{33}O^2 + C^3H^5(OH)^3 = C^3H^5(C^{16}H^{33}O^2)^3 + 3H^2O.$$

Acide palmitique
ou margarique. — Palmitine.

$$3HC^{18}H^{37}O^2 + C^3H^5(OH)^3 = C^3H^5(C^{18}H^{37}O^2) + 3H^2O.$$

Acide stéarique. — Stéarine.

$$3HC^{18}H^{33}O^2 + C^3H^5(OH)^3 = C^3H^5(C^{18}H^{33}O^2) + 3H^2O.$$

Acide oléique. — Oléine.

L'analyse des corps gras par l'eau ou les bases est contrôlée par la synthèse. M. Berthelot, en faisant agir les acides gras sur la glycérine dans les proportions indiquées par les équations précédentes, a pu préparer des corps identiques à la stéarine, à la palmitine et à l'oléine naturelles.

On trouve des corps gras dans les graines de certaines plantes (pavot, arachides, ricin, lin), dans certains fruits charnus (olives, fruits du *cocos butyracea* donnant l'huile de palme, cacao), dans le tissu adipeux des animaux.

Propriétés. — **291.** *a.* Les corps gras sont tous moins denses que l'eau ; ils sont liquides ou facilement fusibles. Ils ne sont pas volatils. Ils sont solubles dans l'éther, les essences et le sulfure de carbone. Les tableaux suivants présentent les propriétés et la composition des principaux corps gras naturels.

HUILES VÉGÉTALES

NOMS	ORIGINE	POIDS SPÉCIFIQUE	POINTS DE FUSION	ACIDES AUTRES QUE CEUX DÉJA MENTIONNÉS
D'amandes douces..	Amandes de l'amandier commun...................	0,918 à 15°.	— 25°.	—
De colza..	Graines du colza.........	0,913.	—	—
De lin....	Graines du lin...........	0,939 à 12°.	— 16°.	*Linoléique.*
D'œillette.	Graines du pavot.........	0,925 à 15°.	— 18°.	—
D'olives...	Fruits de l'olivier........	0,919 à 12°.	Un peu au-dessous de 0°.	—
De palme.	Fruits du *cocos butyracea.*	—	Entre +27° et +35°.	—
De ricin..	Semences du ricin........	0,926 à 12°.	—	*Ricinolique.*

CORPS GRAS D'ORIGINE ANIMALE

NOMS	POINT DE FUSION	POIDS SPÉCIFIQUE	COMPOSITION
Graisse humaine.	Vers 15°.	—	Surtout riche en margarine; assez d'oléine.
— de bœuf..	Entre 41° et 50°.	—	Forte proportion de stéarine.
— de mouton,...	Entre 41° et 52°,5.	Odeur particulière.	Contient de l'acide *hircique* (odeur).
— de porc..	Entre 42°,5 et 48°.	—	—
Beurre de vache.	Vers 26°,5.	—	Oléine, 30 Margarine, 68 Butyrine, 2 [*acide butyrique*] Contient aussi de l'acide caproïque.
Huile de baleine.	0°.	Densité à 20° : 0,927.	Contient de l'acide *dæglique.*
Huile de foie de morue........	—	Densité à 17° : 0,924, soluble dans l'alcool.	Contient du brome, de l'iode, du soufre, du phosphore.
Graisse d'oie...	Entre 24° et 26°.	—	Contient les acides *butyrique* et *caproïque.*

b. — Les corps gras sont détruits par la chaleur ; la plupart d'entre eux se décomposent entre 300 et 400°. Ils donnent d'abord de l'*acroléine,* liquide très volatil, bouillant à 52°, à laquelle les fritures doivent leur odeur désagréable, puis s'enflamment.

c. Rancidité. — Exposés quelque temps à l'action de l'air, les corps gras acquièrent une saveur désagréable et une réaction acide ; on dit qu'ils *rancissent ;* les métaux tels que le cuivre, au contact de ces corps et de l'air, sont attaqués. La rancidité est due à une oxydation provoquée par les impuretés accompagnant toujours les produits commerciaux (matières muqueuses, azotées, agissant à la manière des ferments) et qui donnent naissance à des acides volatils, odorants, et à de l'acide carbonique ; si les corps gras sont abandonnés dans un lieu clos, l'atmosphère se charge assez rapidement de gaz carbonique (magasins à huile). Cette oxydation qui est hâtée par la présence des corps poreux, tels que les chiffons, la laine, dégage de la chaleur et se poursuit quelquefois assez rapidement pour que les matières s'enflamment d'elles-mêmes. C'est ce qui arrive fréquemment dans les usines où l'on entasse des déchets de coton ou de laine imbibés d'huile ou de graisse.

On régénère les corps gras rancis en les traitant par l'eau bouillante, puis par une lessive alcaline froide, qui enlèvent les acides.

Les corps gras *purs* ne rancissent pas ; les horlogers purifient l'huile d'olives qui sert à lubrifier les pivots des pièces d'horlogerie, en l'abandonnant, en flacon bouché, au contact du plomb ; au bout de quelque temps, il se précipite de l'oxyde de plomb qui entraîne les impuretés.

d. Siccativité. — Certaines huiles, telles que celles de noix, d'œillette, de lin, se solidifient rapidement à l'air, si elles sont en couche mince. On les appelle huiles *siccatives*, et cette propriété les fait rechercher pour la peinture. Certains oxydes, comme la litharge, augmentent la siccativité de ces huiles quand on les a fait bouillir quelque temps avec elles. L'huile d'olives n'est pas siccative ; elle s'altère très lentement à l'air et se décolore peu à peu ; l'huile de colza s'altère aussi lentement et perd sa combustibilité en même temps que sa coloration.

c. Saponification. — Nous avons signalé la destruction des corps gras par les bases; avec la soude et la stéarine, on a du *stéarate de sodium* et de la *glycérine.* Les savons communs sont des mélanges de stéarate et d'oléate de sodium; aussi cette décomposition a-t-elle été appelée *saponification* des corps gras. L'expression a été étendue à toute destruction d'éthers-sels par l'eau ou les bases.

L'acide sulfurique concentré et la vapeur d'eau surchauffée (à une température supérieure à 100°) saponifient également les corps gras; l'acide gras et la glycérine sont mis en liberté.

Extraction. — 292. Les huiles végétales s'obtiennent par pressage ou broyage des parties de la plante qui contiennent la matière grasse. Ainsi, en pressant des olives, on obtient une huile de qualité supérieure, que l'on appelle *huile vierge.* En délayant dans l'eau bouillante la pulpe que laisse l'opération précédente et pressant de nouveau, on a l'huile ordinaire de table, inférieure à la première et rancissant plus facilement. Les *tourteaux* ou résidus des opérations précédentes, bouillis avec de l'eau et exprimés de nouveau, donnent une troisième huile, dite *huile lampante,* qui n'est utilisée que dans les savonneries.

Les huiles, au sortir de la presse, contiennent des matières organiques azotées qui les altéreraient assez rapidement, surtout les huiles de seconde et de troisième pression; il est nécessaire de les épurer. Thénard a imaginé de les traiter par 1 1/2 à 3 p. 100 de leur poids d'acide sulfurique concentré, dans des bacs doublés de plomb et munis d'un agitateur qui brasse constamment le mélange. Le mucilage se charbonne et se sépare de l'huile par précipitation. On n'a plus qu'à décanter. On obtient les huiles animales en faisant bouillir dans de l'eau les parties de l'animal qui contiennent de la matière grasse : les os d'abatis de veau, de bœuf, de cheval ; le lard des baleines ; le foie des morues ; les harengs tout entiers. L'huile ou la graisse viennent se rassembler à la surface, on les enlève et on laisse reposer.

Les graisses et les suifs sont séparés par fusion des membranes renfermant la matière grasse. Dans les suiferies importantes où l'on fond de grandes quantités de matières, cette opération dégage une odeur infecte, qu'on peut éviter en ajoutant soit une lessive alcaline faible qui dissout les membranes sans altérer les matières grasses, soit de l'acide sulfurique faible. L'opération ne laisse pas de résidu utilisable, tandis que la fusion sans alcali donne un résidu solide que l'on façonne en pains pour la nourriture des chiens et des porcs (*pains de cretons*).

Usages. — 293. Les usages des corps gras sont très nombreux. Le plus important est la fabrication des savons et des bougies. Nous signalerons encore l'emploi de l'huile d'olives dans l'alimentation, de l'huile de colza pour l'éclairage, de l'huile de lin et de l'huile d'œillette pour délayer les couleurs, des diverses huiles pour lubrifier les pivots des machines ; pour ce dernier usage, on doit préférer les *huiles lourdes de pétrole* (**257**, *a*, 4°) et l'*huile de vaseline*, qui ne rancissent pas.

Acides gras. — 294. Ces corps sont tous des acides monobasiques.

L'acide margarique $HC^{16}H^{33}O^2$ et l'acide stéarique $HC^{18}H^{35}O^2$ sont des homologues de l'acide acétique ; ils sont tous deux solides, cristallisables ; le premier fond à 62°, le second à 70° (on remarquera l'élévation du point de fusion correspondant à celle du poids moléculaire) ; ils sont insolubles dans l'eau, solubles dans l'alcool, qui peut servir à les purifier ; on obtient le premier en saponifiant l'huile de palme, puis décomposant le savon par un acide et faisant cristalliser ; le second, en purifiant par cristallisation dans l'alcool l'acide stéarique du commerce.

L'acide oléique $HC^{18}H^{33}O^2$ n'est pas un homologue des précédents ; il se rattache à un carbure non saturé.

Il est liquide à la température ordinaire, peut être solidifié au-dessous de zéro ; mais il ne fond plus ensuite qu'à

14°. On l'obtient en refroidissant les acides bruts obtenus par saponification des huiles et traitement du savon par un acide ; les acides autres que lui cristallisent ; on traite par la soude le résidu liquide, et on décompose par l'acide sulfurique.

Glycérine, $C^3H^8O^5 [= C^3H^5(OH)^3]$. — **205.** C'est un liquide incolore, sirupeux, d'une saveur sucrée. Son poids spécifique est 1,26. Elle marque 30° à l'aréomètre, quand elle est parfaitement pure. Elle se mêle en toutes proportions à l'eau et à l'alcool absolu ; elle absorbe l'humidité. Elle bout à 280°, et commence à se décomposer à une température à peine supérieure.

L'acide nitrique l'attaque en donnant un corps extrêmement dangereux, la *nitroglycérine* $C^3H^5(AzO^6)^3$, liquide huileux, jaunâtre, insoluble dans l'eau, détonant par la chaleur et par le choc ; 32 grammes suffisent pour faire voler en éclats un bloc de fer du poids de 20 kilogrammes. La violence de ses effets s'explique par ce fait que sa destruction dégage une grande quantité de chaleur et ne donne que des produits gazeux qui se trouvent portés à une température extrêmement élevée, et développent soudainement une pression énorme.

On prépare la glycérine en décomposant les corps gras naturels (huiles, graisses) par les bases ou la vapeur d'eau surchauffée (**206, 207**).

On l'obtient facilement dans le laboratoire, en traitant l'huile d'olive ou l'axonge (graisse de porc fine) par l'oxyde de plomb à une douce chaleur (emplâtre simple des pharmaciens).

On emploie la glycérine en médecine, comme calmant et siccatif ; on l'emploie aussi pour mettre les gerçures à l'abri du contact de l'air ; elle sert encore à masquer la verdeur des vins, à humecter l'argile, les cuirs non tannés ; la fabrication des explosifs en consomme de grandes quantités.

INDUSTRIES DES CORPS GRAS

Savons. — 296. On appelle *savons* les combinaisons des acides gras avec les bases; les savons de potasse, de soude et d'ammoniaque sont seuls solubles; les premiers sont mous, les autres sont durs; on n'emploie dans l'économie domestique, que les savons de potasse et de soude; en médecine, on emploie sous le nom d'*emplâtre simple*, un savon de plomb. Les savons de soude sont les plus importants. Pour les préparer, on saponifie les corps gras par la soude (lessive caustique). L'opération se fait dans des chaudières en cuivre chauffées soit à feu nu, soit à la vapeur. On commence par faire bouillir une lessive caustique faible (marquant seulement 10° à l'aréomètre Baumé); on ajoute alors les corps gras, puis on brasse et on fait bouillir avec une nouvelle lessive plus riche que la première (18 à 20° Baumé). Cette opération, qui donne une pâte très homogène quand elle a été bien conduite, porte le nom d'*empâtage*. La saponification est seulement commencée; avant de la terminer, on se débarrasse de l'eau introduite par les lessives faibles, et dont la présence serait gênante; c'est l'opération du *relargage* ou *salage*. On utilise l'insolubilité du savon dans l'eau salée. La pâte est arrosée avec un mélange de lessive caustique et d'eau salée, et agitée; quand on laisse reposer, le savon se rassemble et monte à la surface, tandis que l'eau chargée de glycérine reste au fond. Pour terminer la saponification, on fait bouillir le savon, qui retient encore des corps gras, avec de la lessive salée, puis on coule la masse dans des *mises*, caisses démontables en bois ou en métal, de dimensions variables, et dans lesquelles le savon se solidifie. Il ne reste plus qu'à le débiter en pains de grosseur convenable.

On emploie quelquefois, au lieu d'alcalis caustiques, des carbonates alcalins que l'on *caustifie* sur place en les traitant par la chaux (**178**).

Bougies. — 297. Les bougies sont constituées par un

mélange, en proportions variables, d'acides stéarique et margarique ; pour les préparer, on saponifie les corps gras et on sépare l'acide oléique, dont la présence rendrait la bougie trop fusible. On opère, en général, de la manière suivante :

Les suifs, épurés par fusion en présence d'acide sulfurique très dilué, sont traités par un lait de chaux dans une *autoclave* (1) chauffée à la vapeur sous une pression assez considérable (5 à 6 atmosphères). Il se forme un savon calcaire insoluble, et la glycérine est mise en liberté. Quand la saponification est terminée, on envoie la masse dans les bassins où la glycérine et le savon calcaire se séparent ; la glycérine, qui est mélangée d'eau, est concentrée par la chaleur ; le savon est envoyé dans des cuves où on le décompose par l'acide sulfu-

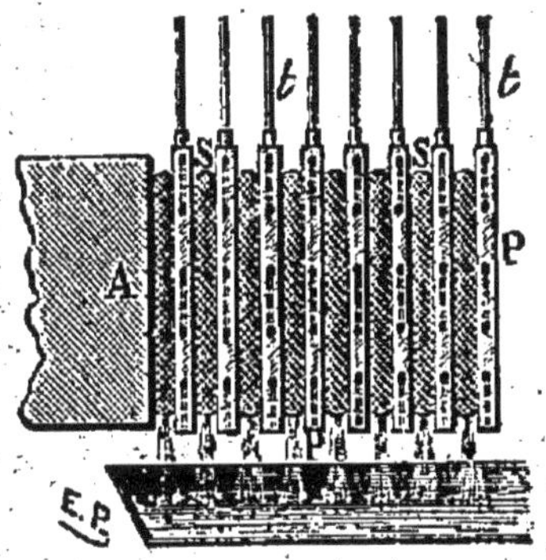

Fig. 97. — Eléments d'une presse à chaud, P, plaques perforées ; S, sacs ; *t*, tubes de cuivre souples amenant la vapeur ; A, piston de la presse hydraulique.

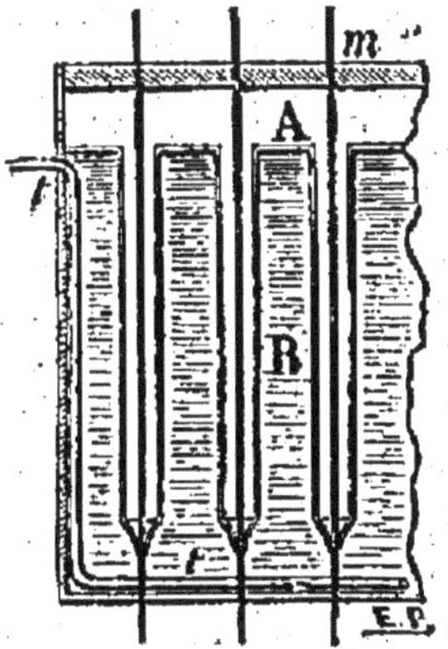

Fig. 98. — Moules à bougies. A, acides gras ; B, eau ; *t*, tuyau amenant de l'eau chaude.

rique et qui sont maintenues à une température suffisante pour que les acides gras restent fondus ; le sulfate de calcium, insoluble, se précipite. Après la séparation, on coule les acides gras dans des cuvettes rectangulaires plates, où

(1) Chaudière munie d'une soupape s'ouvrant automatiquement lorsque la pression des gaz ou des vapeurs à l'intérieur de cette chaudière dépasse une certaine limite. La *marmite de Papin* est une autoclave. On peut dans ces appareils amener l'eau à une température notablement supérieure à 100° sans qu'elle bouille.

14

ils se solidifient; les pains ainsi obtenus sont placés dans des sacs et pressés, à froid, à la presse hydraulique; la majeure partie de l'acide oléique, liquide à la température ordinaire, se sépare; on termine la séparation par un pressage à chaud entre des plaques de fonte creuses dans lesquelles arrive de la vapeur (*fig.* 97); il reste des pains ou *tourteaux* exclusivement formés d'acides stéarique et margarique. On les fond de nouveau, puis on les verse dans des moules cylindriques en métal, au centre desquels est tendue une mèche de coton; ces moules sont plongés dans une caisse remplie d'eau chaude (*fig.* 98) que l'on abandonne à elle-même afin que la matière se solidifie lentement (1); les bougies solidifiées sont blanchies à l'air, puis polies et coupées à la longueur convenable.

CHAPITRE XVIII

HYDRATES DE CARBONE

GLUCOSE. — SACCHAROSE. — AMIDON. — CELLULOSE

298. — On appelle *hydrates de carbone* des principes immédiats très nombreux et très importants, répandus à profusion dans les organes des végétaux. Ce sont des composés *ternaires* dans lesquels l'hydrogène et l'oxygène entrent dans les proportions mêmes où ils constituent l'eau. Ils ont, les uns avec les autres, les plus étroites relations et peuvent tous éprouver des transformations aboutissant en fin de compte à des composés appelés *glucoses*, dont la formule est $C^6H^{12}O^6$; le type de ces composés est le glucose ordinaire ou sucre de fruits, qui apparaît, sous forme d'efflorescences blanches, à la surface des raisins et des fruits séchés. Les glucoses forment avec les *saccharoses*, dont le type

---

(1) Une masse d'eau un peu grande se refroidit très lentement.

est le sucre de canne ou de betterave, et dont la formule est $C^{12}H^{22}O^{11}$, le groupe des *sucres*.

L'*amidon*, la *dextrine*, les *gommes*, la *cellulose*, constituent un second groupe d'hydrates de carbone.

SUCRES

GLUCOSE OU SUCRE DE FRUITS : $C^6H^{12}O^6$.

Propriétés. — 299. *a*. Le glucose pur est un solide incolore, inodore, d'une saveur faiblement sucrée; il est soluble dans le tiers de son poids d'eau froide.

La chaleur le détruit; de l'eau est mise en liberté, et il se forme des composés assez complexes, bruns, solubles dans l'eau (composés *caraméliques*), puis des produits noirs, et enfin du charbon.

Quand on le chauffe avec de la potasse, il brunit.

Le glucose est un réducteur assez énergique. En chauffant dans un tube d'essai une solution d'acétate de cuivre avec un peu de sirop de glucose, on obtient un précipité rouge d'*oxyde cuivreux* Cu^2O résultant de la réduction de l'acétate, qui correspond à l'*oxyde cuivrique* CuO. C'est une réaction de ce genre qui permet de doser le sucre dans l'urine des diabétiques.

b. — Un assez grand nombre d'organismes microscopiques attaquent le glucose, qu'ils transforment en produits plus simples; la fermentation alcoolique (**281**) peut être considérée comme le type de ce genre de réactions.

Préparation. — 300. On prépare le glucose en faisant agir sur l'amidon ou la fécule l'acide sulfurique ou l'orge germée (1), qui possèdent la propriété d'hydrater l'amidon et de le transformer en glucose.

L'amidon, comme nous le verrons, donne, en présence de la solution aqueuse d'un corps simple nommé *iode*, une belle coloration bleue; le glucose est sans action sur l'iode. On re-

---

(1) Les graines de l'orge contiennent une substance appelée *diastase*, et qui, en présence de l'eau chaude, transforme l'amidon et la fécule en glucose.

connaît que la transformation de la fécule est achevée quand
une goutte de liquide ne se colore plus en bleu par l'iode.

Dans les laboratoires, on peut obtenir assez rapidement
du glucose en dirigeant, dans un vase contenant de la fécule
délayée dans l'eau
aiguisée d'acide sul-
furique, un courant
de vapeur que l'on
obtient en faisant
bouillir de l'eau
dans un ballon B
(*fig*. 99).

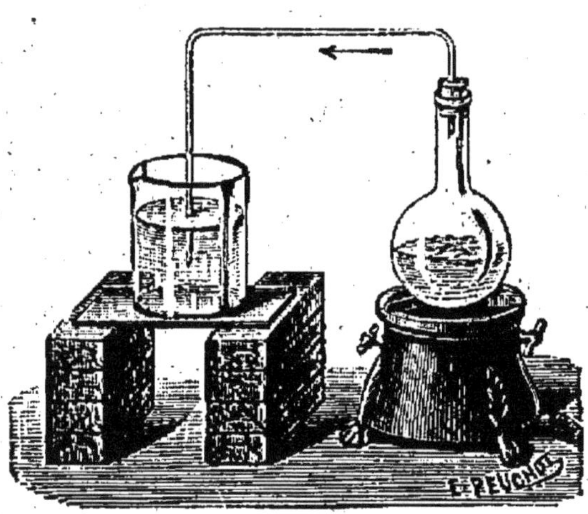

Fig. 99. — Préparation du glucose.

Usages.—301.
Le glucose est sou-
vent employé frau-
duleusement à la
place du sucre de
canne; il n'est pas
dangereux par lui-même; mais le glucose commercial de
qualité inférieure, dont le prix est assez bas, étant presque
toujours préparé avec de l'acide sulfurique insuffisamment
purifié et retenant en particulier des composés arsenicaux,
l'introduction de ce produit dans les sirops, la pâtisserie ou
le vin peut donner lieu à des accidents. Les boissons fabriquées, comme certaines bières, en faisant fermenter du
glucose préparé à l'acide sulfurique, sont également dange-
reuses pour la même raison.

Synthèse. — 302. Par des procédés dans le détail desquels nous ne pouvons entrer, on est arrivé aujourd'hui à
faire la synthèse du glucose.

SACCHAROSE, $C^{12}H^{22}O^{11}$.
(Sucre de canne ou de betterave.)

Propriétés. — 303. *a.* Corps solide incolore, cristallisé; il se dissout dans la moitié de son poids d'eau froide.

(sirop), dans le quart de son poids à 80°, et dans le cinquième de son poids à 100°; sa saveur est bien connue; il est peu soluble dans l'alcool. Il fond à 160°, et se prend par refroidissement en une masse vitreuse (*sucre d'orge*). Le *sucre candi* est du sucre en gros cristaux, obtenu en évaporant un sirop de sucre jusqu'à ce qu'il marque 40° Baumé à l'ébullition, et le laissant refroidir lentement dans des bassines de cuivre munies de fils tendus d'un bord à l'autre, à différentes hauteurs (*fig.* 100). Les cristaux de sucre sont phosphorescents quand on les brise dans l'obscurité.

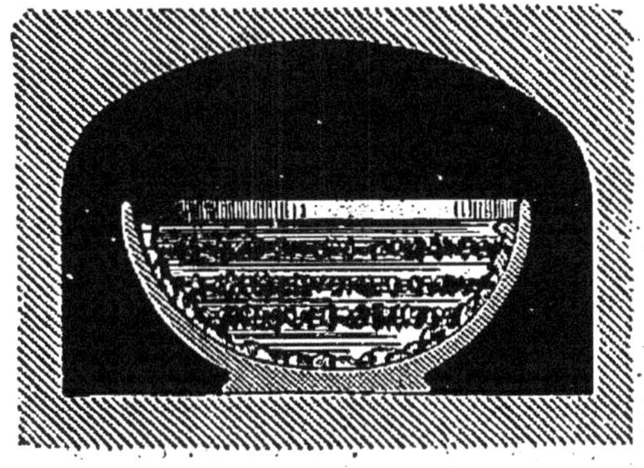

Fig. 100. -- Cristallisation du sucre par évaporation. Sucre candi.

b. — Le sucre, maintenu longtemps à 160°, se détruit; on obtient d'abord du glucose, puis les produits de la destruction de ce corps, et on finit par avoir du *charbon de sucre*.

c. Sucre interverti. — Sous l'action des acides étendus, le sucre se détruit en fixant de l'eau; on a un mélange à poids égaux de glucose et d'une substance ayant même composition chimique, et appelée *lévulose*.

$$C^{12}H^{22}O^{11} + H^2O = C^6H^{12}O^6 + C^6H^{12}O^6,$$
$$\text{Glucose.} \qquad \text{Lévulose.}$$

Ce mélange porte le nom de *sucre interverti*.

On réalise facilement l'interversion en faisant bouillir pendant quelques minutes une solution de sucre additionnée de 1/10 d'acides sulfurique ou chlorhydrique.

Le sucre dissous dans l'eau s'intervertit à la longue; si on chauffe, l'interversion est plus rapide. Une solution sucrée conservée longtemps finira donc par contenir des quantités notables de glucose, surtout si on l'a fait bouillir.

Le sucre de canne n'est pas *directement* fermentescible; soumis à l'action de la levure de bière, il s'intervertit d'abord grâce à l'action d'une *diastase* sécrétée par la levure ; c'est seulement après cette interversion que la fermentation alcoolique se déclare.

d. — L'acide sulfurique concentré détermine, même à froid, la carbonisation du sucre.

Les alcalis n'attaquent pas le sucre, même à 100° ; une solution de sucre pur ne noircit donc pas quand on la chauffe avec de la potasse ; cette réaction permet de distinguer le saccharose du glucose (**299**, *a*) ; au-dessus de 100°, il y a destruction.

Le sucre forme avec la chaux un certain nombre de composés très importants, nommés *sucrates* ou *saccharates* de calcium. C'est grâce à la formation d'un de ces composés que l'eau sucrée dissout plus de chaux que l'eau pure.

Extraction. — 304. *a.* Le sucre, qui joue un si grand rôle dans l'alimentation, est connu depuis fort longtemps dans l'Inde et en Chine ; il a été importé en Europe à la suite des guerres d'Alexandre ; pendant très longtemps, on l'a extrait uniquement de la canne à sucre. Le chimiste allemand Margraff découvrit son existence dans la betterave et indiqua même, en 1765, un procédé pour l'en retirer ; mais l'industrie du sucre de betterave ne devint florissante qu'une quarantaine d'années après. Le sorgho, l'érable à sucre, un palmier de l'archipel indien, contiennent également du sucre.

Nous indiquerons rapidement les procédés d'extraction du sucre de betterave.

b. — On emploie une variété spéciale de betterave, produit de l'amélioration méthodique de l'espèce commune, et qui renferme de 14 à 18 p. 100 de sucre. Pour obtenir le jus sucré, on a recours à la *diffusion*. Les betteraves, lavées et épierrées, sont découpées à la machine en lanières très minces nommées *cossettes*. Quand on soumet ces cossettes à l'action de l'eau, le sucre traverse les membranes des cellules et vient se dissoudre dans l'eau (1) ; il ne reste plus dans

(1) Ce phénomène porte le nom d'*osmose*. Certaines substances, appelées

les cossettes que des matières gommeuses. L'opération, commencée à froid, se termine à une température voisine de 90°.

Le jus ainsi obtenu contient, outre le sucre, des acides, des sels, des matières colorantes, des substances azotées; il est très altérable; pour l'empêcher de se corrompre, il faut le soumettre à une purification qui porte le nom de *carbonatation*. On le traite par la chaux et l'acide carbonique. La chaux donne avec les acides du jus et avec les matières azotées, gommeuses ou grasses, des composés insolubles, et, avec le sucre, du sucrate de calcium. L'acide carbonique décompose ce sucrate et forme du carbonate de calcium insoluble.

Les deux traitements se font en même temps. Le jus, additionné de la quantité de chaux nécessaire, est mis dans de grandes chaudières rectangulaires; un tuyau enroulé en spirale, placé contre le fond et percé de nombreuses ouvertures latérales, amène le gaz; au-dessus de lui, un autre tuyau, amenant de la vapeur, maintient la température au degré convenable. Quand l'opération est terminée, on laisse reposer et on décante.

On force alors le jus à filtrer à travers des sortes de poches disposées horizontalement, d'où il sort limpide et brillant. On le décolore ensuite en le soumettant à l'action d'un courant de gaz sulfureux qui barbote à travers le jus (*sulfitation*).

c. — On le concentre par ébullition. Mais comme, au voisinage de 100°, une ébullition un peu prolongée déterminerait l'interversion d'une quantité notable de sucre (**303**, *c*), on raréfie l'atmosphère au-dessus des chaudières où se fait l'évaporation, ce qui abaisse la température d'ébullition et diminue par suite les chances d'interversion. Le jus passe successivement dans trois chaudières (appareil à triple

---

cristalloïdes parce que la plupart d'entre elles sont cristallisées, traversent, quand elles sont dissoutes dans l'eau, les membranes organiques, tandis que d'autres, appelées *colloïdes* parce qu'elles sont le plus souvent d'apparence gélatineuse, ne les traversent pas. Les phénomènes d'osmose ont une importance capitale dans la nutrition des plantes et des animaux.

effet), disposées de manière que la température à laquelle s'y fait l'ébullition soit plus basse dans la seconde que dans la première, et dans la troisième que dans la seconde.

Le sirop, ainsi enrichi et décoloré, est soumis à la *cuite en grains*. On le concentre dans une chaudière chauffée par un courant de vapeur et dans laquelle on raréfie l'air; on arrête la concentration lorsque de petits grains se forment dans le liquide; le sirop est alors envoyé aux cristallisoirs; après dix ou douze heures, la masse qui est devenue consistante est réduite en bouillie, puis essorée à la turbine (1); l'eau mère ou *mélasse* qui s'écoule est envoyée dans un réservoir spécial; en même temps on introduit un sirop pur dans l'axe de la turbine, qui est creux; ce sirop, passant par des trous percés dans l'axe, est projeté sur les cristaux; la mélasse qu'ils retiennent est dissoute dans l'eau du sirop et s'échappe avec elle au travers de la toile métallique. Cette opération porte le nom de *clairçage*. Elle est fondée sur ce fait qu'une solution saturée, incapable de dissoudre de nouvelles quantités de la substance qu'elle contient, peut néanmoins dissoudre d'autres corps.

L'essorage, terminé en quelques minutes, donne le *sucre de premier jet*, en grains assez fins; il est très pur et peut être consommé de suite.

La mélasse est renvoyée à une chaudière où on la concentre jusqu'à ce qu'une goutte prise entre les doigts s'étire en forme de filet; on l'envoie ensuite dans des cristallisoirs très profonds; les cristaux qui se forment sont passés à la turbine et constituent le sucre de deuxième jet, qui doit être raffiné; on fait souvent une nouvelle cuite, qui donne le sucre de troisième jet; ce dernier cristallise très lentement.

On peut extraire de la mélasse soit de l'alcool, soit une nouvelle quantité de sucre, par des procédés dans le détail desquels nous n'entrerons pas.

(1) Sorte de cage circulaire en toile métallique animée d'un mouvement de rotation rapide au sein d'une enveloppe de fonte; l'eau qui imprègne les cristaux est projetée à travers la toile, contre laquelle la force centrifuge applique la masse.

d. Raffinage. — Cette opération, nécessaire pour les sucres de 2° et de 3° jet (sucres bruts ou *cassonades*), est inutile pour le sucre de premier jet; il la subit cependant, en général, pour être livré au commerce sous forme de *pains*. Le sucre est redissous dans l'eau, filtré, décoloré, et cuit dans le vide à 67°-69° jusqu'à commencement de cristallisation. On le réchauffe ensuite à 80°, puis on le met dans des *formes* coniques, ayant la forme des pains de sucre, percées à leur partie inférieure et communiquant, au moyen de tubes à robinet, avec un large conduit (*fig.* 101) par lequel on peut faire le vide; la prise en masse se fait dans ces formes, qui sont maintenues à une température de 25 à 30°; quand elle a eu lieu, on ouvre les robinets pour faire égoutter le liquide qui imprègne les pains, puis on verse un sirop saturé de sucre pur qui pénètre dans les pores, les bouche, et, en même temps,

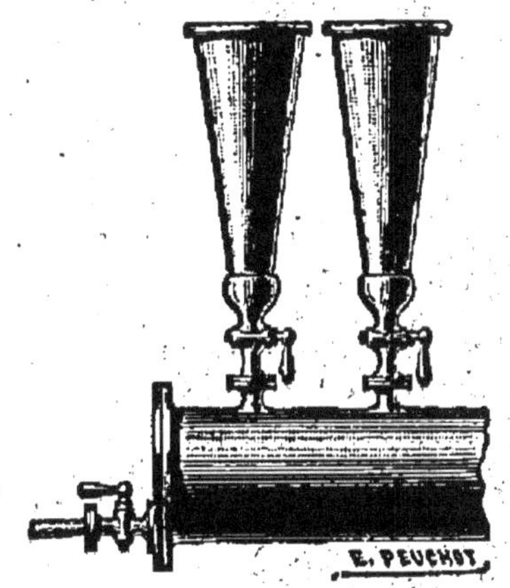

Fig. 101.

déplace l'eau mère (clairçage); après un nouvel égouttage qu'on termine en raréfiant l'atmosphère au-dessous des formes (*sucette*), on sèche les pains à l'étuve à 50°-55°.

MATIÈRE AMYLACÉE

305. — On donne le nom de matière amylacée à des hydrates de carbone dont la composition répond à la formule $C^6H^{10}O^5$, mais dont le poids moléculaire, inconnu, est un multiple de celui qui correspond à cette formule. Cette matière est extrêmement répandue dans le règne végétal, où elle constitue la majeure partie des réserves nutritives accumulées dans les racines des tubercules, les fruits ou les graines d'un grand nombre de végétaux; on la rencontre d'ailleurs dans toutes les parties de la plante, et notamment dans les feuilles, où elle apparaît dans les grains de chlorophylle.

On donne, en général, le nom d'*amidon* à la matière amylacée des céréales, et de *fécule* à celle des légumineuses (fécule de pomme de terre). L'arrow-root, le sagou, le tapioca, sont des fécules extraites de diverses plantes n'appartenant pas aux familles précédentes. L'*inuline* est une matière amylacée particulière, que l'on rencontre principalement dans la racine du dahlia et du topinambour.

AMIDON, FÉCULE

Propriétés. — **306**. *a*. L'amidon est une substance blanche, douce au toucher (1); le microscope nous la montre sous la forme de grains arrondis (*fig*. 102) formés de couches

 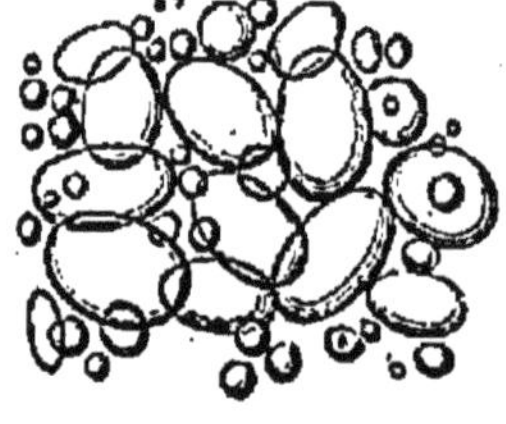

Fig. 102.

Grains de fécule.   Grains d'amidon.

successives qui environnent une petite cavité nommée *hile*. Le diamètre de ces grains est très variable avec l'origine de l'amidon, comme l'indique le tableau suivant :

Pomme de terre.	$0^{mm},185$ à $0^{mm},140$.
Sagou, lentilles	$0^{mm},075$ à $0^{mm},067$.
Blé	$0^{mm},050$ à $0^{mm},040$.
Maïs.	$0^{mm},036$ à $0^{mm},025$.

Mis au contact de l'eau, l'amidon ne se dissout pas; mais, vers 60° ou 70°, il se gonfle; les enveloppes concentriques

(1) La fécule de pomme de terre est rugueuse.

des grains se déchirent et s'exfolient (*fig.* 103); le volume peut devenir jusqu'à vingt-cinq ou trente fois plus grand; si la quantité d'eau est faible, on a une masse pâteuse, translucide, qui constitue l'*empois*; quand on le fait bouillir avec une quantité d'eau considérable, l'amidon se transforme partiellement en *amidon soluble*; la partie non transformée reste en suspension dans l'eau à l'état de flocons assez fins pour traverser les filtres. La transformation en amidon soluble peut être encore réalisée par l'application prolon-

Fig. 103.
Grains d'amidon exfoliés.

gée de la chaleur à 100°. A 160°, la chaleur le transforme en *dextrine*; au-dessus de 200°, il se détruit.

b. — L'amidon, soit solide, soit dissous, soit à l'état d'empois, prend, sous l'action de l'*eau iodée* (1), une coloration d'un bleu intense; cette couleur disparaît quand on chauffe à 90°, pour apparaître de nouveau par refroidissement. Cette réaction, très sensible, permet de déceler la présence de l'amidon dans les tissus végétaux; on peut faire l'expérience en humectant d'eau d'iode la section d'une pomme de terre qu'on vient de couper.

c. — L'amidon, bouilli dans l'acide nitrique étendu, se transforme en acide oxalique.

L'acide sulfurique très étendu transforme, à l'ébullition, l'amidon en glucose; il se fait d'abord de la *dextrine* qui, par une série de transformations dont le mécanisme est mal connu, donne finalement du glucose.

La diastase de l'orge germée transforme l'amidon en une variété de sucre appelée *maltose*, dont la formule est la même que celle du sucre de canne. Il diffère de ce dernier en ce que, traité par les acides étendus, il ne donne que du glucose.

(1) On se procure de l'eau iodée soit en abandonnant quelques cristaux d'iode dans un flacon plein d'eau, soit en versant dans l'eau quelques gouttes de la *teinture d'iode* des pharmaciens.

Extraction. — 307. 1° Pour extraire l'amidon du blé, on malaxe, entre les doigts, de la pâte de farine de blé sous un filet d'eau; la farine se sépare en amidon, qui est entraîné par l'eau; en albumine, également entraînée, mais à l'état de dissolution, et en *gluten*, substance grise, élastique, qui reste dans la main. Pour obtenir l'amidon, il n'y a plus qu'à abandonner le liquide au repos. Quand l'amidon s'est déposé, on décante l'eau, on lave, on égoutte sur des plaques de plâtre, et on sèche rapidement à l'étuve. Dans l'industrie, l'opération se fait mécaniquement; pendant la dessiccation à l'étuve, la masse se sépare, par suite du *retrait* qu'elle éprouve, en prismes ou en aiguilles d'un blanc bleuté, très friables.

2° On obtient la fécule en râpant des pommes de terre et délayant la pulpe dans l'eau; on jette sur un tamis, qui laisse passer l'eau et la fécule qu'elle entraîne, mais arrête les débris des cellules; on laisse reposer l'eau, puis on décante; la fécule, rassemblée au fond du vase, est séchée sur une aire en plâtre, puis à l'étuve à 50-55°. Dans l'industrie, le râpage s'effectue dans un courant d'eau, qui traverse une série de blutoirs à mailles de plus en plus serrées.

CELLULOSE

308. — *a.* La cellulose constitue le produit constant de l'action répétée des acides étendus et des alcalis sur les divers principes ligneux qui forment les parois non azotées des cellules et des fibres végétales. Le papier non collé, le coton, la moelle de sureau, le vieux linge, sont formés par de la cellulose à peu près pure.

Dans l'état de pureté, la cellulose est un corps solide, blanc, insoluble dans l'eau, l'alcool, l'éther, les acides et les alcalis étendus; son seul dissolvant est la solution ammoniacale d'hydrate de cuivre (*liqueur de Schweitzer*) (1) : elle en est précipitée par les acides étendus et par l'eau.

(1) Ce réactif s'obtient soit en abandonnant du cuivre dans l'ammoniaque

b. — La chaleur détruit la cellulose; il se dégage divers gaz, et des produits complexes.

L'acide nitrique ordinaire la transforme, à l'ébullition, en acide oxalique. L'action de l'acide fumant est particulièrement intéressante.

En laissant tremper, pendant dix minutes, dans un mélange de 1 volume d'acide nitrique fumant et 3 d'acide sulfurique, du coton cardé, lavant à grande eau, et séchant à la température ordinaire entre des doubles de papier buvard, on obtient le *fulmi-coton* ou *coton-poudre*, insoluble dans le réactif de Schweitzer, l'alcool et l'éther; ce corps brûle avec une très grande rapidité; comprimé, il constitue un explosif très dangereux, à cause de la grande quantité de gaz que dégage sa combustion dans un espace limité. Le coton-poudre, ou *cellulose décanitrique*, a pour formule $C^{24}H^{30}O^{20}(AzO^2)^{10}$ (10 atomes d'hydrogène ont été remplacés, dans $C^{24}H^{40}O^{20}$, par autant de fois AzO^2).

Le *collodion*, liquide de consistance très visqueuse, employé quelquefois en photographie comme support de la substance sensible, est une solution, dans un mélange d'alcool et d'éther, d'un coton azotique particulier appelé *cellulose octonitrique* $C^{24}H^{32}O^{20}(AzO^2)^8$. On l'emploie également pour isoler les plaies du contact de l'air; le dissolvant, en s'évaporant, laisse une couche très mince de cellulose.

Le *celluloïd*, dont les usages sont aujourd'hui si nombreux, est une composition à base de cellulose nitrique et de camphre, ce qui explique sa combustibilité.

L'acide sulfurique concentré et froid transforme la cellulose en amidon; on passe très rapidement, dans l'acide contenu dans une assiette ou une cuvette en porcelaine, une bande de papier à filtrer blanc, imprégné d'iodure de potassium (1) et séché; on lave de suite, le papier est coloré en

au contact de l'air, soit en versant de la potasse dans une solution de sulfate de cuivre, lavant le précipité gélatineux bleu clair qui se forme, et le dissolvant dans l'ammoniaque.

(1) L'acide sulfurique a décomposé l'iodure de potassium en même temps qu'il transformait la cellulose; c'est l'iode résultant de cette décomposition qui donne la couleur bleue.

bleu violacé ; si l'action se prolongeait, on obtiendrait de la dextrine, puis du glucose (sucre de chiffons). Une immersion dans l'acide sulfurique étendu de son volume d'eau, suivie d'un lavage à grande eau, transforme le papier non collé en une matière demi-translucide, le *parchemin végétal*, beaucoup plus résistante que le papier, et qui rappelle par son aspect le parchemin (peau de mouton).

On obtient la cellulose pure en soumettant à des lavages répétés à l'eau, aux alcalis, aux acides, à l'alcool et à l'éther, les substances énumérées ci-dessus.

CHAPITRE XIX

PHÉNOL. — ANILINE

---

309. — Les produits qui passent entre 150° et 200° dans la distillation des goudrons de houille (**265**) constituent les *huiles moyennes ;* en les traitant par une solution de soude ou un lait de chaux clair, et agitant, on voit se former une sorte de bouillie cristalline, qui, recueillie et mise dans l'eau chaude, laisse déposer des carbures solides, parmi lesquels la *naphtaline* $C^{10}H^8$; la solution traitée ensuite par l'acide sulfurique donne un mélange de produits d'où l'on peut extraire, en distillant, l'*acide phénique* ou *phénol*, qui passe entre 186 et 195° ; les cristaux obtenus par l'action de la soude ou de la chaux étaient des *phénates de sodium ou de calcium*.

310. — Le phénol a pour formule C^6H^6O, ou C^6H^5OH.

Dans l'état de pureté, il est solide, incolore, cristallisé, doué d'une odeur caractéristique bien connue et d'une saveur brûlante ; il est soluble dans vingt fois son poids d'eau, plus soluble dans l'alcool.

A l'air humide, il absorbe la vapeur d'eau qui le liquéfie, et s'oxyde en devenant rouge.

Le phénol brûle avec une flamme fuligineuse. Il dissout les métaux alcalins (potassium et sodium) en donnant des *phénates*, tels que le phénate de sodium ou *phénol mono-sodé* C^6H^5ONa.

Le phénol, traité par l'acide azotique fumant, donne plusieurs composés parmi lesquels l'*acide picrique* ou *amer de Welter*, corps solide jaune, cristallisé, doué d'un pouvoir colorant remarquable ; une trace d'acide picrique communique à l'eau une coloration jaune intense ; il teint directement en jaune la laine et la soie. Sa formule est $C^6H^2(AzO^2)^3OH$; il résulte de la substitution de trois radicaux monovalents AzO^2 à trois atomes d'hydrogène. Il détone avec violence quand on le chauffe brusquement. Ses sels, les picrates, détonent également par brusque élévation de température, quand ils sont secs.

311. — Le phénol a avec la benzine les mêmes relations que l'alcool méthylique avec le méthane ; il résulte de la substitution de l'oxhydryle OH à H ; il se rapproche des alcools par la propriété de donner avec les acides des corps comparables aux éthers. On sait réaliser indirectement la substitution de OH à H par une méthode analogue à celle qui donne les alcools à partir des carbures, et une grande partie du phénol du commerce est préparée de cette manière.

L'action de l'acide sulfurique fumant (**91**) sur la benzine donne l'acide *phénylsulfureux* (1) $H.C^6H^5.SO^3$, que l'on doit considérer comme dérivant de l'*acide sulfureux* H^2SO^3 par substitution de C^6H^5 à H comme l'acide *éthylsulfurique* dérive de l'acide sulfurique SO^4H^2 par substitution de C^4H^5 à H ; cet acide *phénylsulfureux*, traité par une solution de soude, donne du *phénylsulfite* qui, chauffé à 250 ou 300° avec de la soude caustique, donne du phénate de sodium

(1) La benzine est quelquefois appelée *phène ; le phényle* est le radical C^6H^5.

15.

C⁶H⁵OK; en faisant bouillir la solution aqueuse de ce corps, on le détruit et on obtient le phénol.

312. — Le phénol brut est employé pour injecter les bois que l'on veut préserver de la putréfaction et de la piqûre des insectes. C'est un antiseptique puissant, que l'on emploie à la désinfection des eaux vannes ou des détritus divers. Le phénol pur est employé en thérapeutique, généralement comme antiseptique, soit en solution aqueuse, soit sous forme de phénates. Il sert encore à fabriquer l'acide picrique et d'autres matières colorantes.

ANILINE

313. — Nous avons vu (**254**) que la benzine peut être transformée par l'acide azotique fumant en *nitrobenzine* $C^6H^5AzO^2$, par substitution du radical monovalent AzO^2 à H, et que la réduction de la nitrobenzine par l'hydrogène naissant donne un corps, l'aniline $C^6H^5AzH^2$, qui peut d'après cela être considéré comme résultant de la substitution à H du radical AzH^2, appelé *amidogène*.

C'est au moyen de cette suite de réactions que l'on obtient industriellement l'aniline, qui est la base de la fabrication de nombreuses matières colorantes, d'une grande richesse et d'une grande variété de nuances.

On peut montrer facilement de la manière suivante la formation de l'aniline; dans un ballon d'un quart de litre environ, on met 10 grammes de nitrobenzine commerciale, 10 grammes d'acide acétique et 12 grammes de limaille de fer ou de zinc en poudre; on ferme avec un bouchon muni d'un tube coudé, on agite pour bien humecter la limaille, et on introduit le tube dans un tube d'essai plongé dans l'eau froide; on chauffe modérément, pour amorcer la réaction qui, une fois déclarée, continue d'elle-même. On recueille une solution aqueuse d'aniline surmontant une couche de nitrobenzine qui a échappé à la distillation. Il suffit de verser quelques gouttes de ce liquide dans un tube d'essai contenant quelques centimètres cubes d'eau de Javel pour voir apparaître la coloration violette caractéristique. Si on agite avec de l'éther, qui dissout des matières rougeâtres, et si on verse dans une capsule de porcelaine, on voit bien plus nettement la matière colorante.

314. — L'aniline est un liquide huileux, incolore, d'une odeur désagréable, de poids spécifique très voisin de 1, peu soluble dans l'eau, bouillant à 184°.

Comme le gaz ammoniac, elle peut s'unir directement aux acides pour donner des sels, comme par exemple l'azotate d'aniline, $C^6H^5AzH^2AzO^3H$. Il existe un très grand nombre de substances, appelées *alcalis organiques*, et possédant cette propriété; pour marquer leur analogie avec AzH^3, on les considère comme résultant de la substitution d'un radical monovalent à H dans AzH^3; dans le cas de l'aniline, ce radical est le *phényle* C^6H^5; ces corps ayant reçu le nom général d'amines, l'aniline est la *phénylamine*.

En chauffant avec son poids de *chlorure stannique* $SnCl^4$ quelques grammes du produit commercial nommé *aniline pour rouge* et qui est de l'aniline impure, jusqu'à ce que la masse soit devenue noire à reflets mordorés, et traitant ensuite par l'alcool, on lui enlève une matière colorante rouge.

L'oxydation de l'aniline par *l'acide arsénique* conduit à la *rosaniline*, d'où l'on extrait des matières colorantes jaunes, violettes, rouges, parmi lesquelles la *fuchsine*, solide vert à reflets mordorés, très soluble dans l'alcool, moins dans l'eau, et dont un grain de la grosseur d'une tête d'épingle suffit à donner à un litre d'eau une coloration rouge très nette; des réactions diverses permettent de préparer à partir de la rosaniline, des bleus, des verts et des violets en grand nombre.

L'aniline existe dans les produits de la distillation des goudrons.

EXERCICES

1. — *Quel est le volume du mélange d'oxygène et d'hydrogène qui résulterait de la décomposition de 15 grammes d'eau?*

18 grammes d'eau dégagent 2 grammes d'hydrogène, occupant $22^l,32$, et 16 grammes d'oxygène occupant $11^l,16$, soit en tout $33^l,48$; 15 grammes dégageront donc :

$$\frac{15}{18} \times 33,48 = 27^l,9.$$

2. — *Quel est le volume d'air qu'il faudrait employer pour brûler complètement l'hydrogène résultant de l'attaque de 25 grammes de zinc par l'acide sulfurique étendu?*

L'équation :

$$H^2SO^4 + Zn = ZnSO^4 + H^2$$
$$65 \qquad\qquad 2$$

montre que 65 grammes de zinc fournissent 2 grammes d'hydrogène, occupant $22^l,32$, et exigeant $11^l,16$ d'oxygène pour brûler complètement; comme l'air contient 1/5 de son volume d'oxygène, il faudra pour répondre à la condition énoncée employer :

$$\frac{25}{65} \times 5 \times 11,16 = 21^l,46.$$

3. — *Quel poids de cuivre faudra-t-il employer pour retenir complètement l'oxygène contenu dans 1^{m3} d'air sous la pression normale?*

1^{m3} d'air pèse 1 300 grammes; l'oxygène qu'il contient pèse donc $0,23 \times 1\,300 = 299$ grammes. La réaction du cuivre sur l'oxygène au rouge étant représentée par :

$$Cu + O = CuO$$
$$63,5 \quad 16$$

Il faudra prendre, pour retenir 299 grammes d'oxygène :

$$\frac{63,5 \times 299}{16} = 1\,187 \text{ grammes de cuivre.}$$

4. — *On demande de calculer le volume de l'oxygène résultant de la décomposition de 500 grammes de chlorate de potassium, ainsi* *que le prix de revient du litre d'oxygène, sachant que 1 kilogramme de chlorate coûte 1^{fr},75, qu'il a fallu dépenser pour la préparation 1 500 litres de gaz à 0^{fr},25 le mètre cube, et que le chlorure résidu de la préparation n'a pas de valeur.*

1° L'équation qui représente la préparation est :

$$2KClO^3 = 2KCl + 3O^2$$
$$2 \times 122^{gr},5 \qquad 3 \times 22^l,32$$

245 grammes de chlorate donnent 66^l,96 d'oxygène; on aura donc, avec 500 grammes :

$$\frac{500}{245} \times 66,96 = 136,65, \text{ ou en nombre rond, } \mathbf{137} \text{ litres d'oxygène.}$$

2° La dépense faite s'élève à 0^{fr},825 pour le chlorate et 0^{fr}.375 pour le gaz, soit en tout 1^{fr},20; le prix de revient du litre est donc

$$\frac{1,20}{137} = 0,0087, \text{ soit en nombre rond 1 centime.}$$

5. — *Quel poids de manganèse naturel à 75 p. 100 de bioxyde pur faudra-t-il faire agir sur l'acide chlorhydrique pour que le chlore formé, passant sur de la chaux, puisse fournir 100 kilogrammes de chlorure de chaux? On admettra que la réaction du chlore sur la chaux est représentée par l'équation :*

(1) $\qquad 2Cl^2 + 3CaO^2H^2 = Cl^2Ca + 2CaHClO^2 + 2H^2O$

$$\underbrace{}_{\text{Chlorure de chaux.}}$$
$$4 \times 35,5 \qquad\qquad\qquad 364$$

La préparation du chlore est représentée par l'équation :

$$MnO^2 + 4ClH = Cl^2Mn + 2H^2O + Cl^2$$
$$87 \qquad\qquad\qquad\qquad 2 \times 35,5$$

et l'équation (1) montre que $2 \times 35,5$ de chlore fournissent 182 de chlorure de chaux. Donc, 87 de manganèse pur donnent 182 de chlorure de chaux. Mais le manganèse employé ne contient que $\frac{75}{100}$ de manganèse pur. Pour avoir 182 kilogrammes de chlorure de chaux, il faudra donc prendre $\frac{100}{75} \times 87$ du produit impur.

Pour avoir un poids 100 de chlorure, il faudra donc prendre $\frac{100}{75} \times 87 \times \frac{100}{182}$, ou $\mathbf{63^{Kg},7}$ du manganèse naturel.

Le chlorure de chaux ayant le même pouvoir décolorant que le chlore qui a servi à le préparer, 364 kilogrammes équivalent à

$4 \times 11,16 = 44^{m3},64$ de chlore, et 100 kilogrammes à $\frac{100}{364} \times 44,64$, ou $12^{m3},26$; 1 kilogramme équivaudra donc à 122 litres environ.

6. — *On prend comme matières premières, dans une opération pour la fabrication de l'acide chlorhydrique, un acide sulfurique à 70 p. 100 de H^2SO^4, et un chlorure de sodium impur à 90 p. 100 de chlorure, dont les impuretés ne sont pas constituées par des chlorures d'autres métaux. On demande :*

1° Le poids de chlorure qu'il faudra faire réagir sur 100 kilogrammes d'acide;

2° Le volume de l'acide chlorhydrique obtenu.

La réaction qui donne naissance à l'acide chlorhydrique est représentée par l'équation :

$$H^2SO^4 + 2NaCl = Na^2SO^4 + 2HCl$$
$$98 \qquad 117 \qquad\qquad 73.$$

1° Le poids de chlorure à employer est les $\frac{117}{98}$ du poids de l'acide, les produits étant supposés purs. Mais 100 kilogrammes de l'acide employé ne contiennent que 70 kilogrammes d'acide pur. Il faudrait donc, sur cet acide, faire réagir $\frac{70 \times 117}{98}$ kilogrammes de chlorure pur. Comme le produit utilisé contient $\frac{90}{100}$ de son poids de chlorure seulement, il faudra en employer un poids égal à $\frac{100}{90} \times \frac{5 \times 117}{7}$, ou **93** kilogrammes environ.

2° 117 kilogrammes de chlorure de sodium donnent $2 \times 22,32 = 44^{m3},64$ d'acide chlorhydrique. $\frac{10 \times 5}{9 \times 7} \times 117$ donneront donc

$$\frac{10 \times 5}{9 \times 7} \times 44,64 = \textbf{35}^{m3},\textbf{4}.$$

7. — *On chauffe dans un creuset 150 grammes de fleur de soufre avec 280 grammes de limaille de fer. Quelle est la composition du mélange gazeux qu'on obtiendra en traitant par l'acide sulfurique étendu le résultat de l'opération? On suppose qu'il n'y a pas eu de perte de soufre.*

La réaction du fer sur le soufre est représentée par :

$$Fe + S = SFe$$
$$56 \quad 32.$$

Les 280 grammes de limaille de fer exigeraient 160 grammes de soufre. Il n'y aura donc que $\frac{150}{160} \times 280$ de fer combiné au soufre, ce qui donnera $150 + \frac{150}{160} \times 280 = 412^{gr},5$ de sulfure. Il restera $280 - \frac{150}{160} \times 280 = \frac{2\,800}{160} = 17^{gr},5$ de fer libre.

Or, on a :

$$H^2SO^4 + Fe = FeSO^4 + 2H$$
$$56 \qquad\qquad 2.$$

$$H^2SO^4 + SFe = FeSO^4 + H^2S$$
$$88 \qquad\qquad 34.$$

28 grammes de fer donneront $11^l,16$ d'hydrogène, et 88 grammes de sulfure de fer $22^l,32$ d'acide sulfhydrique ; les $17^{gr},5$ de fer donneront $\frac{17,5 \times 11,16}{28} = 6^l,9$ d'hydrogène, et les $412^{gr},5$ de sulfure $\frac{412,5 \times 11,16}{44} = 104^l,6$. Nous aurons, en centièmes, $\frac{6,9 \times 100}{111,5} = 6,2$ d'hydrogène et $\frac{104,6 \times 100}{111,5} = 93,8$ d'acide sulfhydrique.

8. — *Quel est le poids de chlorure de sodium capable de précipiter l'argent contenu dans 1 gramme d'alliage au titre de 800 millièmes ?*

Il y a $0^{gr},800$ d'argent dans l'alliage donné. La réaction étant représentée par :

$$NaCl + AgAzO^3 = AgCl + NaAzO^3,$$
$$83,5 \quad 108$$

on voit que $0^{gr},835$ de chlorure précipitent $1^{gr},08$ d'argent. Il faudra donc, pour précipiter $0^{gr},800$, prendre :

$$\frac{0,835 \times 0,8}{1,8} = 0^{gr},618 \text{ de chlorure de sodium.}$$

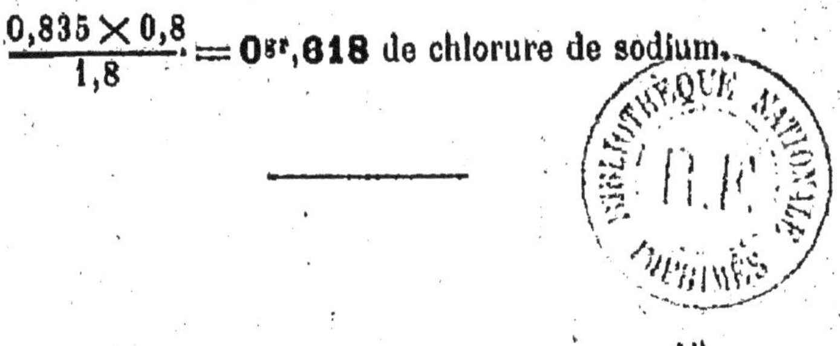

15..

INDEX

---

(1) Galilée (1564-1642), l'un des fondateurs de la physique moderne, à laquelle il a donné une méthode. Il est célèbre par l'importance de ses découvertes et par ses démêlés avec l'Inquisition, qui le força à désavouer l'ouvrage dans lequel il exposait le système astronomique de Copernic, jugé subversif parce qu'il contredisait la tradition et les opinions d'Aristote.

(2) Macquer (1718-1784), chimiste français.

(1) Thénard (1777-1857), chimiste français.

TABLE DES MATIÈRES

PREMIÈRE PARTIE

CHAPITRE Ier (§§ 1-15)

Divers états de la matière. — Corps simples et corps composés. — Combinaisons.

CHAPITRE II (§§ 16-27)

Air. — Oxygène. — Azote.

CHAPITRE III (§§ 28-42)

Eau. — Hydrogène.

CHAPITRE IV (§§ 43-60)

Lois générales de la chimie. — Nomenclature et notation chimiques.

CHAPITRE V (§ 61-80)

Chlorure de sodium. — Acide chlorhydrique. — Chlore. Sodium. — Soude caustique.

CHAPITRE VI (§§ 81-99)

Soufre. — Acide sulfurique. — Acide sulfhydrique.

CHAPITRE VII (§§ 100-116)

Gaz ammoniac. — Acide azotique.

CHAPITRE VIII (§§ 117-125)

Phosphate de calcium. — Phosphore.

CHAPITRE IX (§§ 126-150)

Carbone. — Acide carbonique. — Oxyde de carbone.

CHAPITRE X (§§ 151-159)

Silice. — Acide borique.

DEUXIÈME PARTIE

CHAPITRE Ier (§§ 160-167)

CHAPITRE II (§§ 168-178)

Chlorure et carbonates de sodium.

CHAPITRE III (§§ 179-188)

Calcaires. — Chaux. — Mortiers, ciment, plâtre.

CHAPITRE IV (§§ 189-194)

Extraction des métaux.

CHAPITRE V (§§ 195-201)

Fer. — Fontes. — Aciers.

CHAPITRE VI (§§ 202-208)

Cuivre et alliages. — Sulfate de cuivre.

CHAPITRE VII (§§ 209-215)

Plomb et alliages. — Minium. — Céruse.

CHAPITRE VIII (§§ 216-222)

Zinc et alliages. — Oxydes de zinc.

CHAPITRE IX (§§ 223-234)

Aluminium. — Alumine. — Argiles. — Kaolin. — Porcelaine. Faïences.

CHAPITRE X (§§ 235-237)

Verre. — Cristal.

CHAPITRE XI (§§ 238-246)

Argent et or. — Alliages monétaires.

SAINT-CLOUD. — IMPRIMERIE BELIN FRÈRES.

www.ingramcontent.com/pod-product-compliance
Ingram Content Group UK Ltd.
Pitfield, Milton Keynes, MK11 3LW, UK
UKHW021015140726
13695UKWH00001B/283